數學

通識講義

搞懂人生最強思考工具，
升級判斷與解決問題的能力

U0043927

吳軍

終篇

附錄

＊ 的章節為延伸閱讀內容

作為通識教育的數學應該是什麼樣的？

　　如果要問人類的理性精神最具持久力和影響力的知識體系是什麼？答案是數學；如果有外星高等文明想和人類進行交流，最方便的語言是什麼？答案也是數學。

　　數學一方面在人類的文明史上享有巨大的聲望和榮譽，給我們的文明帶來了發展的動力和手段，另一方面卻也讓很多人感到自卑，並因此被人們厭惡。後者的結果當然不是數學本身的問題，甚至也不能怪那些學不好數學的人，主要是因為我們的教法有問題。我們沒有把學生當作未來的自由人來教，更沒有考慮到每個人的接受能力之間存在巨大的差異。

1. 為什麼要學數學通識？

　　2017 年，原央視主持人、今天頗有成就的媒體人請我和王渝生先生（原中國科技館館長、科學史專家）做一期有關數學的節目。在節目開始前，主持人問我，她高考時數學不及格，是否是

學渣啊？我說，你能有今天這樣的成就，顯然不可能是學渣。數學沒學好，不是你的問題，恐怕是教學的方法和考量學生的方法不對。然後，我就告訴她美國頂級的高中和大學如何教數學。

美國最好的高中，會把數學由一門課變為八至十門內容不同的課程，每門課常常還要開設 A、B、C 三個難度不同的班。例如幾何學會被分為平面幾何 A、B 和 C；立體幾何 B 和 C；三角學 B 和 C；解析幾何 A、B 和 C；以及微積分先修課 B 和 C 等各種課程和班級。入門的那幾門數學課足夠淺顯。例如平面幾何的 A 班，講清楚幾何學的原理和用途，以及推理的方式就好了，根本不會讓學生做那些比較難的證明題。在幾何中，點、線、面、三角形、四邊形和多邊形等概念，以及平行、垂直等關係，其實對任何人都不難，任何學生只要別太偷懶，把這些搞懂了總是做得到的，這樣也就能在平面幾何 A 班得到好成績。

說到這裡，我問那位主持人，這些內容、這樣的教法，你總能考九十分吧？她很有信心地說：「那當然呢！」但是她又有點擔心地問我，如果是這樣的話，誰還會想上難的數學課呢？我說在美國申請大學的時候，如果別人成績單上有六門數學課，而且都是高難度的，而你只上了兩門數學課，還是難度最低的，大學錄取時當然會在數學上吃點虧。但是，由於你少學了數學，將時間用在個人更喜歡的文學和歷史，在這些方面多學了很多課程，在申請更適合自己的大學時，一定比學了一堆數學的人有優勢。更重要的是，雖然你上的數學課不算多，也不難，但好歹掌握了

一些內容，相應的思維方式學會了，如果將來真想再學點，還是可以繼續學的。否則學了一大堆理解不了的、考試考不過的內容，不僅浪費時間，而且本來能學會的簡單內容也學不好。很多人因為做不出那些數學難題，打從心底放棄了數學，以至於很多簡單的數學知識也全忘光了。

把自己能夠學懂的數學學好，對每一個人都有巨大的好處。對於理工科或商科的學生來講，他們的感受可能會比較明顯，因為數學是自然科學以及許多學科的基礎。但是，對於學習人文和社會學科、甚至學習藝術的人來講，學懂數學也同樣有好處，因為它可以幫助我們培養起比較獨特的思維方式，看問題會比較深入，並且能夠把各種知識體系相互連結。

讀到這裡，細心的讀者可能注意到了，我剛才用了「能夠學懂的數學」的說法，而不是泛泛地談數學。這也意味著，對於數學通識教育來說，講什麼內容很重要。如果把人類的知識體系用學科劃分的話，數學可能是最龐大的一個，因此要想用一本書完整地介紹數學，幾乎是不可能的事。所幸，作為通識教育，讀者其實無須了解數學的每一個分支，更不須要掌握分支中最難的內容，甚至不須要聽說過那些分支名稱，因為數學的各個分支，從體系的構建到研究方法，再到應用方法，都是共通的。因此，我在選取本書內容時，完全是圍繞著一個明確的目標，也就是幫助大家了解數學的底層邏輯和方法。

對於已經走出校門若干年的成年人來說，再回過頭來接受數

學通識教育的目的是什麼？其實只要能夠把自己對數學的理解從初等數學提升至高等數學，就足夠了。當然，很多人會認為，我在大學已經學了高等數學，怎麼能說我的理解還是初等數學的水準呢？學過高等數學的知識，和思維方式提升至高等數學的層次是兩回事。不信的話，你不妨問問自己，大學畢業後可曾用過一次微積分？如果一次都沒有用過，是否有其他的收穫？據我的了解，在學過微積分的人中，99% 以上的人都覺得自己並未受益於這門課。那麼大家是否想過，為什麼大學一定要學習微積分呢？

其實在大學教授微積分是很有道理的，它能夠幫助一個年輕人把自己對世界、對變化、對規律的理解，從靜態的、孤立的和具體的層面，提升至動態的、連續的和規律性的層面。後文我會介紹導數、微分和積分這些概念時提到這一點。學完微積分後的十年，哪怕一道題都不會做了，也沒有關係，這種看待世界、處理問題的方法一旦形成、並變為習慣，你就比同齡人不知道要高出幾個層次了。做到這一點，才算是進入到高等數學的認知水準。對於即將進入高中的學生來講，更早從這個角度、帶著這個目的學習數學，效果肯定比背誦定理，再瘋狂做題目好太多。

如果我們把提升認知水準和掌握思維方法作為學習數學的目的，其實根本不須面面俱到地學習非常多的內容，重要的是透過一些線索將各種有用的知識貫穿起來、理解數學的方法，並好好利用那些方法。為了達到這個目的，我精心挑選了本書的內容，並且按照便於提升認知的方式，將它們組織了起來。

2.書裡有什麼內容？

在**基礎篇**中，我們要講述數學是什麼？它和自然科學有什麼不同？人類在數學方面的認知又是如何發展的？當然，這樣空洞的講解沒有意思，我們需要一個線索、一些實例，將相關的知識和方法串聯起來，這個線索就是畢達哥拉斯（Pythagoras）。從畢達哥拉斯出發，我們會串起下面諸多的知識。首先自然是他得以出名的畢氏定理（Pythagorean theorem），也就是我們所說的勾股定理。書中會詳細分析為什麼東方文明更早發現了勾股數的現象，卻沒有提出這個定理。這件事可以幫助我們理解什麼是定理？以及如何發現定理？

畢達哥拉斯另一個了不起的成就是計算出黃金分割的值。從黃金分割出發，畢達哥拉斯發現了數學和美學的關係，並且開始用數學指導音樂。我們今天使用的八度音階，就始於畢達哥拉斯的數學研究。從黃金分割出發，我們就可以得到人們熟知的費氏數列（Fibonacci series），從這個數列入手，我們就能了解數列與級數的特點。

畢達哥拉斯可以講是數學史上的第一人，他開創了純粹理性的數學。但是畢達哥拉斯也有他的局限性——否認無理數的存在，這是他最被後人詬病的地方。說起來，無理數的發現恰恰是畢氏定理的直接推論之一，但是據說他對此假裝視而不見，還把提出這個問題的學生害死了。對此，今天很多人說他無知、頑

固、拒絕接受真理等。其實這只是站在普通人的角度理解畢達哥拉斯的行為。如果我們了解這樣一個事實，即在當時人們所知有限的數學領域中，畢達哥拉斯是這個體系的教主，他需要這個建立在邏輯之上的體系具有一致性和完備性，而邏輯方面的一致性也是數學最基礎的原則。因此，當他發現無理數的出現會破壞他所理解的數學體系的一致性和完備性，並且動搖數學大廈時，他就採取了教主們才會採用的激進行為。畢達哥拉斯的錯誤在於，他不懂得維繫數學體系的完整性，還需要定義新的概念，比如無理數，而不是否認它們的存在。無理數的出現是數學史上的第一次危機，危機解決之後，數學反而得到了更大的發展，並沒有像畢達哥拉斯設想地崩潰。

從上述這些內容中，你會看到我們透過畢達哥拉斯，把數學中那麼多看似孤立的知識串聯了起來。透過這一篇，大家就能體會數學是什麼樣的體系？東方文明所發現的數學知識和完整的數學定理有什麼區別？一個定理被發現後，會有什麼樣的自然推論出現？然後又如何與其他知識體系聯繫，並且有什麼實際應用？

在**數字篇**中，我們的線索是數學中最基本的概念——數。你會看到這個概念是如何起源、發展並且被不斷地拓寬。透過人類對數字這個概念的認識歷程，你能體會到人類在思維工具上的進步——從具體到抽象，再到完全的想像。一個人對數的概念的理解程度，反映出他在數學上認知水準的高低。

照理說，我們的認知水準應該隨著所學內容難度的提升而提

升，但是通常不是如此。在大學學習關於數字的概念時，很多人對數字的理解方式還停留在小學階段。例如，對於無窮大和無窮小的概念，很多人依然以為它們只是巨大的數字和極小的數字。事實上它們和我們日常遇到的具體數字不同，它們代表的是變化的趨勢和快慢。因此，從小學到了大學，大家對數字的理解就應該從靜態發展到動態，但是實際情況並非如此。

如果一個人用小學的思維方式學習大學數學的內容，一定會覺得非常難，這是很多人後來數學學不好的原因。但這不能怪罪於學習的人，因為很多數學課程都是把學生當作未來的工匠來教育，教給學生們的都是一些能夠讓他們更能好好幹活的知識。因此，當學生一旦發現某些知識和將來幹的活沒有關係，就直接放棄了，或者混個說得過去的成績就可以了，而不會想它和我認知水準的提高有什麼關係。反過來，如果我們放棄教授學生具體技能的目的，而是讓他們透過認識數字從自然數到負數、從整數到有理數、從有理數到實數、從實數到複數，最後從有限的數到無限的數，了解了此發展歷程，理解數學作為工具的作用，了解人類的認識從具體到抽象、從有限到無限的過程，就更容易掌握數學方法的精髓了。

隨後兩篇的內容集中在我們熟知的幾何學和代數學上。它們不僅是數學的兩大支柱，更重要的是，它們的發展歷程反映出了數學體系化的建立過程。

在**幾何篇**中，我們將重點放在幾何的公理化體系上，這是幾

何學最大的特點，也讓幾何學成為邏輯上最嚴密的數學分支。透過幾何學的產生和公理化過程，你可以看到數學如何從經驗發展起來，逐漸構建成邏輯嚴密的知識體系。人類在搭建幾何學大廈時，先是有了一些直觀認識，然後從一些例子中總結出被稱為引理（lemma）的簡單規律，引理的擴展可能會導引定理（theorem）的出現。定理會有自然的推論（corollary），最後無論是定理或推論，都會有實際的應用，即便有些應用百年後人們才找到。這既是數學發展的過程，也是我們組織本書內容的思路。在以後的篇章也可以看到，微積分、機率論是如何從經驗變成公理化體系。尤其須指出的是，許多數學的應用並非都是直接的應用，它對其他知識體系具有借鑑意義，因此我們會講到數學公理化的體系對法學的影響。

在**代數篇**中，我們會重點介紹函數、向量和矩陣。函數這個概念的發明，讓人類的認知從個體上升到整體，從點對點的單線連接上升到規律性的聯繫。理解了這一點，我們就從小學思維提升至中學思維了。從小學到大學，對於數字的理解，必須從單純理解數字的大小，發展到理解它的方向性，這就是向量的概念。有了向量，代數就從中學的初等代數，進入到了大學的高等代數。許多向量放到一起，就形成了矩陣。矩陣在今日有很多用途。作為數學通識課，我們以提高認知為優先、介紹知識為輔助，之所以挑選函數、向量和矩陣這三個概念介紹，就是出於這樣的目的。

接下來是**微積分篇**。微積分是高等數學最重要的分支，也是初等數學和高等數學的分界點，因此很多人見到微積分三個字會知難而退。但是，我們在數字篇會把微積分中最難的內容提前講述，因此到學習這一篇時，大家可能會覺得簡單很多。對於微積分，我們重點還是要說明它和初等數學的工具有什麼不同，進而再教給大家兩個思考工具：一個是從靜態累積到動態變化，另一個是從動態變化到靜態累積。例如，我們工資的上漲和財富增加的關係，就是屬於後者。微積分的發明者牛頓（Sir Isaac Newton）和萊布尼茲（Gottfried Wilhelm Leibniz）的偉大之處在於，他們將數學的關注焦點從對靜態關係的研究轉變成對動態規律、特別是瞬時規律的掌握。理解這一點，並且主動應用到工作中，是我們學習微積分的目的。至於那些很難的概念與解題的技巧，其實遠沒有大家想像得重要。

再往後，我們就要從確定性的世界進入不確定性的世界，這就是**機率和數理統計篇**的內容了。從初等數學到微積分，人類對規律的把握越來越確定、越來越精細，這是近代之前數學發展的脈絡。但是到了近代，很多現實問題很難有完全確定的答案。於是，為了研究不確定性世界的規律性，機率論和統計學便逐漸發展起來。機率論和統計學在今天充滿不確定性的世界非常重要，也是所謂的大數據思維的科學基礎。

到此為止，理工科大學生須具備的數學基礎就介紹完了。縱觀數學發展的歷程，以及人類的數學思維不斷拓展的歷程，我們

可以看到這樣的趨勢：從個案到整體規律，從個別定理到完整的知識體系，從具體到抽象，從完全的確定性到掌握不確定性，這既是人類認知升級的過程，也應該是從小到大接受知識、提高認識的過程。

講述完數學縱向發展的歷程，我們要將數學放回人類整個知識體系觀看，這就是我們最後一篇**終篇**講述的內容，即數學在人類知識體系的位置。很多時候，數學不能直接解決我們的實際問題，但是它能夠給我們提供一個思路。對數學理解到這個程度，才能算是完整的。

3.學完本書能有什麼收穫？

讀完這本數學通識講義之後，希望大家能在以下三方面有所收穫：

（1）增強判斷力，遇到問題知道如何判斷。

學數學的重要目的之一，是提高自己的邏輯推理能力和合乎邏輯的想像能力。有了這兩種能力，我們就能夠從事實出發，得到正確的結論，這就是判斷力。

（2）增強解決問題的能力，對於一個未知問題，知道如何一步步抽絲剝繭地解決它。

再難的幾何題其實最終都可以拆成那五個最基本的公理。在

工作中，再複雜的問題，也能夠分解為若干個能夠解決的簡單問題。掌握了這個能力，就達成了通識教育的目的。

（3）增強使用工具的能力，遇到新的問題，知道用什麼工具解決，或找誰幫忙。

我會在書中向大家展示，許多人們原本以為是無解的數學難題，在有了新的數學工具之後，很快便迎刃而解，這便是工具的力量。善用工具，是我們人之所以為人的立足根本。

接下來，就讓我們從數學的基礎和特點講起。

我在「得到」開設「數學通識 50 講」這門課程的過程中，特別要感謝「得到」的寧志忠先生和喬文雅女士，他們參與討論了課程的提綱和內容，給予了我很多有價值的建議。在本書的成稿過程中，我的助教團隊對書中的公式、圖表及計算結果等進行了認真的核對，他們是畢紹洋、劉星言、張夢祺、侯雅琦、張文逍、金勇，在此向他們表示感謝。在本書的出版過程中，特別要感謝「得到」圖書的白麗麗女士、編輯劉曉蕊女士和郗澤瀟女士。她們幫助我調整了全書的結構，校正、修改了文字內容，讓這些內容從講義變成了結構嚴謹的圖書。在此過程中，「得到」的創始人羅振宇先生和執行長脫不花女士給予了我很多鼓勵和幫助。此外，在本書的出版過程中，新星出版社的各位老師做了大量的工作。在此我向他們表示最衷心的感謝。最後，我要感謝我的夫人張彥女士、女兒吳夢華和吳夢馨對我創作工作的支持，她們作為課程最早的讀者給予了我很多很好的意見。

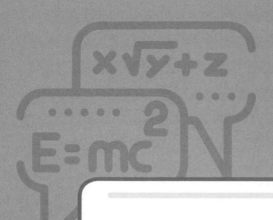

基礎篇

著名哲學家康德曾說：「我斷言，在任何一門自然科學中，只有數學是完全由純粹真理構成的。」當然構建在純粹理性之上的知識體系非常困難，因為它和我們憑藉直覺的主觀思維方式相違背。

根據《新時間簡史》（*A Briefer History of Time*）和《大設計》（*The Grand Design*）的共同作者雷納‧曼羅迪諾（Leonard Mlodinow）在《科學大歷史》（*The Upright Thinkers*）一書中的講法，人類自文明誕生之初（從美索不達米亞〔Mesopotamia〕的蘇美文明算起），發展了幾千年，形成的所有知識體系都只能算是「前科學」。「前科學」是一種好聽的說法，難聽的說法叫作「巫術式」的知識體系，因為它充滿了主觀色彩和神秘性。在所有早期文明中，唯一的例外是古希臘。但即使是在古希臘，許多做出重大科學貢獻的知名大學問家們，例如泰利斯（Thales）、赫拉克利特（Heraclitus）、亞里斯多德（Aristotle），他們的思維依然是前科學的，而不是科學的。因為他們對客觀世界的解釋，雖然有基於客觀現實的成分，但依然加入了太多主觀的想像。讓古希臘文明在科學方面和其他早期文明有了真正不同的是一位劃時代的人物──畢達哥拉斯。

畢達哥拉斯確立了數學的起點，也就是必須遵循嚴格的邏輯證明才能得到結論的研究方法，這讓數學從早期必須依靠測量和觀測的學科──諸如天文學、地理學和物理學中，脫離出來，成為為所有基礎學科服務、帶有方法論性質的特殊學科。因此，畢達哥拉斯是將數學從經驗提升至系統性學科的第一人。到了近代，大數學家和哲學家笛卡兒（René Descartes）倡導理性思維，反對經驗主義，就是在畢達哥拉斯方法的基礎上的進一步系統性拓展。這就是本書要從畢達哥拉斯講起的原因。

1

理解數學的線索：
從畢達哥拉斯講起

大家都熟知提出並證明了勾股定理的人就是畢達哥拉斯，因此這個定理在西方被稱為「畢氏定理」，滿足這個定理條件的任何一組整數也被稱為「畢氏數」。本章我們就從這個大家熟悉的定理出發，了解數學的特點和研究方法，特別是數學的證明定理和物理學的證實定律這兩個概念的區別。

1.1 勾股定理：為什麼在西方叫畢氏定理？

勾股定理講的是直角三角形（圖 1.1）兩條直角邊 a 和 b 邊長的平方和等於斜邊 c 邊長的平方，即：

$$a^2 + b^2 = c^2 \tag{1.1}$$

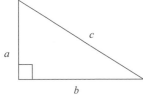

圖 1.1　直角三角形

這個定理在中國之所以被稱為勾股定理，是因為勾和股是中國古代對直角三角形兩條直角邊的叫法。不過在國外，這個定理卻被稱為畢氏定理。這兩種命名哪一種更符合數學的習慣呢？這就涉及在數學領域什麼才算是定理這樣一個非常基本的問題了。

我們的中學老師通常這樣講：勾股定理是中國人最先發現，因為據西漢《周髀算經》記載，早在西元前一〇〇〇年時，周公和商高兩人就談到了「勾三股四弦五」。周公和商高生活的年代比畢達哥拉斯（約西元前五八〇～前五〇〇年）早了五百年左右。根據榮譽屬於最早發現者的慣例，這個定理被稱為勾股定理或商高定理是合理的。

但是這樣的說法有意無意地迴避了一個疑點：在比周公和商高更早的時候，是否就有人知道了類似「3，4，5」這樣的勾股數？

這個問題的答案其實相當明確。比周公和商高早一五〇〇年，古埃及人建造大金字塔時，就已經按照勾股數在設計墓室的尺寸了。此外，早在西元前十八世紀左右，美索不達米亞人就知道很多組勾股數（包括勾三股四弦五），而且留下了不少實物證據——耶魯大學的博物館裡就保存了一塊記滿勾股數的泥板（如圖 1.2 所示）。他們所獲知的一組最大的勾股數是（18,541，12,709，13,500），能發現這麼大的一組勾股數非常不容易。

圖 1.2　記錄勾股數的泥板

　　既然如此，為什麼數學界並沒有將此定理命名為埃及定理或美索不達米亞定理呢？

　　這個問題的答案也很簡單，所有古代文明不過是舉出了一些特例而已，甚至都沒有提出關於勾股定理的假說，更不要說證明定理了。

　　上述兩個問題在教學中通常不會被提及，這使學生們忽略了特例和數學定理其實完全不同，也無法知道數學的定理和自然科學——比如與物理領域的定律的根本不同。而明白了這其中的區別，是中學生和大學生學好數學和科學的前提。

　　關於數學上的定理，首先，我要說明的是，找到一個特例和提出一種具有普遍意義的陳述，是完全不同的兩件事。「勾三股四弦五」的說法和「兩條直角邊的平方之和等於斜邊的平方」這種陳述是兩回事。前者只是一個特例，再多特例所描述的規律，可能只適用於特例，而沒有普遍性。雖然美索不達米亞人舉了很多特例，而且沒有發現例外，但是他們並沒有做出明確的陳述，非常肯定地講清楚勾股定理適用於所有的直角三角形。一種具有普遍意義的陳述，其意義大得多了。它一旦被說出，就意味著任何情況都適用，不能有例外，非常絕對。在數學中，我們通常也把這種陳述稱為命題（proposition）。在古代中國，最早將勾股定理以命題方式總結出來（但是依然沒有證明），是在西漢人所寫的《九章算術》中，那已經比畢達哥拉斯晚了四〇〇年左右了。

　　其次，命題還不等於定理。絕大部分命題都沒有太大的意義。例如我們說「如果三角形的某個角是 100°，它一定大於其他兩個角之和」，這就是一個命題，而且是一個正確的命題，但是它沒有什麼意義。只有極少數一些描述數學本質規律的命題才是有意義的，因為從它們出發可以推導出很多有意義的結論。這樣的命題會被人們總結出來使用，但是它們在沒有被證明之前，只能算是猜想（conjecture）。而猜想和被證明了的定理依然是兩回事。例如我們聽說過的哥德巴赫猜想（Goldbach's conjecture）與龐加萊猜想（Poincaré conjecture）等。儘管猜想和定理的差距很大，但猜想已經比舉幾個特例前進

了一大步。

最後，有用的猜想從邏輯上被證明了，才能成為定理。比如龐加萊猜想在被佩雷爾曼（Grigorg Perelman）證明之後，有時也被稱為龐加萊定理。至於定理是用提出猜想之人的名字命名，還是用證明者的名字命名，在數學上都有先例。費馬最後定理（Fermat's Last Theorem）最終是用提出猜想之人費馬的名字命名；而希爾伯特第十問題（Hilbert's 10th problems），則是用證明者的名字命名，今天被稱為馬季亞榭維奇定理（Matiyasevich's theorem）。但是，從沒有用發現簡單現象之人的名字命名的先例。

講到這裡，大家可能已經體會出數學和自然科學（物理學、化學、生物學等）的不同之處了。雖然我們習慣上喜歡把數學和自然科學都看成「理科」，但實際上學習和研究數學的思維方式和採用的方法，和自然科學完全不同，主要可以概括為以下三方面。

❶ 測量和邏輯推理的區別

我們知道幾何學源於古埃及，當地人出於農業生產的考量對天文和土地進行了度量，發明了幾何學。但是，度量出來的幾何其實和真正的數學仍有很大的差距。

比如說，古代文明的人們確實觀察到勾股數的現象，他們畫一個直角三角形，勾三尺長、股四尺長時，弦恰好就是五尺長，於是就有了「勾三股四弦五」的說法。但是，其中存在一個很大的問題：我們說長度是 3 尺或 4 尺，其實並非數學上準確的長度。用尺子量出來的 3，實際可能是 3.01，也可能是 2.99，更何況尺的刻度本身就未必準確，如此一來「勾三股四弦五」就是一個大概的說法了。此外，我們看到的直角是否真的就是 90°，而不是 89.9°，也是個大問題。

為了讓各位更好理解度量的誤差和視覺的誤差，我們不妨看這樣一個例子。圖 1.3 左上方有一個 8×8 的正方形，它的面積是 64，對此我們都沒有疑

問。接下來，我們按照圖中所示的粗線將它剪成四部分，再重新組合，居然得到了右下方一個 5×13 的長方形，它的面積是 65。

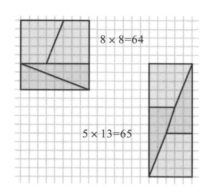

圖 1.3　面積為 64 的正方形，經過裁剪重新拼接後，面積變成了 65

我們當然知道 64 不可能等於 65，這裡面一定有問題。那麼，問題在哪兒呢？其實，問題就出在四部分再拼接時並不是嚴絲合縫的，只不過縫隙較小，大部分人看不出來罷了。

當然有人可能會進一步追問，說你把圖畫大一點，畫精準一點，不就能看出縫隙了嗎？這個問題或許還可以透過更準確的度量發現，但是如果我們畫一個三角形勾等於 3.5，股等於 4.5，那麼測量出來的弦大約是 5.7，這個測量結果和真實值只有 0.016% 的相對誤差（實際弦長約是 5.700877），古代任何測量都無法發現這麼小的誤差。這時我們是否能說「勾 3.5 股 4.5 弦 5.7」呢？在數學上顯然不能，雖然在工程上我們可以依照這個數值製造機械。

在自然科學中，我們相信測量和實驗觀察，並且基於測量和觀察得到量化的結論。但是在數學上，觀察的結果只能給我們啟發，卻不能成為我們得到數學結論的依據，數學的結論只能從定義和公理出發，使用邏輯，透過嚴格證明得到，不能靠經驗總結出來。

如果拋開誤差的影響，3 就是 3，4 就是 4，5 就是 5，我們找到了很多勾股數的例子，是否可以認為早期文明的人們總結出了勾股定理呢？也不能，只

能說他們觀察到一些現象，而沒有對規律進行陳述。我們在畢達哥拉斯之前的典籍找不到這樣明確的陳述。再退一步，如果能找到類似的陳述，也不等於發現了定理。這就涉及數學和自然科學的第二個主要區別——證實和證明的區別了。

❷ 事實證實和邏輯證明的區別

在自然科學中，一個假說透過實驗證實，就變成了定律。例如，與牛頓同時代的英國科學家波以耳（Robert Boyle）和法國科學家馬略特（Edme Mariotte）一同發現了一個物理現象，即一個封閉容器中氣體的壓力和體積成反比。這很好理解，因為體積壓得越小，內部的壓力肯定越大。兩人透過很多實驗，都證實了這件事，於是此定律就用他們兩人的名字命名了：波以耳—馬略特定律（Boyle–Mariotte's law）。

但是，如果某個非常認真愛計較的人一定要抬槓，說波以耳、馬略特啊，你們證實了所有的情況（各種體積和壓力的組合）了嗎？你們敢保證沒有例外嗎？波以耳和馬略特肯定會說，我們不敢保證沒有例外，但是這個規律你平時使用肯定沒有問題。果然，後來人們真的發現當壓力特別大時，波以耳—馬略特定律就不管用了，體積壓縮不到定律所預測的那麼小。但是這沒有關係，在大多數條件下，這個定律依然成立。今天人們在製作產品時，依然可以大膽地使用這個定律。

事實上，自然科學的定律和理論，儘管說被實驗證實了，但其實實驗的可信度不可能是 100%，都存在一個被推翻的微小可能性。比如，我們證實重力波的實驗，也只能保證結論 99.9999% 正確的可能性；證實希格斯玻色子（Higgs boson）的實驗，只能保證結論 99.99% 正確的可能性。

和自然科學不同的是，在數學上，決不允許用實驗驗證一個假說（在數學上常常被稱為猜想）正確與否。數學的結論只能從邏輯出發，透過歸納或演繹出來。它若非完全正確，沒有例外；就是會因為一個例外（也被稱為反例），

被完全否定掉,沒有大致正確的說法。其中最著名的例子就是哥德巴赫猜想,即任一大於 2 的偶數都可以寫成兩個質數之和。今天人們利用電腦,在可以驗證的範圍內,都驗證了這個猜想是對的,但是因為沒有窮盡所有的可能,就不能說猜想被證明了。因此,我們依然不能在這個猜想的基礎上,構建其他的數學定理。

定理和定律兩詞在漢語中寫法和讀音都相似,容易混淆。但是在英語中,定律是「law」,意思是一般性的規律,而定理是「theorem」,是嚴格證明、沒有例外的規律,它們的差異非常明顯。

❸ 科學結論相對性和數學結論絕對性的區別

為什麼數學要那麼嚴格?為什麼數學的定理不能有任何例外、更不能特殊情況特殊處理呢?因為數學的每一個定理都是一塊基石,後人必須在此基礎往前走,嘗試搭建一塊新的基石,然後數學的大廈就一點點建成了。在此過程不能有絲毫缺陷,一旦出現缺陷,整座數學大廈就轟然倒塌了。

還是以勾股定理為例,它的確立,其實教會了人們在平面計算距離的方法。在此基礎之上,三角學才得以建立,笛卡兒的解析幾何才得以確立,再往上才能建立微積分,才有傅立葉轉換(Fourier transform)等數學工具,以及最佳化的許多算法。此外,我們後面要講到的無理數、黃金分割,都和該定理有關。人類今天發明的各種科技,如無線通訊、航空、機器學習等,又依賴這些定理和數學工具。如果出現了一個違反勾股定理的例子,不僅定理失效,而且整座數學大廈都要轟然倒塌,依賴這些數學結論做出的科技產品,也就時靈時不靈了。

理解了數學定理的確立過程,以及它隨後產生的巨大影響,我們就清楚定理和定理的證明在數學領域的重要性了。正是因為如此,西方才將勾股定理命名為畢氏定理,以彰顯他的貢獻。關於此定理的證明,我會在幾何篇介紹。在本書中,依照大家的習慣,我依然將此定理稱為勾股定理,除非要特別強調畢

達哥拉斯對此的貢獻。

有了一個個的定理，數學大廈得以建立起來，而且這個建立在邏輯推理基礎上的大廈很牢固。如果有平行宇宙存在，我們這個宇宙的物理學規律、化學規律很可能在其他宇宙不再適用，但數學的定理依然成立。

在數學上，當一個新的定理被證明後，就會產生很多推論，每一個推論都可能是重大的發現，甚至能帶來人類認知的升級。比如，勾股定理的直接推論之一，就是無理數的存在。

本節思考題

1. 在物理學中，從不同的角度理解光，會得到粒子說和波動說兩種解釋，為什麼數學從兩個角度證明一個定理，不會得到不同的結論？

2. 如何證明圖 1.3 中，8×8 的正方形在裁剪拼接後，存在縫隙？

1.2 數學的預見性：無理數是畢氏定理的推論

無理數的發現，可以認為是畢氏定理的一個直接結果。

在畢達哥拉斯所生活的時代，人們認識到的數只限於有理數，也就是我們平時所說的分數，它們都具有 p/q 這樣的形式，其中 p 和 q 都是整數，例如 2/3。當然，整數本身也是一種特殊的有理數，它們的分母都等於 1。有理數有一個非常好的性質，任何兩個有理數進行加、減、乘、除運算後（除了分母為 0 的情況），得出的還是有理數（此性質也被稱為運算的封閉性），這非常完美。

畢達哥拉斯有一個很怪的想法，他堅信世界的本源是數字，而數字必須是完美的。有理數的上述特點恰巧符合畢達哥拉斯對完美的要求——有理數的分

子分母都是整數，不會是零碎的，而且經過運算之後依然有這樣的性質。

但是，勾股定理被他證明之後，麻煩就來了。

❶ 引發數學危機的無理數

當我們用畢氏定理重新審視一遍所有數字時，就會發現數字的完美性被破壞了。假如某一個直角三角形的兩條直角邊長都是 1，那麼斜邊該是多少呢？根據勾股定理，它應該是一個自己乘以自己等於 2 的數字。從大小來看，它應該在 1 和 2 之間，但問題是，這個數字是否是有理數？！

根據畢達哥拉斯關於所有數字都是有理數的認知，它必須是有理數啊，我們不妨稱這個有理數為 r。既然是有理數，r 就應該能夠寫成 p/q 的形式，其中 p 和 q 都是互質的整數[1]，r 的平方恰好等於 2，即 $r^2 = 2$。注意一下，這裡 p 和 q 須滿足三個條件：

（1）p，q 都是整數；

（2）p，q 互質。我們要特別強調一下，p 和 q 不可能同時被 2 整除，因為如果能夠被 2 整除，我們可以對 r 做一次約分，最終讓 p 和 q 互質；

（3）p/q 的平方等於 2。

這三個條件能否同時滿足呢？答案是不能。我們不妨用數學的反證法證明一下。具體的思路就是，先假定上述三個條件都滿足，然後我們來找出矛盾之處，這樣就推翻了原來的假設（數學中「反證法」的另一種做法是找到一個反例。只要有一個反例存在，就足以推翻數學的一個命題或定理了）。

首先，我們從上面第三個條件出發，得知 $p^2/q^2 = 2$，於是就有：

$$p^2 = 2q^2$$

接下來我們來看看 p 是奇數還是偶數。由於上面的等式右邊有一個因子

1　互質指的是兩個數寫成分數的形式時不可再約分。例如 $\dfrac{5}{8}$，5 和 8 互質，而 $\dfrac{10}{16}$ 還能再約分，10 和 16 就不互質。

2，那麼，等式左邊 p 的平方必然是偶數。奇數的平方不可能是偶數，所以 p 必須是偶數。既然它是偶數，我可以把 p 寫成 $2s$，即 $p=2s$，s 也是一個整數。這時，我們可以用 s 替換 p，上面的等式就變為了：

$$4\,s^2=2q^2$$

這個等式的兩邊顯然都可以被 2 整除，除以 2 之後，得到：

$$2\,s^2=q^2$$

這時，再來看看 q 是偶數還是奇數？由於上面等式左邊有一個因子 2，同樣的道理，q 必須是偶數！

這下子問題來了，怎麼 p 和 q 都是偶數呢？這不就和上面的第二個條件，即 p 和 q 必須互質產生了矛盾嗎？造成上述矛盾結果的原因只能有三個：

（1）數學推導過程出了問題；

（2）我們的認知出了問題，也就是說，並不存在一個有理數，它的平方等於 2；

（3）數學本身出了問題，例如畢氏定理有問題，或者說世上有不符合畢氏定理的直角三角形存在。

我們先檢查一下推導過程，發現它沒有問題。因此，不是數學本身錯了，就是我們的認知錯了。

畢氏定理的證明是透過嚴格的邏輯推導出來，它不會有錯，因此只能是我們的認知錯了。也就是說，存在一種數字無法寫成有理數的形式，它們是無限的、不循環小數。在這樣的數中有一個自己乘以自己是等於 2 的。我們今天把這個數字稱為根號 2（$\sqrt{2}$）。這類的數字其實有很多，它們被統稱為無理數。

據說畢達哥拉斯的學生希帕索斯（Hippasus）最初發現了上述矛盾，於是告訴了他的老師。而畢達哥拉斯是個有唯美主義潔癖的人，不允許數學有不完美的地方。出現無限的不循環小數，在畢達哥拉斯看來是數學的漏洞，但他又無法把這個問題圓滿解決，於是他決定當鴕鳥，裝作不知道。這就是數學史上

的第一次危機。當希帕索斯提出這個問題時，畢達哥拉斯決定把這位學生扔到海裡殺死，好把這件事隱瞞下來。

當然，像 $\sqrt{2}$ 這樣的無理數存在的事實，卻不可能一扔了之。無理數是客觀存在的，畢達哥拉斯是隱瞞不住的，這件事成為這位確立了數學在人類知識體系中基礎地位的大學問家的一個污點。另外，無理數的危機也帶來了一次數學思想的大飛躍，它告訴人們，人類對數字的認識仍有局限，需要新的思想和理論。認識本身不能有禁區，事先為科學設定的框架，最終都不得不被拋棄掉。

❷ 數學帶我們走出認知的盲區

無理數的危機這個例子能給我們帶來什麼啟示呢？

在遇到數學和現實出現矛盾時，我們必須先仔細檢查推理的過程是否有疏漏，這種情況占大多數。例如以下這個方程：

$$3x = 5x$$

這個方程本身沒有問題。但我們兩邊同時除以 x 就得到 $3 = 5$，這顯然不對。那麼問題出在哪裡呢？出在推導的過程：如果 x 等於 0，就不能在等式兩邊除以 x 了。而在上述方程中，恰巧 x 等於 0。

畢氏定理和 $\sqrt{2}$ 不是有理數這兩個結論的推導過程都沒有問題。在排除了推導的錯誤之後，接下來最有可能的情況就是，我們的眼睛和認知欺騙了我們：我們以為所有的數都是有理數，但其實還有無理數的存在。在這種情況下，危機常常反而是轉機。在科技歷史上，很多重大的發明與發現恰恰來自上述的矛盾。在數學史上，除了無理數被發現之外，幾個重大的事件，比如無窮小概念的提出、對無窮大的重新認識，以及公理化集合論的確立，都和這些矛盾有關。這些矛盾會造成一時的數學危機，但是，人們在化解了危機之後，就會拓展認知，建立起新的理論。不僅數學本身許多進步來自看似矛盾的危機，科學上很多重大的預言也源於此。

　　幾年前，約翰霍普金斯大學（The Johns Hopkins University）的天體物理學家亞當‧萊斯（Adam Reiss）教授曾給我們講過一堂課，我至今記憶猶新。這堂課讓我堅定了對數學本身的信心。萊斯等人透過計算，發現宇宙的質量是負數，這怎麼可能？難道是數學錯了，還是我們對宇宙的理解完全錯了？萊斯在做了仔細檢查後首先排除了推理有誤的可能性，然後，他們不得不承認數學的結論是對的，出錯的是我們的眼睛（包括觀測的儀器）。於是，他們認定宇宙一定存在我們看不見、更不了解的東西，就是所謂的暗能量，萊斯等人也因此獲得了二〇一一年諾貝爾物理學獎。

　　在科學史上，許多重大的發現最初都不是直接和間接觀測到的，而是根據數學推導出來。若說得更遠，包括血液循環論、自由落體原理、現代原子論等；若說得近一些，則有黑洞理論、重力波理論等，最初都是建立在數學推導上的假說，然後才逐漸被實驗驗證。

　　世上有很多我們不能依靠直覺和生活經驗理解的事物，但是我們可以從數學出發，經過一步步推導得到正確的結論，甚至不須親力親為地做一遍就知道我們的結論一定是正確的。這就如同你不須要會踢足球就可以評論足球一樣。當然，做出準確的判斷和預言，必須把握一些準則，而數學就是這樣的準則。

　　康德（Immanuel Kant）說：「世上只有兩樣東西是值得我們深深景仰的，一個是我們頭上的燦爛星空，另一個是我們內心的崇高道德法則」。他所說的星空，其實就包括數學這樣的知識體系。對於很多雲山霧罩的事，我們只須在邏輯上推演一遍，就能把問題的真相搞清楚了。

本節思考題

如何證明 $\sqrt{\dfrac{2}{3}}$ 是無理數？

1.3 數學思維：如何從邏輯出發想問題？

❶ 非數學思維 VS. 數學思維

在講什麼是數學思維之前，先要說說什麼不是數學思維。

首先，聽眾人的意見不是數學思維。數學不是民主決策，贊同的聲音越大越正確。事實上，很多人湊在一起，智商常常不是增加而是下降，這就是所謂的群體效應。

其次，聽專家的意見不是數學思維。很多人在判斷時會相信專家，絕大多數時候，這是一個好的習慣，但是專家也會有漏判和誤判的時候。這裡我想以一個例子說明。二〇〇八至二〇〇九年的金融危機，是歷史上危害僅次於一九二九至一九三三年全球大蕭條的經濟危機，它讓許多家庭傾家蕩產，包括很多極為富有、受教育程度很高的人。在金融危機之後，英國女王問全世界的經濟學家們，這麼大的危機、這麼明顯的問題，你們這麼多人怎麼沒有一個人預測到呢？這讓經濟學家們很沒面子。

其實女王多少有點錯怪經濟學家這個群體了。整體來看，他們當時確實是過於樂觀了，但是也有一些經濟學家之前確實做過很多預警。而那些受到預警的問題，一旦引起注意後，大多會被防範，之後就不再是問題。因此換一個角度講，經濟學家們已經幫助我們避免了很多次的經濟危機了。當然，經濟學家們也不是神，總會有誤判的時候，當大部分人都出現誤判時，真正的危機就來了。但是，在那次金融危機中，還是有一些人利用數學思維避開了風險，而且賺得盆滿缽滿，這一點我們在後面會講到。

最後，數學思維不是透過以往的經驗或多次試驗得到結論。這種方法更像是自然科學的思維方式，而不是數學的。事實上，很多時候，透過大量試驗所得到的結果依然可能是錯誤的。例如，比較 $10000x$ 和 x^2 哪一個大，如果從 $x = 1$ 開始試驗，一直試到 100，都是 $10000x$ 大。但是，如果我們因此而得到結論 $10000x > x^2$，那就錯了。可能有人會問，為什麼不直接試試 $x = 20000$

呢？因為人們能夠想像到的例子常常受限於自身的認知。如果一個人平時接觸的數量通常都是個位數的，他就很難想到 10000、20000 這些龐大很多的數。

還是在二○○八至二○○九年的金融危機中，有一次摩根史坦利（Morgan Stanley）私人財富管理部門召集客戶（都是非常有錢的人）開會分析當時的金融狀況。主講人說，根據歷次經濟危機股市的表現，只要實體經濟沒有受到重創，股市通常會下跌 1/4～1/3。一位參會者馬上就說：「先生，你太樂觀了，我們現在正在創造歷史。」這位發言者的話很快被證實了，因為股市很快就跌了一半。這說明人的經驗通常有局限。

那麼，什麼是數學思維？它是從不可能變的事實出發，利用邏輯找出矛盾，發現問題，然後再設法解決問題。什麼是不變的事實呢？例如宇宙中基本粒子的數量是有限的，任何經濟增長都不可能是長期倍增，這些就是不變的事實。具體到金融中，一個不變的事實就是，任何建立在空中樓閣之上的複利增長都難以持續，比如龐氏騙局。

❷ 數學思維告訴我們不能做什麼

在二○○八至二○○九年金融危機中，有不少人靠各種智慧避開了厄運，甚至大賺特賺了一筆。其中包括商業嗅覺敏銳的人和善於運用數學思維的人。

像巴菲特（Warren Edward Buffett）這樣的人，他們能夠避開厄運靠的就是長期培養出的商業嗅覺。巴菲特說，那些金融衍生品包裝到大家看不懂的地步，一定是為了掩蓋很多真相，他堅決不參與那場賭博。這與其說是投資的智慧，不如說是人生的智慧，這種智慧常常不可複製。

另外還有一類人，則是依靠數學思維賺了個盆滿鉢滿。比如由數學家們創立和運作的對沖基金公司文藝復興科技公司（Renaissance Technologies Corp.），二○○八年獲利 80%，而同期的股市則被「腰斬」了。不過，這些人出於自身利益的考慮，只是悶聲發大財，不對外說，因此外面的人大多不知道。但其中一些人利用數學發現問題的故事還是廣為人知，例如麥可・貝瑞

（Michael Burry），他的故事還被拍成了電影《大賣空》（*The Big Short*）。

貝瑞並不是職業投資人，而是一位數學很好的醫生。他判斷的邏輯其實很簡單，就是我們常常說的「建立在空中樓閣之上的複利增長」從數學層面講是無法長期為繼的。聽過印度國際象棋故事的人都知道，如果翻倍增長 64 次，一粒麥粒變出來的數量比全世界收穫的麥粒都多，這個道理大家都懂。但是，如果換一種表述方式，絕大部分人就糊塗了。比如某個家族的財富每年增長 7%，有沒有可能持續幾千年？很多人覺得有可能，因為每年 7% 似乎不是什麼了不得的事情，而且美國的股市確實在上百年的時間裡，做到了這樣的增長。但是，如果真的按照這樣的增長速度持續兩千多年，當年的陶朱公范蠡（中國古代有名的富豪）哪怕只給後代留下一個銅板，今天他的傳人所擁有的銅錢的數量就要達到宇宙中原子的數量，這顯然是做不到的事情。事實上，任何一種投資，在一開始基數較小的時候，很容易維持指數增長。但是，一旦基數變大，增長的速度就會慢下來，7% 變成 6%、5%、4%……如果還想不切實際地維持原來的增長率，那就是龐氏騙局了。

當龐氏騙局從翻倍增長變為 7% 的增長，很多人就已經看不出來了。當它再被漂亮地包裝幾次，就更不容易識別了。導致二○○八至二○○九年金融危機的，恰恰是一種包裝得很漂亮的龐氏騙局，它的核心是一種叫作信用違約交換（Credit Default Swaps，CDS）的金融衍生品。直到今天依然有一些智商不低的職業投資人堅持認為信用違約交換不是龐氏騙局。這不是因為他們的專業知識不夠，而是因為他們不具有數學思維。至於我們為什麼認定信用違約交換是龐氏騙局，大家看看它的實質就清楚了。

信用違約交換的發明和柯林頓（William Jefferson Clinton）擔任美國總統時的一項政策有關：即為了讓本來付不起首付的窮人也能買房子，允許銀行在提供一般的房貸之外，還提供購房頭期款的貸款。例如，佛洛伊德先生想買一棟 100 萬的房子，通常他必須先支付 20 萬的頭期款，才有資格從銀行獲得 80 萬的貸款。如果他沒錢支付頭期款，就沒有辦法購房。但這項政策允許他從 A

銀行獲得正常的 80 萬貸款的同時，還可以透過支付較高利息的方式從 B 銀行獲得針對 20 萬頭期款的貸款。為了區分這兩種貸款，前者我們也稱之為初級貸款（primary loan），後者自然就被稱為次級貸款（secondary loan），簡稱次貸。

次級貸款相比初級貸款有兩個特點：

（1）利率高；

（2）風險大。風險大主要體現在出了問題之後，必須等到提供初級貸款的銀行拿回錢之後，才輪到提供次貸的銀行拿錢。例如佛洛伊德先生缺繳貸款了很長時間，銀行被迫收回房子拍賣，A 銀行會先拿回自己的 80 萬貸款，剩餘的錢，才輪到 B 銀行拿回。

如果房價一直上漲，這倒不是問題。例如 100 萬的房子拍賣收回了 110 萬，A 銀行和 B 銀行都能收回全款。但是，如果房價下跌，只賣了 85 萬，B 銀行就只能拿回 5 萬的本金了，虧了 75%。所幸，次級貸款的利率高，如果 100 個貸款人裡只有兩、三個人的貸款收不回來，B 銀行也能從其他購房者償還的利息填補漏洞。

當然，B 銀行還有一個更穩妥的做法，就是從高利息（比如每年 10%）中拿出一部分錢（比如 1%），向保險公司 C 購買貸款者違約的保險。保險公司 C 根據歷史數據發現房屋貸款收不回來的情況很少，例如只占房貸的 2% 左右，而它從 B 銀行可以賺得多年的錢。由於房貸的期限通常在 15 年以上，不考慮複利的因素，15 年下來就是貸款總額的 15%，擔保 10 億的房產就能收入 1.5 億，成本只有 2,000 萬，這種利潤率高達 650% 的事情保險公司當然就答應了。

接下來，投資銀行 D 看到 C 公司做了這樣一筆好買賣，非常眼紅，就和 C 商量將這 10 億美元房產的保險生意賣給自家，並願意留下 B 公司 20% 的好處，即 3,000 萬美元。C 公司想，1.5 億雖然多，但是要承擔 15 年的保險義務，不如一次得到 3,000 萬實在，就答應了。D 公司是投資銀行，更精明，將

這筆擔保的業務，包裝成證券，叫作信用違約交換，加價 3,000 萬美元賣給了另一家投資銀行 E。E 公司可能將各種類似的信用違約交換又打了一個包，以新的證券形式上市了。就這樣，在經過無數次包裝後，信用違約交換的內部結構大部分人已經看不懂了，但是，人們總覺得自己可以從下家身上賺到錢。於是一同把信用違約交換炒到了 50 兆美元這麼大的規模，這已經超過當時美國房市本身的總值，是當時美國國內生產毛額（GDP）的 3 倍左右。

這個騙局的本質是什麼呢？就是大家炒來炒去都在賭一件事，今後十五至三十年，房價會一直快速上漲，而且購房者有足夠意願不停止繳交房貸。然而，房價不可能永遠快速上漲，特別是在經濟本身漲幅很小的前提之下。於是為了維持房價快速上漲，就得有人願意花更多的錢來買房，然後需要再有人花更多更多的錢接盤，這就是龐氏騙局的翻版。而一旦有大量房主無法還錢，或者不願意還錢，或者房價不再上漲，這些信用違約交換就變得一文不值。更糟糕的是，提供購房者次級貸款的銀行，後面的保險公司以及很多購買了信用違約交換的投資銀行也都完蛋了，整個金融系統垮了。

這件事不太容易透過一些經濟指標分析出來，因為短期房價的上漲會給人經濟繁榮的假象。但是，這種遊戲裡面的問題，卻能以數學算出來。其實不只是貝瑞，當時有不少人在信用違約交換的騙局破滅之前發現了問題，後來賺進了大筆的錢，其中就包括二〇一五年向哈佛大學捐出該校有史以來最大捐款額的約翰·鮑爾森（John Paulson）。這些人正是擁有數學思維，清楚知道增長不可能持續，看到了繁榮後面的危機，然後做空。不過在所有賺到錢的人中，貝瑞賺進的利潤率實在太高，而且他還好心和每個人講，於是他被公認最具數學頭腦、看穿騙局的第一人。

透過這個例子，我們來說說數學思維與其他思維方式的不同。數學思維依據的不是大家的看法、不是專家的意見，也不是歷史的經驗，而是永遠不會變的事實，以及並不複雜的邏輯推理。很多人覺得搞清楚金融或其他領域的問題需要很多領域的知識，這種看法當然是對的，但是比領域知識更重要的是數學

思維。一個人不可能成為所有領域的專家，但是有了數學的思維，至少會有基本的判斷能力。即便不知道具體的答案是什麼，也很容易判斷什麼肯定是錯的。

③ 數學思維告訴我們必須做什麼

簡單地講，具有數學思維就是會算帳，但不是指算小帳算得清楚，那經常是撿了芝麻丟了西瓜。我們說的算帳，是要善用數學知識和邏輯，對一個長期的趨勢做出正確的判斷，預見到我們必須做的事情，以及不能做的事情。

以下向你分享一個我的經歷。有一次在一個由中國政府組織關於「一帶一路」的座談會上，幾位領導問我，「吳教授，咱們關起門來講，中國輸出了那麼多資本，最後錢能掙回來嗎？」我說，掙得回來、掙不回來，我不知道，因為這裡面牽扯太多的因素。但是資本輸出和幫助其他國家富裕這兩件事都必須做，我可以從數學證明這兩件事的必要性。他們很好奇這件事和數學有什麼關係，於是全神貫注地聽我講。

中國在過去的四十年裡，實現了年均 8% 的指數增長，這除了有中國人勤勞勇敢的原因，另外還有兩個數學層面的原因：一是中國最初的經濟基數小，能夠持續高速增長；二是過去中國市場一片空白，產品供不應求，而國際間許多國家的人均財富比中國高很多，相比中國過去的生產能力，這些國家的購買力近乎無限。但是四十年後的今天（以二〇一八年為準），中國人均國內生產毛額已經達到了世界的平均水準，經濟體總量已經居世界第二，占全世界經濟總量的 18%。那麼，中國還能不能維持過去的增長速度呢？從數學上講，根本做不到。

我們假定中國經濟能夠按照每年 6.2% 的速度增長，這個速度雖然比過去慢了一點，但是比全世界 3% 的平均水準快很多。再過四十年，中國國內生產毛額大約能增長 10 倍。而扣除中國的貢獻，中國以外的其他國家和地區的經濟增長速度只有 2.34% 左右，四十年後只能增長 1.5 倍左右，那時中國的國內

生產毛額大約能占到全世界的 50%。這時候矛盾就出現了，其他國家的人口占了全世界人口的 4/5 以上，總財富僅僅和中國一樣多。那時，全世界都沒有足夠的財富買得起中國不斷製造的產品和不斷提供的服務。這時只有兩個辦法，一個是提高世界其他地區的購買力和經濟增長，另一個是讓中國經濟增長降到世界的平均水準。

後者顯然不是我們想要的。於是借錢給其他國家購買中國的產品和服務，同時發展自身經濟，就是中國不得不做的事了。當然中國還可以換得一些戰略資源，為今後可持續發展做準備。這其實就是「一帶一路」要實現的目標。至於投資和貸款能否拿得回來，那要看具體情況了，這就不是數學問題了。

在歷史上，十九世紀的英國、二戰後的美國以及一九八〇年代的日本，都曾經是資本輸出國，他們的政策邏輯和中國很相似，都符合數學的原理。因為當一個占據世界生產毛額很高比例的經濟體想維持高增長，就必須輸出資本，否則全世界的人都買不起你的產品。中國十年前不提「一帶一路」，一是因為那時中國的生產毛額在世界占比還不是很高，沒有這個必要性；二是因為自己的錢不多。近幾年中國改變了策略，是因為今天的中國正好處在從人均生產毛額低於世界平均水準，發展到高於世界平均水準的轉折點上。因此在商業和資本兩個層面的全球化就變得迫在眉睫了。

我們對「算筆帳」這三個字並不陌生。每一個人、每一個機構，都該仔細算帳。算帳不是在自由市場討價還價，不是摳一、兩個點的利潤，而是用好數學這個工具來發現問題，做出可行的建議。

在前一個次貸的例子中，貝瑞等人利用數學發現不能做什麼；在後一個資本輸出的例子中，我用數學發現必須做什麼。這其實都用到了邏輯學的矛盾律。什麼是矛盾律？它是說一個事物不能既有 A 屬性，又沒有 A 屬性。例如我們在前面提到證明 $\sqrt{2}$ 是無理數時，如果它是有理數 p/q，那麼 p 和 q 這兩個整數，既不能同時是偶數，又必須同時是偶數，這就違背了矛盾律。在次貸的例子中，一方面房貸的總值不能超過房市的價值，這是常識，但另一方面，

房貸的一部分——其衍生品信用違約交換的盤子卻比整個房市的價值大，這就違反了矛盾律。類似地，中國不可能既擁有全世界大部分的財富，還讓世界其他地區買得起中國的產品，這也違背了矛盾律。

學習數學最有價值的地方是，接受一種邏輯訓練，形成理性思維的習慣，在生活中善於找出矛盾、發現問題，然後用邏輯的方法找到答案並採取行動。今天認知升級是一個時髦的字眼，它其實不過是掌握了數學的思維方式並對其靈活應用。

本節思考題

用數學的邏輯說明，為什麼房價的漲幅不可能長期超過「國內生產毛額漲幅＋通貨膨脹」。

1.4 黃金分割：數學和美學的橋梁

很多東西我們看起來覺得美，很多音樂我們聽起來覺得好聽，主要是因為它們符合一些特殊的比例。比例既是一個數學的概念，也是搭建數學和美學之間的橋梁。在所有的比例中，最讓人賞心悅目的恐怕要屬黃金分割了。

❶ 為什麼符合黃金分割的東西看起來都很美？

黃金分割的大致比例為 $1:0.618$（或 $1.618:1$）。先來看一張照片（圖 1.4），感受一下黃金分割。圖中是雅典衛城的帕德嫩神殿（Parthenon），它無論在藝術史上或建築史上都有很高的地位，其中很重要的原因之一是它的外觀非常漂亮。如果度量一下它正面的寬與高，以及很多主要尺寸的比例，就會發現都符合我們所說的黃金分割。

圖 1.4　雅典衛城的帕德嫩神殿

　　不僅帕德嫩神殿本身和裡面很多雕塑的關鍵比例符合黃金分割，著名雕塑〈米羅的維納斯〉（Venus de Milo），又稱〈斷臂的維納斯〉，其身高和腿長比例、腿和上身的比例也都符合黃金分割；達文西（Leonardo da Vinci）的名畫〈蒙娜麗莎〉（Mona Lisa）上身和頭部的比例，以及臉的長度和寬度的比例等也符合這個比值。

　　這些符合黃金分割的建築、雕塑或畫作看起來都非常舒服，這是為什麼呢？這就涉及到 1：0.618 這個比例的由來，簡單地講，它的美感來自幾何圖形的相似性。

　　圖 1.5 是一個符合黃金分割的長方形，它的長度是 x，寬度是 y。如果我們用剪刀從中剪掉一個邊長為 y 的正方形（即圖中灰色的部分），剩下的長方形長寬之比依然會符合黃金分割。當然，我們還可以繼續剪掉一個正方形（圖中黑色的部分），剩下

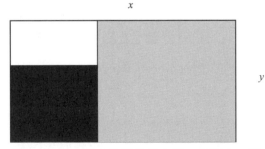

圖 1.5　符合黃金分割的長方形，在剪去一個正方形後，剩餘部分的長寬依然符合黃金分割

的長方形（圖中白色的部分）長寬之比還是會符合黃金分割。也就是說，如果我們這樣不斷地剪下去，剩餘部分的長寬比都是符合黃金分割的。

從黃金分割的這種性質，我們很容易算出它的比例，即 x 和 y 要符合

$$\frac{x}{y} = \frac{y}{x-y}$$

解上述方程，就能得到

$$\frac{x}{y} = \frac{\sqrt{5}+1}{2} \approx 1.618$$

具體解的過程我們放在了附錄 1。

很顯然，從上式可以看出，黃金分割比例也是一個無理數，通常用希臘字母 φ 來表示，大約等於 1.618。當然，如果我們用短邊 y 與長邊 x 之比表示，則該比例大約是 0.618。因此我們有時看到的黃金分割是 1.618，在另一些場合看到的卻是 0.618，兩種說法都對。

黃金分割之所以漂亮，除了因為在幾何的層層相似之外，還因為它也反映了自然界的物理學特徵。如果我們把圖 1.5 的長方形不斷切割，然後將每個被切掉的正方形的邊用圓弧替代，就得到了一個螺線（圖 1.6）。由於這個螺線每轉動同樣的角度，得到的圓弧是等比例，因此它也被稱為等角螺線（equiangular spiral）。

如果對比蝸牛殼（圖 1.7）和這個螺線，你是否會覺得相似？

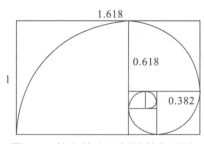

圖 1.6　符合黃金分割的等角螺線

圖 1.7　蝸牛殼的形狀

不僅蝸牛殼如此，颱風（圖 1.8）的形狀乃至銀河系（圖 1.9）這樣的星系形狀都是如此。尤其須指出的是，這不是巧合，而是因為任何事物如果從中心出發，同比例放大，必然得到這樣的形狀。

圖 1.8　颱風　　　　　　　　　　圖 1.9　銀河系

或許正是因為黃金分割反映了宇宙自身的一個常數，我們對它才特別有親切感。哪個建築或畫作有意無意地滿足了這個條件，它就顯得特別美。除了帕德嫩神殿，如艾菲爾鐵塔、巴黎聖母院、泰姬瑪哈陵等很多建築，主要尺寸的比例，也都符合黃金分割，甚至符合等角螺線。類似地，除了〈蒙娜麗莎〉，很多著名的繪畫作品，如〈泉〉（The Source）等，主要的構圖也符合黃金分割。須特別說明的是，無論是帕德嫩神殿的設計者，還是達文西、艾菲爾或〈泉〉的作者，都知道黃金分割，並且刻意使用了這個比例。

❷ 最先提出黃金分割的人

最先提出黃金分割的人是誰呢？古埃及人似乎早在四千五百年前就知道了這個比例的存在，因為大金字塔從任何一面觀看，其正切面的斜邊長和金字塔高度之比都正好是黃金分割。當然你可以說這是偶然，但是和吉薩金字塔群（Giza pyramid complex，就是我們在照片裡經常看到的那三個大金字塔）的形狀及布局許多相關尺寸都符合黃金分割，非要說是巧合有點牽強。比較可能的情況是，古埃及人根據經驗知道了這個神奇的比例。當然，沒有證據表示他們算出了精確的比例公式，因為他們不知道無理數的存在。

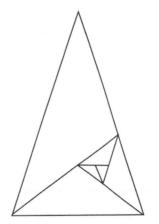

圖 1.10　正五角星　　　　圖 1.11　　正五角星中的三角形

　　今天一般認為，最早算出黃金分割數值的還是畢達哥拉斯。雖然相傳畢達哥拉斯是在一次聽到一名鐵匠打鐵和諧而動聽的聲音時，研究出了黃金分割，但是我覺得這種說法缺乏依據。大家更認可的說法是，畢達哥拉斯學派的人在做正五邊形和正五角星的圖形時，發現了黃金分割。畢達哥拉斯學派對正五角星非常崇拜，對於正五角星、正五邊形和正十邊形有很多研究。在正五角星中，每一個等腰三角形的斜邊長和底邊長的比例都是黃金分割（圖 1.10）。

　　把這樣的三角形放大後（圖 1.11）觀察，會發現它的三個角恰好是 36°、72° 和 72°，也就是說兩個底角分別是頂角的兩倍。如果將任意一個底角一分為二，就得到了一個和原來三角形相似的等腰三角形。然後，可以這樣再分下去，每一次都會得到一個和原來三角形相似的等腰三角形，它的面積和上一級的相似三角形的比值，恰好是 0.618：1.618。

　　雖然我們無法證實畢達哥拉斯是否從鐵匠的打鐵聲中獲得了數學上的啟發，但是畢達哥拉斯學派利用數學引導音樂是真實的事。

　　在畢達哥拉斯之前，人們對音樂是否動聽悅耳並沒有客觀的標準，完全是主觀感受。這樣一來，運氣好一點，演奏出的音樂就好聽，音稍微偏了一點，聽起來就不和諧，但是大家也不知道如何改進。畢達哥拉斯是利用數學找出音

樂規律的第一人。他認為，要產生讓人愉悅的音樂，就不能隨機在連續的音調中選擇音階，而必須根據數學的比例設計音階。畢達哥拉斯是這樣分配音階的。

首先，一個八度中最高音和最低音的頻率之比為 2：1。如果我們用簡譜記錄，就是 1-2-3-4-5-6-7-1-i（對應五線譜的 C-D-E-F-G-A-B-高 C），i（高音 1）的音高是 1 的兩倍。

接下來，將這八度又一分為二，按照 4：3 和 3：2 的比例，分出一個四度音（1-2-3-4，頭尾包括在內是四個音，被稱為四度音）和一個五度音（4-5-6-7-i），也就是說，4 的頻率是 1 的 4/3 倍，i 的頻率是 4 的 3/2 倍。由於（4/3）×（3/2）＝2/1，因此一個四度音和一個五度音會還原成一個八度音。

最後，四度音分出中間的兩個整聲調，即 2 和 3，五度音分出中間的三個整聲調，即 5、6、7。由於畢達哥拉斯不願意承認無理數的存在，因此他設計的各個音之間頻率的比例都是有理數，從 1 到 i 的頻率分別是 1，9/8，9/8，256/243，9/8，9/8，9/8，256/243。

由於 9/8＝1.125～1.06^2，256/243～1.053，前者的跨度大約是後者平方，因此我們今天音樂中從 3 到 4，以及從 7 到 i 的音高差一個半音，而其他相鄰音符之間差距是一個全音。這樣的設定，源於畢達哥拉斯。

很多人覺得畢達哥拉斯了解黃金分割源於音樂，因此他設計的音階一定用到了黃金分割的原理。這其實是一個誤解，因為黃金分割的比例本身是一個無理數，這不符合畢達哥拉斯要求音高的比例是整數比值的想法。畢達哥拉斯將不同音高的比例設置成整數比，在那個年代很有道理，因為這樣方便製造樂器。不過由於從 3 到 4，從 7 到 i 的半音差異比半個全音略小，後來人們乾脆均勻分配 12 個半音（把五個全音變成 10 個半音，加上原來的兩個半音共 12個），發明了十二平均律。十二平均律兩個相鄰音的音高比例是 $\sqrt[12]{2}$，也是一個無理數。根據利瑪竇的記載，最早準確算出這個無理數的是明朝的朱載堉，他計算到了小數點後面 9 位（1.059463094）。由於十二平均律的音高比例是

個無理數，不容易製作樂器，因此一直沒有被廣泛採用。直到巴洛克時期，由於樂器製作水準提高，大家才更廣泛採用十二平均律，最具代表性的作品就是巴哈的鋼琴曲。不過對一般人來講，聽不出來八度音階和十二平均律的差別。

從數學和音樂的關聯可以得出，在音樂的背後，最重要的是各種音的音高比例。

❸ 數學對繪畫和建築設計的助力

成比例原本是一個數學概念，但是成比例這件事，不僅對音樂至關重要，對繪畫和建築設計也是不可或缺。西方通常將這些關聯，籠統地看成是畢達哥拉斯學派對美學的影響。受到這種影響的，包括從柏拉圖和亞里斯多德開始的、一直到後來文藝復興時期諸多的學者和藝術家。到了文藝復興時期，數學在畫法幾何和繪畫藝術上的作用得到了體現，使得西方繪畫和建築設計有了飛躍式的進步。

今天我們看文藝復興之前的西方繪畫，會覺得比較呆板（圖 1.12）；但是對於從文藝復興時期開始，一直到十九世紀浪漫主義時期的西方油畫，我們都會驚嘆於它們觸手可摸的逼真效果。這種逼真的效果從哪裡來？它源於藝術家們使用了單點透視的方法，即將圖中的景物，由近及遠最後匯聚到一點。這樣就將三維形象繪製到一個二維平面上。當然，這種繪畫技術也不是一天發明的。

圖 1.12　沒有使用單點透視的繪畫缺乏真實感

早在古希臘時期，人們就發現了遠處景物顯得小、近處顯得大的現象，並且將這種特點反映到繪畫中，他們將這種方法叫作前縮透視法（foreshortening）。但是，古希臘人並不知道物體在遠離我們時，該遵循什麼法則來縮小，因此古希臘和

後來古羅馬留下的壁畫雖然有立體感，但比例並不是那麼協調。

佛羅倫斯的畫家烏切羅（Paolo Uccello）沉溺於使用幾何學技巧將繪畫變得逼真，在他為梅迪奇家族（House of Medici）繪製的〈聖羅馬諾之戰〉（The Battle of San Romano，圖 1.13）中，我們可以看到明顯採用透視法炫技的

圖 1.13 烏切羅的〈聖羅馬諾之戰〉

痕跡。圖中，倒在地上的戰士和旁邊的長矛，都指向遠方的消失點。他用透視法為繪畫構建了立體的舞臺。不過，如果仔細看，會覺得這幅畫中有不少彆扭的地方，因為這幅畫好像不止一個透視的方向。

那麼是誰真正解決了透視法中的數學比例問題，並且將這種技巧傳授給廣大藝術家呢？他就是文藝復興時期大名鼎鼎的建築師和工程師布魯內萊斯基（Filippo Brunelleschi）。今天佛羅倫斯的聖母百花大教堂（Cattedrale di Santa Maria del Fiore）就是他的傑作。關於這座在建築史上具有劃時代意義的建築建造過程，我在《文明之光》一書有詳細的介紹。

布魯內萊斯基發明的單點透視法，完全符合我們視覺應有的幾何學原理。具體而言就是相似三角形的原理，也就是從同一個角度觀看的物體大小和距離成比例。按照這樣的方法畫出來的畫就非常逼真。以下我們就從視覺中的幾何學原理出發，簡單介紹一下單點透視法。

在圖 1.14 中，我們假定眼前是一個很長的廣場，前方 A 點和 A 點後面 100 公尺處的 B 點各有一棵 50 公尺高的大樹。我們知道近處的樹在我們的眼裡顯

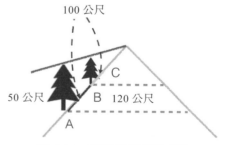

圖 1.14 在我們眼中遠處的物體更小，近處的物體更大

得高、遠處顯得矮，因此 A 點的樹看起來一定比 B 點的大。那麼它們的比例到底該是多少呢？

我們換一個角度來考慮一下這個問題。假定在 A 點和 B 點廣場的寬度都為 120 公尺，它們對應圖中兩條水平的虛線。由於在我們的眼中，同樣仰角和視角的物體看起來大小一樣，因此不論是在 A 點的大樹和廣場的寬度，還是 B 點對應的這兩個目標，它們的尺寸應該成比例。也就是說，在我們眼中：

A 點的樹高／B 點的樹高＝A 點廣場寬度／B 點廣場寬度。

因此，把樹的頂點連成線，廣場的邊也連成線，它們就交於遠方的一點。

類似地，從 A 到 B 是 100 公尺，我們假設從 B 再往前到 C 點，同樣是 100 公尺，BC 的距離會顯得比 AB 的短，而且根據相似三角形的比例可知：

AB 的距離／BC 的距離＝A 點的樹高／B 點的樹高，

這也就是為什麼一排筆直的樹看過去，遠處的顯得越來越密的原因。

當我們把上述因素都考慮進去，我們眼中的景物，不僅由近到遠聚焦到了遠處的一個點，而且是成比例地縮小，這就是單點透視的數學根據。圖 1.15 是我在影集《冰與火之歌：權力遊戲》（*Game of Thrones*）的一處外景拍的照片。從照片可以看出，所有大小相同的景物，按照遠近的比例縮小，在遠處匯聚到一點。

圖 1.15　大小相同的景物，依照遠近比例，在遠處匯成一個點

理解了我們視覺的數學原理，就可以利用它創造出特殊的藝術效果。例如雖然在現實世界裡，我們看到的景物都是單點透視的，因為人的眼睛不可能同時往兩邊看，但是我們可以在藝術創作採用兩點和多點透視。圖 1.16 是兩點

透視的效果圖，景物消失在一左一右兩點上。我們通常目光只能集中在一個方向，看不了這麼廣的視角，但如果用相機鏡頭拍照，就能拍出這樣的效果。

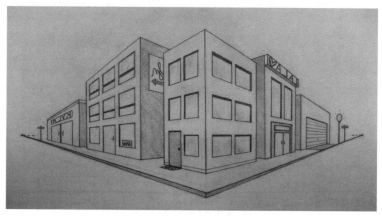

圖 1.16　兩點透視效果圖

　　在我的《物理通識講義》中，有講到藝術不僅需要數學，也需要光學。印象派繪畫的一大特點，就是很好地利用了當時人類在物理領域對於色彩和亮度認識的進步。

　　為什麼我們要在數學書加入這樣一節的內容呢？因為許多數學的用途其實都被忽略了。一說數學，大家首先想到的是解題，再來就是作為財會、經濟學和自然科學的基礎。但是，數學的用途遠遠超出這些領域的限制，它作為一種方法和工具，以及一種特殊的思維方式，用處隨處可見。數學不僅和藝術相關，也和其他知識體系有著千絲萬縷的聯繫，這些我們在後面的章節都會看到。下一節，我們就用一個實際例子，說明如何使用數學。

本節思考題

拍一張街景的照片，畫出它的透視圖，然後將它改成兩點透視圖。

1.5 優選法：華羅庚化繁為簡的神來之筆

數學是一個純粹依靠腦力進行研究的學科，它的嚴密性是任何自然科學都無法相比的。因此，許多數學家們有一種高高在上的自我滿足感，他們常常不屑於解決實際生活中的具體問題。也因此，在大家看來，數學家是一群古怪的人，他們的工作和我們的生活毫無交集。

但是，很多真正高水準的數學家，不僅能夠研究複雜的理論問題，還能夠為複雜的實際問題找到簡單易學的解決方法，例如中國著名的數學家華羅庚先生。

❶ 優選法：大量複雜實際問題的數學出口

華羅庚先生是二十世紀最偉大的數學家之一，他在數論等方面有很多貢獻。不過，絕大部分中國人都不知道華先生具體有哪些貢獻，因為大家並不了解他在數論方面的成就。但上一點年紀的人都聽說過他推廣優選法這件事，因為成千上萬的企業與事業單位受益於此。這一節，我們就來說說優選法，透過它，大家既能看到黃金分割的應用，也能體會一位真正的大師化繁為簡的過人之處。

優選法是一種解決最佳化問題的方法。世上很多問題最後都可以歸結為數學的最佳化問題。小到大家平時發麵蒸饅頭的一千公克麵粉要放多少公克鹼、發酵多長時間，或者做一盤菜放多少鹽與糖；中到我們在投資時，如何兼顧風險和收益，將股票和其他資產的配比調整到最佳比例；大到設計一枚火箭，如何將尺寸、重量、空氣動力特性、燃料和氧氣的配比調整到最佳狀態。這些問題本質而言都是最佳化問題。

一方面，在生活和工作中，每一道複雜的優化問題，都可以建立一個特定的數學模型，然後用一大堆工具和電腦，找到它的最佳解。但是，各行各業的從業者大多不具備足夠多的數學知識，建立不起那些複雜的數學模型；即便有人能夠幫助他們建立了模型，他們也未必能好好使用。他們最希望的就是直接

得到幾個簡單、易遵守的原則，平時反覆使用。另一方面，絕大部分數學家，通常也沒有時間了解各個行業具體問題的細節。因此，形成一種隔閡：數學工具越來越發達，但是各行各業得不到解決的數學問題卻越來越多。一九五八年，華羅庚先生為了解決上述問題，率領了一大批數學家走出大學和科學院大門，到工農業生產單位尋求實際問題進行研究，提出解決方案。

華先生最先想到的是用線性規劃解決實際問題。所謂線性規劃，就是用很多線性方程在多維空間劃定一個區域，在區域裡找最佳值。例如我們在圖 1.17 畫了直線作為限定條件，滿足這些條件的區域就是粗線多邊形內的區域，而線性規劃就是在這個區域內對目標函數求解。當然，在實際應用中，決定限制條件的變數常常不止兩個，而是很多個，這其實是在多維空間而非二維空間裡求解，但道理是一樣的。

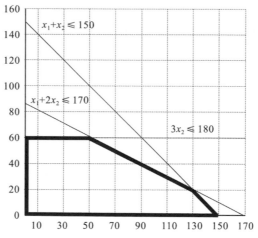

圖 1.17　線性規劃就是在線性條件下，求得最佳解

華羅庚之所以採用線性規劃，而不是非線性的最佳化方法，是因為線性規劃已經是各種最佳化方法中最簡單的了。很多實際問題──如飛機外形的設計，非常複雜，遠不是線性規劃能解決的。但是，即使是線性規劃，也須把實際應用中的各種複雜問題，變成很多個線性方程，這件事一般人還真辦不到。

再退一步講，即使辦到了，解決線性規劃問題也須進行大量計算。在華羅庚那個年代，全世界也沒有幾臺電腦，大量計算要使用計算尺完成。在那樣的條件下，華羅庚先生等人的工作雖然取得了一批應用成果，但是並不大，原因就來自於上述的鴻溝。

大部分數學家在遇到上述問題時，恐怕會直接埋怨一線工作人員的數學程度低，然後就回到象牙塔研究那些有水準的問題去了。但是華先生卻沒有放棄，而是覺得自己依然沒有把數學變得更簡單，於是他進一步總結經驗，制定出一套易於被人接受、應用層面廣的數學方法。他把這套方法稱為優選法。優選法無論在原理上、還是操作步驟上都非常簡單，對當時中國既缺乏數學人才、又缺乏電腦的企業與事業單位，發揮了提高效率的巨大作用。

❷ 優選法的具體運用

優選法有兩個含義：首先它能夠找到實際問題的最佳解；其次，它強調尋找最佳解的方法本身也應該是最簡單的，或者說最佳的。具體來講，就是用最少的試驗次數找出最佳解在哪裡。我們不妨舉一個例子。比如我們在蒸饅頭時想知道一千公克麵粉放多少鹼比較合適。要找到這個問題的答案，當然可以一次次實驗，但是實驗次數可能特別多。而使用優選法，是希望只進行幾次實驗，就找到合適的分量。

優選法的原理就是基於我們前面介紹的黃金分割，華先生又稱之為「0.618 法」。為方便說明，我們就假定影響結果的變數只有一個，例如做饅頭時放鹼的量。我們假定一千公克麵粉放鹼的重量範圍為 0～10 公克，須精確到 0.1 公克。當然鹼放太多或太少都不行。我們還假定不同鹼量做出來的饅頭口味是可以量化的（圖1.18）。

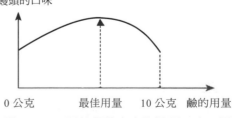

圖 1.18　不同鹼量做出來的饅頭口味不同

根據優選法，第一次實驗取在黃金分割，也就是 6.18 公克。假定我們發現這樣做出來的饅頭太多鹼了。那麼怎麼辦呢？根據優選法，第二次做實驗選擇 0～6.18 公克之間的黃金分割。我們在前面講了，黃金分割有個特別好的性質，就是（1－0.618）／0.618＝0.618，這樣一來 6.18 克的黃金分割正好是 10－6.18＝3.82 公克的位置，也就是說，前後兩個黃金分割點，距離中間點 5.0 公克的距離相同，或者說以 5.0 為軸是對稱的，如圖 1.19 所示。

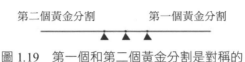

圖 1.19　第一個和第二個黃金分割是對稱的

當然，對沒有多少數學基礎的人來講，他們甚至不太能理解「軸對稱」一詞。對此，華羅庚先生用了一個非常生動形象的方法解釋此特徵，他稱之為摺紙法，即把第一個黃金分割點畫在一張紙上，對摺一下，與第一個黃金分割點重疊的位置，就是第二個黃金分割點的位置。如果第二次做出來的饅頭依舊太多鹼了，根據優選法，第三次做實驗選擇 0～3.82 公克之間的黃金分割點；如果第二次做出來的饅頭的鹼太少了，則代表最佳用量在 3.82～6.18 公克之間，第三次做實驗選擇 3.82～6.18 公克之間的黃金分割點即可，依此重複下去。

優選法的效率可以從理論上嚴格證明。例如做 5 次試驗，就可以將範圍縮小到原來的 9%，做 6 次可以將範圍縮小到 6% 以下。是否存在尋找最佳解更有效的方法呢？對於具體的問題，答案是肯定的。但是，我們很難讓每一個人都精通數學，靈活運用數學解決每一個具體的問題。華羅庚先生的優選法，給這一大類問題找到了一個結果比較令人滿意的、步驟非常容易遵循的方法。

當然，在很多時候，決定好壞的因素不只一個，而衡量標準也不只一個。比如我們要設計一個汽車發動機，通常氣缸的容量越大，輸出的功率越大，但是這樣一來不僅成本高，而且很費油。因此，內燃機的設計者就希望透過提高

氣缸內的壓力提高效率。如此在設計氣缸時，就有容量和壓力兩個維度的變數。如何綜合考慮這兩個因素，達到增加輸出功率、同時提高燃油效率的目的，就是一個非常複雜的優化問題了。對於這樣多維度的問題，華羅庚先生把優選法從一個維度推廣到多個維度。比如在解決兩個維度的問題時，華羅庚先生設計了一種二維的摺紙法（圖 1.20），具體做法大致是這樣：

（1）先確定第一個維度的黃金分割點 A；

（2）再確定第二個維度的黃金分割點 B，這樣就把二維空間劃分為四個部分；

（3）接下來確定第一個維度的第二個黃金分割點 A'；

（4）再確定第二個維度的第二個黃金分割點 B'。

重複第三，第四個步驟，直到找到最佳點。

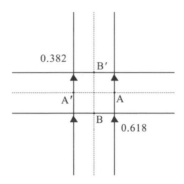

圖 1.20　用兩個維度的黃金分割，解決兩個變數的最佳化問題

　　一九七〇年代，華羅庚先生出版了《優選法平話》，後來又擴充了一些案例編寫了《優選法平話及其補充》。這兩本書用了極為通俗的語言和生活的案例對優選法的原理和操作進行了描述，當時國中畢業的普通工人都能學會使用，於是優選法在中國得到了極大的普及。例如今天大家喝的低酒精濃度的五糧液酒，在研製的過程中，就採用了優選法。

在數學上很容易證明，如果在一個平面區間裡存在唯一的最佳點，用這種方法很容易找到。對於有更多變數的問題，也可以沿著上述思路擴展，但是這時大家會發現，它其實就是線性規劃的一個特例。華羅庚先生的過人之處在於，他找到了一種讓一線職工都很容易掌握和使用的數學方法，解決了很多實際問題，並且用非常通俗的語言（包括很多口訣）把複雜的方法簡單化，讓大家都讀得懂、記得住。從優選法的發明到普及，我們能體會出真正大師的水準。反觀我們一些專家學者，喜歡故意把理論包裝得高大尚，然後譁眾取寵，他們和真正大師的水準高下立判。

❸ 把數學原則在生活中使用

學了知識，關鍵要好好使用。黃金分割的妙處是大自然賦予的，因此了解之後，我們不應該滿足於「知道了」這個層面，而應該有意識地使用。例如在拍照片時，將照片中的主角放在黃金分割點，照片畫面會顯得平衡而又不乏靈動。圖 1.21 是我在愛爾蘭拍的海邊風車，風車就在照片的黃金分割點。此外，天空與海水的比例，基本上也符合黃金分割的原則。如果把風車放在畫面的中央，看起來就顯得呆板了，此外其中無論是天空占據的畫面太多，還是海水占據的畫面太多，都有失平衡。

圖 1.21　攝影時，將拍攝對象放到黃金分割的位置

在投資的配比上，有經驗的投資顧問通常建議將 62% 左右的資產放在報酬率高、風險也相對高的股市上，這基本上符合黃金分割的比例。在剩餘大約 38% 的資產中，大約 24% 的資產放在相對穩妥的債券上，大約是 38% 的黃金分割點。最後的百分之十幾的資產，則是各種複雜的組合投資。

在很多必須做決定的事情上，我常常會把做決定的時間放在黃金分割點或反方向的黃金分割點上。一種情況是需要更多時間比較與決定，在這種情況下做決定的時間點不妨往後放放，但是也不要拖到最後一刻。例如出門度假尋找酒店和機票，需要時間了解情況，有時必須貨比三家，然後再做決定。做決定的時間就可以選擇在黃金分割點上。如果你有 10 天時間，前 6 天可以蒐集資訊、進行比較，第 7 天做決定，這時候的決定在很大程度上會是最優的，但絕對不要拖到最後一刻再做，因為那時很可能不是訂不到飯店，就是機票太貴。

另一種情況是，在做出決定後需要較長的時間實現我們的想法，我一般會把做決定的時間點放在 0.382 的地方，也就是反方向的黃金分割點上。很多投資人給創業者的建議也是如此，即不要把大部分時間花在想做什麼事情上，而是要花更多的時間來做。因此在一開始，創業者可以儘量嘗試，但是在時間過了 38% 左右，就應該明確自己該做什麼了，然後把大部分時間用於做好這件事。

當然，每個具體的問題，一定存在比簡單利用黃金分割更好的解決辦法。對於一些重大的問題、反覆出現的問題，值得針對它們尋找特定的最佳方案。但是對於很多問題，由於我們缺乏對細節的了解（或者了解細節的成本太高，不值得做），或者因為問題並不會經常發生而不值得花太多時間，或者因為其他的原因，我們直接採用黃金分割進行簡單的試錯，不失為一種高效率、高收益的做事方法。只要我們遵守一定的準則，就不會得到太壞的結果，這其實反映出數學原理的普適性。

很多人抱怨數學不夠靈活，更喜歡所謂的具體問題、具體分析。其實考慮到成本和收益的比值，簡單而硬性的原則會比沒有準則，或者隨意調整的準則要好得多。而數學的原則，是少數我們能夠信賴的原則。

本節思考題

1. 證明 $\varphi = \sqrt{1+\sqrt{1+\sqrt{1+\sqrt{1+\cdots}}}}$。

2. 證明 $\varphi = 1 + \cfrac{1}{1 + \cfrac{1}{1 + \cfrac{1}{1 + \cdots}}}$。

本章小結

　　這一章主要介紹了一些大家比較熟悉的知識——勾股定理、無理數、黃金分割等，這些內容很容易透過畢達哥拉斯串聯起來。通常在教科書裡，上述知識都是單獨出現，以至學生們在學習之後並不清楚為什麼要學這些內容，以及學了之後對學習其他什麼內容有幫助。

　　現在我把它們串聯起來，大家就容易做到觸類旁通，了解數學的底層邏輯和全貌。數學的知識體系非常龐大，如果不能夠學會掌握一些關聯的主線，學到後來就非常辛苦。當然，每一個人理解數學的線索會有不同，畢達哥拉斯只是我理解初等數學的線索之一。而我們所謂的複習，就是自己透過思考，找到方便自己使用的線索，將那些必須掌握的數學知識串聯起來。

　　本書是通識讀本，目的不是講述精深的內容，掌握別人不知道的數學知識，而是透過數學的學習提高見識程度，培養理性的做事方法。

　　在接下來的章節裡，我們依然會強調數學知識的關聯性，以及對我們的認知有什麼幫助。下一章，我們會從黃金分割出發，引出更多的數學知識。

chapter

2

數列與級數：
承上啟下的關鍵內容

本章將從黃金分割出發，引出數列與級數的相關知識。數列與級數
有三個主要意義：首先，它們是很有效的數學工具，我們時常會用
到；其次，數列與級數的思想，反映出了不同變化趨勢的差異；最
後，它們在數學體系發揮了承上啟下的作用，為後面要介紹的極
限、無窮大和無窮小這些知識奠定了基礎。

2.1 數學的關聯性：費氏數列和黃金分割

　　說到數列，大家一般首先想到的是等差數列，如 1，2，3，4，5，6，7，……；以及等比數列，如 1，2，4，8，16，32，……。今天在小學，老師會教從 1 加到 100 如何計算，也會教等比數列（也被稱為幾何數列）會增長很快等等。但是為什麼要把這些數放到一起研究，課程中卻很少提到。而這恰恰是問題的關鍵：數列不是一些數字的簡單排列，而是那些數字之間存在一些必然的關聯，這種聯繫讓我們可以根據有限的數字，推算出整個序列的變化規律，或者說走勢。例如我們知道等差數列相鄰兩項之間的差異是一個常數，它的變化速度不算太快；而等比數列相鄰兩項之間的差異則是成倍數，因此變化速度很快。當然，並非所有數列的規律都那麼直觀，其變化也未必那麼明顯，這就須要我們動腦筋尋找它們的規律性。

❶ 費氏數列和黃金分割的關聯性

　　我們不妨先看這樣一個例子，理解一下數列變化的特點。

　　假如有一對兔子，我們說牠們是第一代，生下了一對小兔子，我們叫牠們第二代。然後，這兩代兔子各生出一對兔子，這樣就有了第三代。這時第一代兔子老了，就生不了小兔子了，但是第二、第三代還能生，於是牠們生出了第四代。接著，第三、第四代能生出第五代，然後牠們不斷繁衍下去。那麼，請問第 N 代的兔子有多少對？

　　解答這個問題並不難，我們不妨先給出前幾代兔子的數量，牠們是 1，1，2，3，5，8，13，21，34，……。稍微留心一下這個數列的變化趨勢，我們就會發現從第三個元素開始，每一個元素都是前兩個元素之和，例如：

$$2 = 1 + 1，$$
$$3 = 1 + 2，$$
$$5 = 2 + 3，$$
$$……$$

其中的道理也很簡單，每一代兔子都是由前兩代生出來的，因此牠的數量等於前兩代的數量相加。發現了這個規律後，我們就可以一代代算下去，一直算到第 N 代。這個數列最初是由費波那契（Fibonacci）引入，因此被稱為費氏數列。

了解了費氏數列的規律後，我們不難看出它增長的速度是很快的，雖然不如 1，2，4，8，16，……這般的倍增，但也近乎指數成長，只要 N 稍微一大，數列也會產生指數爆炸。其實，在現實生活中，兔子在沒有天敵的情況下，繁殖速度還真就是這麼迅猛。

一八五九年，一位名叫湯瑪斯・奧斯丁（Thomas Austin）的英國人移民來到澳洲，他在英國喜歡打獵，獵物主要是兔子。到了澳洲後，他發現沒有兔子可獵，便請侄子從英國帶來了 24 隻兔了，以便繼續享受打獵的快樂。這 24 隻兔子到了澳洲後被放到野外，由於沒有天敵，牠們快速繁殖起來。兔子一年能繁殖幾代，年初剛生下來的兔子，年底就會成為「曾祖」。因此那 24 隻兔子 10 年後便繁殖到了 200 萬隻，這是世界上迄今為止哺乳動物繁殖最快的紀錄。

幾十年後，兔子的數量飆升至 40 億隻，造成了澳洲巨大的生態災難，不僅是澳洲的畜牧業面臨滅頂之災，而且當地植被、河堤和田地都被破壞，引發了大面積的水土流失。有人可能會問為什麼不吃兔子，澳洲人也確實從一九二九年開始吃兔肉，但是吃的速度沒有繁殖得快。後來澳洲政府動用軍隊捕殺，也收效甚微。最後，在一九五 年，澳洲引進了一種能殺死兔子的病毒，終於消滅了 99% 以上的兔子。可是少數大難不死的兔子產生了抗病毒性，於是「人兔大戰」一直延續至今。

過去各種關於指數性成長的例子，大多是人為創造出來的，例如印度國際象棋問題，大部分人對真實的指數成長速度其實沒有太多感受。但上述例子說明，指數爆炸並非危言聳聽。

費氏數列是近乎指數級的增長，那麼它每一項增長的比例是多少呢？我們

不妨再定量分析一下。

我們用 F_n 代表數列中第 n 個數。那麼 F_{n+1} 就表示其中的第（$n+1$）個數。我們用 R_n 代表 F_{n+1} 和 F_n 的比值，你可以把它們看成是數列增長的相對速率。表 2.1 為費氏數列前 12 個元素的數值，以及增長的速率。

表 2.1　費氏數列前 12 個元素的數值和增長速率

n	1	2	3	4	5	6	7	8	9	10	11	12
F_n	1	1	2	3	5	8	13	21	34	55	89	144
F_{n+1}	1	2	3	5	8	13	21	34	55	89	144	233
R_n	1	2	1.5	1.66	1.6	1.625	1.615	1.619	1.618	1.618	1.618	1.618

大家可以看出 R_n 的值逐漸趨近於 1.618，這恰好是黃金分割的比例。這樣的結果是巧合嗎？不是！如果我們用費氏數列的公式推算一下，就很容易發現這個數列和黃金分割的一致性，因此數列中相鄰兩個數的比值 R_n 必然是黃金分割的比例，推導和證明的相關內容我們放到了附錄 2 中，有興趣的讀者可以看一看。

費氏數列和黃金分割之間的關聯並非偶然。如果我們把兩次黃金分割後的結果相加，會發現它們正好等於原來的長度。例如長度是 1 的線段第一次黃金分割後，得到 0.618，0.618 再分割一次，得到 0.382，兩者相加等於 1，這就等同於費氏數列 $F_{n+2} = F_{n+1} + F_n$ 的關係。

費氏數列和黃金分割之間的這種必然連結，揭示了數學的一個規律，即**很多現象在數學體系中是統一的**，很多人認為這其實就是數學之美的體現。

❷ 費氏數列的其他啟發

關於費氏數列，我們還必須說明三點。

首先，雖然這個數列相鄰兩項比值的最終走向是收斂於黃金分割，但是一開始的幾個數並不符合這個規律，這種情況在數學上很常見。**我們所謂的「規**

律」，通常是在有了大量數據後得到的，從幾個特例得到的所謂規律，和真正的規律可能完全是兩回事。至於費氏數列相鄰項比例的極限值，是透過邏輯推導出來的，不是根據經驗總結出來的。

其次，費氏數列增長的速率，幾乎是一個企業擴張時能夠接受的最高員工數量成長速率，一旦超過這個速率，企業的文化就很難維持了。這是因為企業在招入新員工時，通常須要由一名老員工帶一名新員工，缺了這個環節，企業人一多就各自為戰了。而當老員工帶過兩、三名新員工後，他們就會追求更高的職業發展道路，不會花太多時間繼續帶新人了，因此帶新員工的人基本也就是職級中等偏下的人。這很像兔子繁殖，只有已經性成熟且還年輕的兔子會進行生育。

最後，由於費氏數列幾乎每一項都比前面大很多，因此這個數列不斷寫下去，最後會趨近於無窮大，這在數學上被稱為發散數列，這是數列發展的一種趨勢。當然，數列發展還有其他趨勢，可能是收斂或振盪，這些我們後面會講到。

本節思考題

如果一個數列 $a_{n+3} = \dfrac{1}{2}a_{n+2} + \dfrac{1}{3}a_{n+1} + \dfrac{1}{6}a_n$，這個數列是收斂？還是發散？

2.2 數列變化：趨勢比當下重要

我們在研究數列時，通常對數列的變化趨勢更為關注，例如數列是增加還是減少？變化速度是快還是慢？至於數列中具體的一個個數字，重要性遠比不

上它的變化趨勢。

❶ 數列變化趨勢一：增加 VS. 減少

為了體會數列增減的差異，我們來看一個例子。有兩名投資人，第一人每月平均獲得 1% 的報酬率，第二人每個月平均虧損 1%，兩人每個月投資的結果都是等比數列，但一個是以 $r=1.01$ 的速率慢慢增加，另一個則是以 $r=0.99$ 的速率慢慢減少。5 年後，前者的資產幾乎能倍增，而後者基本上會損失一半。在等比數列中，一開始看起來並不算差異大，會隨著時間而放大，最後導致差異巨大的結果。

數例增加或減少，是我們對數列變化趨勢的第一個關注焦點。但了解增減還不夠，我們常常還須關心數例變化的快慢。我們用下面一個例子說明。

❷ 數列變化趨勢二：增速快 VS. 增速慢

例 2.1：假定一名剛工作的年輕人第一年賺 10 萬元，以後每年的工資增長 10%。他每年能存 20% 的收入。當地的房價是 300 萬元，頭期款要 20%，每年房價上漲 3%（已經比較保守了），那麼他買得起房子嗎？

在這個例子中，無論是房價，還是年輕人的收入，都是不斷增長的等比數列。房價上漲的比例是 $r=1+3\%=1.03$，也就是說後一年房價是前一年的 1.03 倍。購買房子須付的頭期款也依照這個比例上漲。如果以萬元為單位，頭期款數列 A 為：

A＝60，61.8，63.65，65.56，67.53，69.56，⋯⋯

年輕人每年能夠存起來的錢也是一個等比數列，比值為 $r=1+10\%=1.1$，如果以萬元為單位，存款數列 B 就是：

B＝2，2.2，2.42，2.66，2.93，3.22，⋯⋯

我們把這兩個數列用曲線表示，如圖 2.1 所示。

大家可以看到，虛線到後期的增長速率更快。因此理論上而言，只要時間足夠，年輕人靠存的錢一定能買得起房子。至於什麼時候能付得出頭期款，我

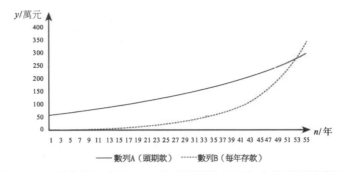

圖 2.1　存款為等比數列時，購房頭期款和每年存款增速的對比

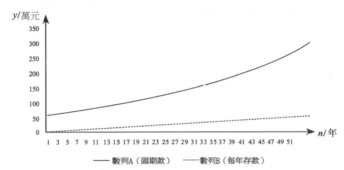

圖 2.2　存款為等差數列時，購房頭期款和每年存款增速的對比

們後面介紹級數時再講。

　　如果我們修改一下上面的例子，當那名年輕人每年存的錢是按照數列 C ＝ 2，3，4，5，6，……這樣的趨勢增長，也就是構成一個成長較快的等差數列，他能否存夠頭期款的錢呢？

　　我們還是把他每年存的錢和每年須付的頭期款曲線畫出來，如圖 2.2 所示。

　　從圖 2.2 可以看出，雖然每年存的錢都比前一年多，但是後來存款上漲的速度似乎趕不上房價的增速，因此年輕人最終能否付得出頭期款暫不知道。這個問題的答案我們也會在介紹級數時提供。

　　對比上述兩種情況，我們就能體會變化快慢對於一個數列最終趨勢的影響了。

❸ 數列變化趨勢三：從數值變化倒推變化時長

在上述兩個問題中，我們都是知道了數列的變化速率，然後試著了解一定時間之後數列的變化情況。現在我們換一個角度看待變化，如果我們知道了數列每一次變化的速率，以及一頭一尾的情況，就應該能推算出發生這樣的變化需要多長時間。例如費氏數列，我們知道了它的變化情況，如果告訴你現在兔子有六千多隻，請問繁衍了多少代？你很容易倒推出 20 代這個結果。今天的碳十四定年法，利用的就是等比數列的原理。

碳十四是我們熟悉的碳元素的一種同位素，是自然界一種天然的元素，它是宇宙射線照射大氣的產物，因此會不斷產生。但是由於它有放射性，過一段時間就會衰變掉一半（這段時間也稱為半衰期），變成碳十二。如此一來，自然界的碳十四一邊被不斷地創造出來，一邊又不斷地衰變掉，在碳元素中的比例就基本上達到了平衡，我們認為它是一個基本恆定的數值。生物體活著時，會與自然界發生碳元素的交換（植物透過吸入二氧化碳，動物透過吃進植物），因此，它們體內碳十四的比例就和自然界的比例相同。但是生物體一死，就不會再接收碳十四了，而體內的碳十四又會逐漸衰變為碳十二，因此體內碳十四的比例就會降低。根據生物遺骸體內碳十四的比例，結合碳十四衰變的速率，就能算出古代生物體距今的時間。

不僅是費氏數列或等比數列，任何一個數列，因為其存在規律，所以都可以從前後的差異推導出變化的次數（或時長）。理解變化速率和時間之間的關係，我們就容易看清和把握未來。例如一名成績正值上升期的職業運動員，他需要多長時間能成為頂級選手，可以做一些大致的估算。尋找品牌代言人的廠商，會考察年輕一代運動員的進步步伐，並提前簽訂一些有潛力的選手。

從上面的例子可以看出，在數列中，一個具體的數意義不大，例如我們今年是存了 5 萬元或 7 萬元，對買房子這件事其實意義不大，關鍵是我們存錢數量的變化趨勢。

因此，透過數列我們對數學應該有一種新的認識：**從考察一個個孤立的數，變成發現一些規律和趨勢**。在數列中，最重要的趨勢就是元素的增減和增減速率。當然在現實中，還有振盪的趨勢，它在解決最佳化問題方面很重要，由於篇幅的原因我們就不介紹了。

在很多時候，我們除了關心數列本身的趨勢，還要關心它累積的效果。這就涉及我們接下來介紹的級數概念了。

本節思考題

有兩支股票 A 和 B，A 每年股價上漲 10%，B 每年股價上漲 30% 或下跌 10%，交替出現。如果今天兩支股票的價格相當，20 年後，它們相差多少？

2.3 級數：傳銷騙局裡的數學原理

在上一節的例 2.1 中，我們沒有回答的問題是，如果某個人的存款按照數列 B 或數列 C 增長，他什麼時候能夠買得起房子？為了回答這個問題，我們要引用級數的概念。

❶ 如何計算等差級數與等比級數？

一個數列的級數，就是它所有項或有限項的和。用更嚴格的數學語言來講，對於一個數列 a_1，a_2，a_3，$\cdots\cdots$，a_n，$\cdots\cdots$，級數 S 為

$$S = a_1 + a_2 + a_3 + a_4 + \cdots + a_n + \cdots = \sum_{i=1}^{\infty} a_i \qquad (2.1)$$

如果我們強調只加到前面的第 n 項，它就是有限級數（Partial Series），即

$$S_n = a_1 + a_2 + a_3 + a_4 + \cdots + a_n \qquad\qquad (2.2)$$

當然，我們甚至也可以定義從第 m 項開始，到第 n 項結束（$m \leq n$）的有限級數，即

$$S_{m,n} = a_m + a_{m+1} + \cdots + a_n \qquad\qquad (2.3)$$

在前面的例 2.1 中，數列 B 前 n 項之和就是級數：

$$S_n(B) = 2 + 2.2 + 2.42 + 2.66 + 2.93 + 3.22 + \cdots + 2 \times 1.1^{n-1}$$

這個級數因為來自等比數列，因此被稱為等比級數。

類似地，數列 C 前 n 項之和就是級數：

$$S_n(C) = 2 + 3 + 4 + 5 + 6 + \cdots + (n+1)$$

這兩個級數代表的就是按照不同數列存錢 n 年後的總積蓄。顯然，想要買得起房子，基本條件就是 $S_n(B) > A_n$，或 $S_n(C) > A_n$。對於級數，雖然可以一項項相加，但是數列的項數一旦多了，逐項相加的工作量就太大了，我們便須總結出它們的計算公式。

等差級數的計算方法我們在小學就學過了，也就是第一項加最後一項乘以項數再除以 2，因此，

$$S_n(C) = \frac{(a_1 + a_n) \times n}{2} \qquad\qquad (2.4)$$

等比數列前 n 項求和就比較複雜了。我們在這裡直接給出計算的公式，推導過程大家可以閱讀附錄 3 的相關內容。

$$S_n = a_1 \times \frac{1 - r^n}{1 - r} \qquad\qquad (2.5)$$

在上面的例子中，就是 $S_n(B) = 2 \times \dfrac{1.1^n - 1}{0.1}$。

我們知道房價也是上漲的，因此頭期款 A_n 是年年遞增的，n 年後頭期款會漲到 $A_n = 60 \times 1.03^{(n-1)}$。對於兩種不同的存錢方式，我們要分別解下方兩個不等式：

$$S_n（B）= 2 \times \frac{1.1^n - 1}{0.1} > 60 \times 1.03^{n-1}$$

以及

$$S_n（C）= \frac{[2 +（n+1）] \times n}{2} > 60 \times 1.03^{n-1}$$

求解這兩個不等式，我們就得到 $n \geqq 19$，以及 $n \geqq 12$。也就是說，透過第二種存錢方式，即每年多存 1 萬元，反而能夠更早存夠頭期款。為了讓大家有直觀感受，我們把頭期款和兩種存錢方式的存款增長趨勢畫在了圖 2.3。

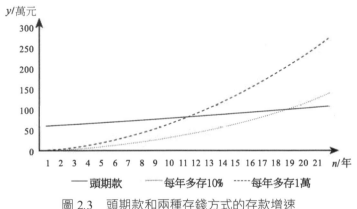

圖 2.3　頭期款和兩種存錢方式的存款增速

如果每年多存 1 萬元，大約需要 12 年就能存夠頭期款。如果我們以每年增加 10% 的方式存錢，大約需要 19 年時間才能存夠頭期款。如果一個人大學畢業時 22 歲，在沒有家人幫助的情況下，要到 40 多歲才能住上自己的房子。因此，今天年輕人說壓力大並不是矯情，從生活安定的角度講確實如此。

那麼，如何才能更早買得起房子呢？關鍵就要看每年收入增長的速率了。假如一名年輕人一開始收入不高，只有 8 萬元，但因為進了一間好公司，成長很快，而且因為一開始養成了好習慣，以後一直保持進步，他每年的收入增長

20%，其他條件不變，那麼他 10 年就可以買得起房子了，計算的公式如下：

$$S_n（D）=1.6\times\frac{1.2^n-1}{0.2}>60\times1.03^{n-1}$$

解得 $n\geqq10$。

事實上，在過去的 20 年裡，北京地區高科技產業工程師每年的收入增長大致就是 20% 左右。反之，如果一個人每年的收入增長只有 5%，很容易就能算出來，靠自己的努力直到退休也買不起房子。透過此例，大家或許能進一步體會趨勢的意義。

在各種級數無窮多項相加問題中，等差級數情況比較簡單，其結果不是正的無窮大，就是負的無窮大，因此對等差級數來講無窮多項相加是沒有什麼意義的，也沒有人想討論。等比級數則不同，無限多項相加之後，結果有可能是無窮大，這種情況被稱為級數的發散；也有可能是有限數，這種情況被稱為收斂。等比級數（以及有類似性質的級數）的發散性和收斂性，以及發散或收斂的速度，不僅在數學上非常有意義，在許多應用方面都有至關重要的作用。

判斷一個等比級數的發散和收斂在數學上並不難，我們回顧一下等比級數的計算公式

$$S_n=a_1\times\frac{1-r^n}{1-r}$$

如果 $r>1$，分母是一個有限的數，如果 n 趨近於無窮大，那麼 S_n 顯然趨向於無窮大；如果 $r<1$，它的分母是有限數，分子會趨近於 1，也是一個有限數，這時 S_n 會趨向於有限數。因此我們可以得到如下結論：

$$S_n=\frac{a_1}{1-r} \tag{2.6}$$

至於 $r=1$ 的情況，由於分子和分母都是 0，這時我們不能用公式（2.5）計算級數。不過，由於這時數列的每一項都是 a_1，無窮項加下去最後應該是無

窮大。

　　無論等比級數最後的結果是發散或收斂，在現實世界都能找到有意義的應用場景。我們不妨來看一個具體的例子。

❷ 核分裂的連鎖反應能否持續？

　　對於這個問題，我們先簡介一下背景知識。

　　一九三八年，著名科學家麗澤‧麥特納（Lise Meitner）、奧托‧哈恩（Otto Hahn）和弗里德里希‧史特拉斯曼（Fredrich Strassmann）發現，當一個快中子撞擊了鈾二三五原子之後，它會裂變為一個氪原子、一個鋇原子和三個中子，當然還釋放很多能量。如果每一個中子又撞上一個

圖 2.4　原子核的連鎖反應示意圖

鈾二三五原子，那麼就會釋放更多能量，而且產生 9 個快速運動的中子。這樣一級級撞下去就形成了所謂的連鎖反應，所有鈾二三五原子都被撞開，並釋放大量的能量，這就是原子彈的原理。圖 2.4 為原子核連鎖反應的示意圖。

　　連鎖反應看似簡單，但是要發生並不容易，因為運動的中子隨機撞上鈾原子原子核的機率很低。如果我們把鈾原子看成一座足球場大小，那麼原子核只有乒乓球大小，中子撞上去是一個機率微小的事件，大約是百萬分之一，這就是天然鈾礦不會變成原子彈的原因。

　　我們假定第一批核分裂的原子數量是 a_1，釋放的三個中子能夠命中新的原子核的平均數量是 r，那麼第二批核分裂的原子數量是 $a_1 \cdot r$ 個，第三批是 $a_1 \cdot r^2$ 個，……。這樣就形成了一個等比數列。最終參與核反應的原子數目就是級數

$$S=a_1+a_1 \cdot r+a_1 \cdot r^2+a_1 \cdot r^3+\cdots$$

我們知道如果 $r>1$，連鎖反應就是發散的，反應就會越來越劇烈，形成原子彈爆炸。當然，從級數的角度看，由於每一項都比前一項大，因此最後的結果是無窮大，這個級數也是發散的。

那麼，該如何提高 r 這個值呢？道理上很簡單，首先鈾純度要高，中子因此有更多機會撞到鈾原子核，而不是其他沒有用的原子核上；其次，鈾塊的體積要夠大，這樣當中子錯過了第一個鈾原子核時，它還有機會撞到其他鈾原子核上。如果體積太小，中子穿過整個鈾塊都撞不到一個原子核，那麼就產生不了連鎖反應。能夠讓連鎖反應維持的最小鈾塊體積被稱為臨界體積，臨界體積其實就是保證 $r>1$ 的體積。當然，這只是原理而言，實際在工程上，這兩點都不容易做到。第一點和數學沒有太大的關係，我們就不討論了。第二點就完全是一個很難的數學問題了。原子彈的臨界體積應該是多少，起初大家並不清楚，而且顯然又無法以試驗測量出來，因為實驗控制不好就會產生核爆炸。所幸，奧本海默（Robert Oppenheimer）準確算出了臨界體積值，曼哈頓計畫也因此得以成功。從這裡我們可以看到數學的預見性。

接下來讓我們看看 $r=1$ 的情況。如果我們把參與反應的鈾原子數量都加起來，總數量是 $S=a_1+a_1+a_1+\cdots$。也就是說只要核燃料足夠，分裂的鈾原子數量加起來也是趨於無窮。但是，由於連鎖反應是勻速的，通常會以很慢的速度維持核反應，直到所有核燃料耗盡，並不會產生指數爆炸的效果。這樣的連鎖反應達不到原子彈的要求，不過可以持續下去。

核電站的反應堆恰好需要這樣勻速進行的核分裂，以便源源不斷地輸出能量，而不至於像原子彈讓核燃料瞬間炸光，完全失控。這種將 r 控制在 1 左右的核分裂稱為可控核分裂。當然，把連鎖反應中的 r 值控制在 1 左右並不是一件容易的事情，萬一它比 1 稍微大了一點，經過幾次指數增長，依然會失控。因此，在反應堆中需要「剎車」裝置——鈾燃料及控制棒（control rod）。當

連鎖反應過快時，抽出鈾燃料，插入吸收中子的控制棒（通常使用銀銦鎘合金或高硼鋼作為材料），降低 r 值；當反應速度太慢、不能提供足夠的能量時，則進行反向操作，插入鈾燃料，抽出控制棒，提高 r 值。

最後，我們來看看 $r<1$ 的情況，如果我們把所有參與反應的鈾原子數量都加起來，就會得到一個有限的數。如在 $\dfrac{a_1}{1-r}$ 中，如果 r 是 0.5，那麼全部參與核分裂的鈾原子不過 2 a_1 個，此數量很有限，也就是說核分裂瞬間停了下來。

透過上述例子，我們可以看到，決定等比級數發散和收斂的角色，是相鄰兩個元素的比例 r。**如果 $r\geqq1$，即後一個比前一個大，級數就是發散的，無窮大的；反之，如果 $r<1$，級數就是收斂的**，不論多少項加到一起，也是一個有限的數字。**至於發散和收斂的速度，則取決於 r 的具體值。**

了解了等比級數的上述特點，我們不妨再看兩個例子，看看等比級數在現實生活中的意義。

❸ 傳銷中的收益問題

傳銷通俗來說就是拉人頭發展下線，你拉別人進來，別人再拉新人進來，新人再拉組織外其他新人進來，每次有新人進入，你都有抽成。大多數傳銷公司會這樣矇騙大家，只要你的下線不斷把新人拉進來，你什麼都不用做，就能躺著拿錢了。那麼，我們就以數學分析一下這個看似沒問題的機制是否真能保證賺錢。

假定某個傳銷公司的抽成方式是這樣的：

（1）入會每人須繳納 1 萬元（或買 1 萬元的東西）；

（2）發展一名直接下線，可以從後者繳納的會費中抽成 20%；

（3）直接下線每發展一名下線，可以從直接下線的下線身上再抽成 20% 的 20%。

　　接下來的問題是，如果張三入會了，他在什麼情況下可能賺到錢？

　　我們先分析兩種情況。

　　第一種情況：張三找到 5 個朋友加入這個傳銷組織，而他的每一名下線也發展了 5 名下線。這樣，他付出 1 萬元，從每名直接下線身上得到 $10,000 \times 20\% = 2,000$ 元。5 名下線一共給他帶來 1 萬元。類似地，下線的下線（共 25 人）也可以給他帶來了一共 10,000 元，兩者相加是 20,000 元，張三賺 10,000 元。

　　第二種情況：張三找到 3 個朋友也加入這個傳銷組織，而他的每一名下線也發展了 3 名下線，這樣他的收入一共只有 9,600 元，反而虧了 400 元。有興趣的讀者可以自己驗算一下。

　　從這兩個例子可以看出，想要在傳銷組織賺錢，並不是一件容易的事。一個人可能會因為一時衝動，或貪財而被捲進去，但是他要在朋友中找到 5 個和他同樣糊塗或貪財的人，並不容易，而且那 5 個人還必須和他一樣努力發展下線。而且，由於朋友之間的朋友圈有很大的交集，通常會是張三想發展的人，和他的朋友想發展的人都是同一群人。這也是為什麼現在很多傳銷組織要半脅迫地拉很多陌生人加入的原因。

　　接下來我們再看另一種情形，假設這個傳銷組織對會員「特別好」，每一名會員可以自己拿下面所有層會員的抽成，當然每往下一層，抽成的比例要逐級指數遞減。這樣的話，如果層數不斷加深，直到無窮（這在現實生活當然行不通，因為世界上的人數是有限的），是否處在比較高層的人就有無限的錢可以拿了呢？也未必，這要看每一層的人能發展多少會員了。

　　在上面第一種情況下，即張三成功地發展了 5 名下線，而每名下線又發展了 5 名下線，逐層發展下去，張三還真能拿無限多的錢，因為每一層都為他貢獻了 10,000 元，如果層數不斷增長下去，他就能拿無限的錢。

　　但是，在第二種情況下，即張三和他所有下線（既包括直接的，也包括間

接的）每人都發展了 3 名下線。雖然張三賺的錢可以超過他付出的 10,000 元，但卻是有限的。具體來講，他從下一層下線獲得 6,000 元，下面第二層獲得 3,600 元，第三層獲得 2,160 元，這樣逐漸減少，最後無限加下去，總和並不是無窮大，而是一個有限的數，只有 1.5 萬元。具體講，就是：

$6000 + 3600 + 2160 + \cdots + 10000 \times 0.6^n = 15000$（元）

大家如果有興趣，可以用公式（2.5）驗算一下，在這種情況下 $r = 0.6$。

最後，我們再看另一種新的可能性，張三和他所有的下線每人都發展了 2 名下線，這時，r 只有 0.4，張三從各層下線賺到的錢的總數是：

$4000 + 1600 + 960 + \cdots + 10000 \times 0.4^n = 6666.67$（元）

在這種情況下，雖然張三看似從無窮多的人身上賺到了錢，可是，賺錢的效率衰減得很快。他賺的錢還沒有付出的本錢多。很多人誤以為，只要自己能夠從無限多的人身上賺錢，就能賺到很多錢，這其實是不了解級數概念而產生的誤解。

對於傳銷能否賺到錢的問題，如何宣傳和吹噓都沒有用，我們只要用等比數列求和公式把問題分析一下，就清清楚楚了。當然，很多人會說，我不會參與傳銷，還須要了解這些嗎？那我們再來看一個例子。很多人天天在社群媒體張貼消息，或到一些活動尋找名人蹭熱度，就是為了增加影響力。可是透過這種方式真的能增加影響力嗎？數學可以幫我們解答這個問題。

④ 社群網路的資訊傳播效率

在社群網路上，有時一篇文章會不斷地轉發，然後大家就看到相關事件不斷地發酵。這很好理解，我們常說，一傳十，十傳百，其實就是說當 $r = 10$ 的時候，經過等比級數的增長，數量將劇增的情況。

如果在社群網路總能這麼容易地傳播資訊，創作者和廣告業者都會樂翻天。遺憾的是，通常一條訊息傳著傳著就死了。如果注意一下各個帳號文章的閱讀量，就會發現大部分文章的閱讀量都不過萬。那麼問題出在哪裡呢？我們

就用等比級數分析一下。

　　我們假定瀏覽微信公眾號的人中，閱讀了某篇文章的第一批讀者數量是 a_1，這些人讀了之後覺得有價值，然後轉發了文章的比例為 p，每一次轉發，平均能有 k 名受眾，而這些受眾中打開閱讀的比例為 q，那麼第二批讀者就有 $a_1 \cdot p \cdot k \cdot q$ 名，我們把 $p \cdot k \cdot q$ 用 r 代替，即第二批有 $a_1 \cdot r$ 名讀者，也就是前面說的等比級數了。依此類推，第三批有 $a_1 \cdot r^2$ 名讀者，……。如果 $r>$ 1，那麼這篇文章就洗版了；但是，如果 $r<1$，級數是收斂的，無論怎麼花力氣傳播，無論一開始花多少錢讓 a_1 變得很大，讀的人數都有限。例如，第一批讀者是 5,000 人（不算少了），而 $r=0.5$，最終所有讀者加起來，不到 10,000 名。當然，同樣是收斂級數，也有收斂得快和慢的問題。如果 $r=$ 0.9，那麼讀者數量就可以達到 50,000 名，還是不錯的；但如果 r 只有 0.1，對不起，最終只有大約 5,555 人會讀到。如果媒體花大錢推廣，讓 a_1 達到了 100,000 名，而 r 卻只有 0.1，最後也不過是大約 111,100 人會讀到。

　　接下來，我們用這個道理來講講為什麼喜歡搞誇大標題的媒體人沒有出路。說句不客氣的話，今天 95% 以上的新媒體人都是某種程度的。某一年我接受了大約五十次採訪，只有兩篇報導不是利用誇大的標題，剩下的無一例外都是「標題黨」，這還是對媒體進行了嚴格篩選，並在我強烈要求不可以如此處理標題的情況下發生的。從這裡可以看出，此問題只會比我遇到得更嚴重。但是從結果來看，這類標題並沒有幫助提升閱讀量，因為真實的閱讀量擺在那裡。這裡根本的原因就是，一旦讀者發現一篇文章是「標題黨」，就有上當的感覺，他未必會讀完，更不要說轉發了，當轉發傳播的因子 r 遠遠小於 1 時，第二批讀者會比第一批少很多，第三批更少，然後就漸漸趨近於 0 了。相反，真正有傳播力的文章和影片，r 會很大。在決定 r 的三個因素中，k 即每次轉發後的平均受眾，和 q 即看到轉發後文章打開閱讀的比例，是很難改變的，能下功夫提高的，就是大家自願轉發的比例 p，而這要靠提高內容的價值。類似

地，想蹭熱度的人，即便找到了一位受眾量非常高的人作為傳播媒介，也就是 k 值很大，但是，如果他為你轉發或宣傳的意願近乎為零，那麼 r 值也就近乎為 0，這樣其實蹭不到熱度。

相比之下，對注重內容的報導，讀者轉發意願就會高很多，因此最終閱讀量會是極大的。二〇一九年我擔任「今日頭條」金字節獎的頒獎嘉賓，出席了它的年度優秀報導頒獎，並且利用它的數據了解了這一年受歡迎報導所具有的共通性。被提名的四十篇左右的報導和訪談，都是靠內容取勝的，沒有一篇是靠標題而受到關注的。在那些媒體中，其實每篇報導和訪談的初始閱讀量都是幾萬左右，而那些優秀的報導和訪談，其實沒有利用更多的推廣資源，完全是靠口碑相傳。也就是說，各種文章的閱讀量起點 a_1 都是幾萬，但是有些因為有 一個很大的 r 值（轉發率 p 和閱讀率 q 的組合），最後達到了幾百萬的閱讀量。

不僅媒體如此，任何一個產品，要想爆紅，都必須提高轉發率 p，也就是大家使用後滿意，並且願意主動宣傳的比例。

接下來我們再從相反的角度，進一步理解 r 的作用。

我們在生活中，並非所有的時候都希望 $r>1$。很多時候，我們希望 $r<1$，例如我們不希望謠言擴散，希望它儘快終止。事實上，通常時間都會讓 r 逐步下降，只要不挑起新的事端，火上澆油。有好幾次，我的一些企業家朋友遇到公關危機，被一些自媒體做了不實的報導，然後受到網友的攻擊。他們讓我幫忙講講好話，我通常會和他們講，這種時候，最好的做法就是什麼事情都別做，不要引起新的話題，因為新聞傳播的 r 值通常會衰減得很快，負面影響會很快結束。不斷解釋，不過是讓 r 值長期維持在較高的水準。

了解了數列和級數變化的基本原理，我們就可以利用這個工具，解決很多實際問題。有些問題，我們一生中肯定會遇到好幾次，它們能否好好解決，和我們的生活品質息息相關。

某電商以廣告獲得顧客。展示廣告的成本是每千次 50 元，廣告的點擊率是 r，點擊廣告後顧客的轉換率為 c。每名顧客每個月可以帶來 50 元的銷售額，其中利潤率為 20%。在什麼樣的條件下，該電商做廣告是有利可圖的？如果該電商每個月顧客的流失率為 k，又須要滿足什麼新的條件才能盈利？

2.4 等比級數：少付一半利息，多獲得一倍報酬

　　雖然我們強調通識教育的目的是提升理解世界的層次，以及掌握系統性的做事方法，但是依然有不少數學知識能夠學完馬上得到應用，數列和級數這個工具就是如此。我們在前面強調透過學習數列和級數，可以理解事物變化的規律，特別是長時間的變化趨勢，這些知識在當下非常重要。今天幾乎每一個人都要買房，而買房難免要貸款，計算貸款利息的工具就是等比級數，缺乏這方面的知識，而多付出一倍的利息是常有的事。隨著商業社會的發展，大家涉及其他借貸的事情還很多，它們通常不像房屋貸款那麼正規，許多人不知不覺多付了幾倍高的利息卻毫無知覺。當然，有人可能錢多無須借錢，但是錢多的人在投資時，稍有不慎而損失一半的收益也是常有的事。我們不妨先看看貸款的問題，以及它和我們講的等比級數的關係。

❶ 藏在貸款利息中的秘密

　　假定我們買房要向銀行貸款 120 萬，年利率是 6%，那麼月利率是 0.486%，接近 0.5%，為了方便起見，我們就將它視為 0.5%。我們先看一種簡單的情況：1 年還清貸款，每個月還 1 次，一共 12 次還款，也就是所謂的 12

期貸款。當然通常人們的房貸還款週期都比較長，不會只有 1 年，這裡，我們為了簡單起見，假定只借了 12 期的貸款，我們要知道每個月的還款會是多少。

有人根據直覺會馬上想到，年利率 6% 一年還清，利息就是 120 萬×6% ＝7.2 萬。每個月既要還本金，也要還利息，本息平攤到 12 個月，每個月 10 萬本金，6000 元利息，一共要還 10.6 萬。這個算法對不對呢？今天很多 P2P （Peer to Peer）貸款公司，就是這麼計算的，一些不良中介，也是這麼算的。但是，這種看似沒有問題的做法，其實讓貸款者多付了近一倍的利息！那麼，我們每個月到底應該付多少錢呢？這取決於兩種常見的還款方式我們該採用哪一種？我們按這兩種方式分別進行一下計算。

第一種還貸方式稱為「等額本金還款」。顧名思義，就是每個月還的本金相同。在上面的例子中，每個月要還 10 萬本金。當然，每個月還要償還利息，而利息是隨著本金的歸還而不斷減少的。

我們先看看第 1 個月，須要還全部貸款 0.5% 的利息，也就是 120 萬 ×0.5%＝6,000 元的利息。因此第 1 個月須還 10.6 萬元，這和 P2P 公司的要求是一樣的。

但是，到了第 2 個月，由於我們欠的本金只有 110 萬了，它的利息是 5,500 元，因此這個月只須還 10.55 萬。以此類推，第 3 個月只須付 100 萬本金的利息，這樣第 3 到 12 個月，所須還的錢分別是 10.5 萬、10.45 萬、10.4 萬……與 10.05 萬，逐漸減少。這是一個等差級數，12 個月加起來是 123.9 萬，其中一共支付的利息只有 3.9 萬，即 6000＋5500＋5000＋…＋500。

從這裡可以看出，前面那種帶有蹊蹺的錯誤計算方法，讓我們支付了 7.2 萬的利息，也就是多支付了將近一倍的利息。一些不規矩的貸款公司，做這類小手腳並不是很容易被發現，因為增加的那點利息相比本金看起來不那麼起眼，而大部分人是算不清這筆帳的，於是他們在被算計之後，無端多付出了一倍的利息。此外，不規矩的貸款公司還有很多手法，我們後面會講到。

第二種還貸方式稱為「等額本息還款」，就是說每個月還的本金和利息總和相同。在這種情況下，每個月還款的一部分用於償還利息，剩下的才用於償還所欠的本金。那麼每個月要付多少錢呢？這種情況就比較複雜了，我們須要解方程。

我們假設每個月償付 X 萬元。

第一個月：

所欠本金是 $L_1 = 120$（萬元），

所欠利息是 $D_1 = L_1 \times 0.5\% = 120 \times 0.5\%$（萬元），

因此在償還利息之後，

償還本金 $P_1 = X - D_1 = X - 120 \times 0.5\%$（萬元），

尚欠的本金是 $R_1 = L_1 - P_1 = 120 - (X - 120 \times 0.5\%)$

$= 120 (1 + 0.5\%) - X$（萬元）。

為了找到規律，我們對上面的式子暫時不化簡。同時為了清晰起見，我們接下來就省略萬元這個單位。

第二個月：

所欠本金 $L_2 = R_1 = 120 \times (1 + 0.5\%) - X$，

所欠利息 $D_2 = [120 \times (1 + 0.5\%) - X] \times 0.5\%$，

在歸還 X 萬元後，扣除歸還的利息部分，

償還本金 $P_2 = X - [120 \times (1 + 0.5\%) - X] \times 0.5\%$

$= (1 + 0.5\%) X - 120 \times (1 + 0.5\%) \times 0.5\%$，

尚欠本金 $R_2 = L_2 - P_2 = 120 \times (1 + 0.5\%) - X - [(1 + 0.5\%) X - 120 \times (1 + 0.5\%) \times 0.5\%]$

$= 120 \times (1 + 0.5\%)^2 - [1 + (1 + 0.5\%)] X$。

第三個月：

所欠本金 $L_3 = R_2 = 120 \times (1 + 0.5\%)^2 - [1 + (1 + 0.5\%)] X$，

所欠利息 $D_3 = \{120 (1 + 0.5\%)^2 - [1 + (1 + 0.5\%)] X\} \times 0.5\%$，

償還本金 $P_3 = X - \{120 \times (1+0.5\%)^2 - [1 + (1+0.5\%)] X\} \times 0.5\%$

$= (1+0.5\%)^2 X - 120 \times (1+0.5\%)^2 \times 0.5\%$，

尚欠本金 $R_3 = L_3 - P_3 = 120 \times (1+0.5\%)^3 - [1 + (1+0.5\%) + (1+0.5\%)^2] X$。

……

從上面的分析中我們可以看出一些規律了，到了第 n 個月，

尚欠本金 $R_n = L_n - P_n = 120 \times (1+0.5\%)^n - [1 + (1+0.5\%) + (1+0.5\%)^2 + \cdots + (1+0.5\%)^{n-1}] X$

$$= 120 \times (1+0.5\%)^n - \frac{[(1+0.5\%)^n - 1]}{0.5\%} X。$$

如果我們在第 12 個月把錢還清，也就是尚欠本金為零，就可以透過解方程求出上面的 X。這個公式無須記住，大家只要知道這是一個等比級數的問題就可以了，今天網路上有很多計算等額本息還款的工具，輸入償付的期數、年利率，就能算出月還款是多少。

不過，有兩個結論要牢記。首先，這種等額本息還款所支付的總利息，大致只有前面那種錯誤計算方法算得的利息的一半略多一些。其次，這種方式所支付的總利息，要比等額本金還款所支付的多一些。具體到上面這個例子，等額本息還款每月須繳 103,279.72 元，12 期下來一共支付的是 1,239,356.59 元，其中 39,356.59 元是利息，相比等額本金還款多支付了 300 多元的利息。但是等額本息償付的好處是前幾個月的還款較低，這對需要錢的年輕人來講更有吸引力。今天大部分銀行向客戶提供的就是這種支付方案。

當然，通常沒有人只貸款 1 年，一般期限都在 15 年以上。如果是 15 年，貸款的年利率還是 6%，按照等額本息的還款方式，那麼每月還款大約是 10,126.28 元，15 年下來，要支付利息 622,730.75 元，比本金的一半稍微多一點。本息加在一起大約是 182 萬。但是，如果按照前面那種不考慮所欠本金不斷減少的錯誤計算方法，算出的利息高達 108 萬，足足多支付了 40 多萬。

由此可見，一個人在今天如果不懂基本的數學概念，不會使用數學工具，工作賺錢再辛苦，可能都是替他人做嫁衣裳。

接下來我們來看看利息對每月還款的影響，進一步理解數學的作用。

如果貸款的年利率降到 4%，按照等額本息的還款方式，那麼 15 年算下來，只要支付 397,725.92 元的利息，大約能省 23 萬元的利息，這不是一筆小錢。這樣本息加在一起大約 160 萬。由於支付的利息降低，同樣收入就可以買更貴的房子。在這個例子中，同樣的每月還款大約可以向銀行貸款 136 萬，也就是說能買更貴的房子。可以看出利息降一點，10 多年下來能省很多錢。

相反，如果利率漲到 8%，120 萬的貸款就要支付 864,208.50 元的利息。如果維持每月還款不變，只能向銀行貸款大約 105 萬。如果利息漲到 11%，15 年下來要支付的利息已經超過本金了。11% 是一個轉折點，從此點往上，利率每增加一點，利息就會急劇增加。很多人在買房子時，會為省 1 萬塊錢來回討價還價，但是他們在接受貸款利率時，常常在不知不覺中會多付出 0.5% 甚至更高的利率，這其實是撿了芝麻丟了西瓜。

今天絕大多數正規的銀行在提供客戶貸款時，都是採用上述方法計算和收取利息的，可以說是透明收費非常公平。但是，很多 P2P 公司和民間的貸款機構，在提供貸款時都有很多的陷阱，我們不妨一一看來。

首先，那些貸款機構的利息本身就高。例如他們說每個月收 1% 的利息，很多人覺得年利息就是 12%，比銀行 6% 的利息只多出一倍，還可以接受。其實，稍微計算一下就會知道年利息其實是 $(1+1\%)^{12}-1=12.68\%$，而不是 12%，不要小瞧多出來的 0.68%，這無形中就比銀行 6% 的年利率多出了 10%，加上 1% 和 0.5% 本身一倍的月利息差，那些民間貸款的利息就高出了 110%。當然，借錢的人既然心甘情願地接受了 1% 的月利息，還不能算是被坑，只是他們算不過帳，不懂得利息指數增長的厲害，交了高出預想的利息。

但是，接下來貸款機構收取利息的方式，就確實利用了借款人的無知而讓

他們落入圈套了。那些貸款機構會採用我們前面說的不降本金的利息計算方法收取利息。我們還是以一年 12 期為例說明他們的做法。按照貸款 120 萬、每月 1% 的利率，他們會讓你支付 15.2 萬（120 萬×12.68%）的利息。我們在前面講了，如果按照年利息 12% 等額本金還款的方式，只應該支付 7.8 萬的利息；即使按照等額本息還款的方式，也只應該支付 7.94 萬元左右的利息。而實際上，貸款機構多收了將近一倍的利息。但是，到此還不算完，他們還要進一步搾取更多借款者的利息。

那些貸款機構會要求借款人先支付利息，例如借了 120 萬，它們只給對方 104.8 萬元（120 萬－15.2 萬），然後每個月還按照借出了 120 萬的情況，要求借款人歸還本金，即每月 10 萬元。由於借款人需要 120 萬到手，他的借款金額就得更高，合約必須寫上 137.4 萬的借款額，在扣除先支付的利息後，才能拿到 120 萬。當然此時支付的利息也就更多了，是 17.4 萬。這樣算下來，比向銀行按照 6% 的年利率借款（約還 3.9 萬利息），多付了 3 倍多的利息。也就是說，如果以等額本金還款的方式計算，貸款 120 萬、支付 17.4 萬元利息，就相當於借了年利息 26% 左右的高利貸。

很多人問學數學有什麼用，搞清楚數列和級數的基本原理，知道用什麼工具算利息，不要讓自己辛苦工作賺的錢都被騙了，就是最現實的用途。

至於那些實在算不清帳的人，只要記住下面兩個原則就可以了：

（1）借錢不要找不正規的機構（和個人）；

（2）永遠記住「賣的人比買的人精」，不要試圖貪便宜。

我們講，人要在邊界裡做事情，既然計算利息已經超出了自己的能力邊界，就不要借不該借的錢，而是應該恪守上面的原則。

❷ 透過數學讓自己的利益最大化

當然，大部分人除了房貸，並沒有動不動借高利貸的壞習慣，但是他們會遇到另一個問題，就是當把錢借給別人時，如何讓自己獲利最大化。通常在全

世界，二級市場的投資只有兩個工具，第一個是投資到股市，第二個是做所謂的固定收益投資，如購買國庫券和國債，以及銀行的各種理財產品。前者和數列的關係不大，不是本書要討論的內容，我們主要來看看在後一種投資中有什麼要防範的地方。由於銀行裡所謂的理財產品，其實就是把它所購買的債券打包，原理上和買國庫券、國債沒有差別，只是風險高得多，因此我們就以國庫券或國債說明。

各國國債付利息的方式有兩種，一種是到期後連本帶利歸還；還有一種是定期付息，例如半年或一年支付一次利息，到期後再支付本金，這種方式叫作附息。很多人覺得前者是利滾利，更划算，這其實是誤解。因為當你在每半年或一年拿到利息後，可以用利息再買新的國債，依然能實現利滾利。因此，這兩種方式在投資方面基本上是等價的，這裡我們就以連本帶利一次歸還的國債說明。

假如你購買 10,000 元 10 年期的國債，（複利的）年利率為 5%，10 年後到期，你大約可以拿到 6,290 元的利息。也就是說 10 年下來，你的投資獲利為 62.9%，在通貨膨脹較低的國家，此報酬率還是不錯的。通常發行債券的機構會把它包裝成年利率 6.29% 的單利金融產品，這樣顯得投資報酬高一些，也好計算一些。中國國債講的利息，都是折算後的單利利息，每年實際的報酬要比所稱的利息少一些。

接下來我們看兩種情況。第一種情況，如果你剛買了國債，央行就加息 0.5%，新的 10 年期國債的（複利）年利率變成了 5.5%，你手上的國債就瞬間貶值了。這是怎麼回事呢？我們不妨假設你的鄰居小明在加息後買了 10,000 元的新國債，他 10 年後連本帶利大約能獲得 17,080 元，比你手上面值 10,000 元的國債多出了大約 800 元的利息。當然，如果他想在 10 年後獲得和你同樣多的錢（即 16,290 元），只要買本金為 9,536 元的國債即可。如果你和他將同樣是面值 10,000 元的國債賣給第三人，由於你的利息低、他的利息高，你手上的國債在市場上只能賣到 9,500 元左右，損失了大約 500 元，

即大約 5%。

另一種情況發生時，你手上的國債就會升值，那就是降息。例如央行的利率降低了 0.5%，相應 10 年期國債的利率也下調到 4.5%，這時你手上 10,000元的國債，就能相當於 10,489 元新發行的國債，等於瞬間升值了 5% 左右。

對於大部分人來講，如果利息上漲，自己手上的國債收益相對下降了，他們通常不會做任何事情，就是自認倒楣。但是，如果利息降了，這些人手裡的國債，就成為很多投資者眼中的獵物了，他們會用高出你國債面值的價格收購它們。有些人貪一時的便宜，就把手上的國債賣了，但是當他們拿到現金之後，由於當時的利率下降了，可買不到能夠產生同樣投資報酬的金融產品。我們不妨看這樣的一個例子。

假如你去年購買了複利 5% 的 10 年期國債，我們前面算了，10 年的總收益是 6,290 元，但是必須等到期才能拿到。從去年到今年，國家降息了兩次，一共降了 1%，也就是說今年買國債，複利只有 4%（相當於 4.8% 的單利）。這時來了一個倒賣國債的中間商，願意在面值的基礎上加價 10% 收購你的國債，你願不願意賣？

很多人想，去年花 10,000 元就買到了國債，只過一年就賣得了 11,000元，投資報酬率很高啊，於是就賣掉了。這些人其實瞬間損失了一部分資產，因為那些國債持有到 9 年後，能夠獲得 16,290 元（連本帶利），而如果他們今年拿賣出的 11,000 元買國庫券（9 年期），到 9 年後，只能拿到 15,656元，要想獲得 16,290 元的本息報酬，須投資大約 11,450 元，也就是賣得11,000 元時，瞬間損失了 4% 左右的資產。

今天在中國只有很少炒債券的人做這種生意，但是在全世界這類生意可是個大生意。在美國，股市的總值大約是 34 兆美元（二〇一八年），但是同期國債的規模已經是 21 兆了，此外還有州政府、縣政府的債券和企業債券。因此這是一個大市場。全世界其他國家的股市總值只有美國的 1/3，但政府債務卻是美國的 3 倍左右。債券的價格主要隨利息波動，這個市場的規模其實和股

市差不多。在比較發達的國家，以及那些離岸的資本避風港，有錢人會把大約 1/3 左右的資產投入到各種債券中。因此債券價格和利息的關係是那些人的生活常識。

透過上述這些例子，不難看出數學不僅能提高我們在「道」層面的見識，也能在「術」層面直接提供我們幫助。在道的層面，我們更常透過數學學會看到變化，以發展和全面的方式思考問題，克服我們自身固有的靜態、孤立和片面的思維方式；在術的層面，我們應當更進一步將數學理解為工具，同時透過學習數學，學會使用工具。

當然，數學也不是萬能的，有很多它也做不到的事，因此我們有必要了解數學的邊界，而要講清這件事，我們又要回到勾股定理了。

本節思考題

對於房貸來說，每個月多償還一些本金後，可以節省下相應的利息部分。假如你在每月還款的基礎之上多償還 1,000 元，等到房貸到期時，你能少支付多少利息？根據你自己的房貸合約計算一下。

本章小結

數列和級數是由一個個數字構成的，這些數字放在一起，表現出一種完整的整體走勢和規律，這些規律可以指導我們理解無窮遠方的情況。但是，幾個具體的數字本身和數列所體現出的性質會有很大差別。因此，我們並不能認為從個別數字得到的所謂規律就反映了整個數列的走向。

3

數學邊界：
數學是萬能的嗎？

數學是否是萬能的？這個問題在今天特別有意義，因為很多人擔心人工智慧無所不能，而我們知道今天人工智慧的基礎就是數學。如果數學不是萬能的，那麼人工智慧當然也不是。關於這個問題，簡單的答案就是，數學並不是萬能的！

3.1 數學的局限性：從勾股定理到費馬最後定理

在我們的世界裡有很多問題不能、也無須轉化為數學問題，這是數學局限性的一種表現，我們可以將之理解成數學是有邊界的。如果不考慮非數學的問題，我們把注意力集中到數學問題本身上，是否所有數學問題都能夠在有限的時間裡找到答案呢？非常遺憾的是，對於這個問題，答案也是否定的。不僅如此，我們甚至無法判定一些問題的答案是否存在，當然就更不用說解決它們了。這不是人類的本事不夠大，而是由數學本身的性質所決定的。要理解這一點，我們還是從勾股定理說起。

雖然勾股定理出現在幾何學中，我們也可以換一個角度來看這個問題，即方程 $x^2+y^2=z^2$ 有沒有整數解。大家肯定會說，有！因為所有滿足勾股定理的整數，也就是所謂的勾股數，都是這個方程的整數解，如 3，4，5 和 5，12，13 等。

接下來如果我們再往前進一步問，方程 $x^3+y^3=z^3$ 有沒有整數解？$x^4+y^4=z^4$ 呢？更一般性的問題是，對於任意一個大於 2 的整數 n，$x^n+y^n=z^n$ 有沒有整數解呢？這個問題困擾了人類幾千年。後來法國數學家費馬在十七世紀時提出一個假說，除了平方的情況，上面這種形式的方程找不到整數解，它被稱為費馬最後定理。

費馬最後定理雖然稱為了定理，但在被證明之前，只是一種猜想。我們在前面講到，一種猜想哪怕用很多數據驗證過了，只要沒有證明，就無法成為數學大廈的一塊磚，無法在它的基礎上搭建新的東西。因此，這樣的猜想就有點像是絆腳石，我們須要對它有一個肯定或否定的結論，才能把和它相關的一大堆問題搞清楚。於是費馬之後的幾百年裡，很多數學家都試圖證明它，但是都不得要領[2]。這就讓費馬最後定理成了一道跨越三個多世紀的數學難題。直到

2　費馬曾說他已經證明了這個定理，只是那張紙不夠大，寫不下。這種說法後來被認為是費馬搞錯了。

一九九四年，它才由著名的英國旅美數學家安德魯‧懷爾斯（Andrew Wiles）證明出來，而這個過程也是一波三折。

懷爾斯十歲時被費馬最後定理吸引，並因此選擇了數學專業。當然，出生在知識分子家庭的懷爾斯從小耳濡目染，有很好的科學素養，也接受了長期的訓練，為證明費馬最後定理做了充足的準備。一九八六年，懷爾斯在做了十多年的準備後，覺得證明費馬最後定理的時間成熟了，終於決定將全部精力投入該定理的證明上。為了確保別人不受他的啟發率先證明了這個著名的定理，他決定在證明出這個定理以前不發表任何關鍵性的論文。而在此前，他發表了很多重要的論文。當然，為了避免一個人推導時出現邏輯錯誤且自己也看不出來的這種情況發生，懷爾斯利用在普林斯頓大學教課的機會，不斷地將自己的部分想法作為課程的內容講解出來，讓博士生們挑錯。

一九九三年六月底，懷爾斯覺得自己準備好了，便回到他的故鄉英國劍橋，在劍橋大學著名的牛頓數學科學研究院（Isaac Newton Institute for Mathematical Sciences）舉行了三場發表。為了產生爆炸性的新聞效果，懷爾斯甚至沒有預告發表的真實目的。因此，參加前兩場發表的人其實不多，但是這兩場發表之後，大家都明白接下來他要證明費馬最後定理了，於是在一九九三年六月二十三日舉行最後一場報告時，牛頓數學科學研究院裡擠滿了人，據估計可能只有四分之一的人能聽懂講座，其餘的人是為了見證歷史性的時刻。很多聽眾帶了相機，而研究院院長也事先準備了一瓶香檳。當懷爾斯寫完費馬最後定理的證明時，很平靜地說道：「我想我就在這裡結束」，會場爆發出一陣持久的鼓掌聲。這場發表被譽為二十世紀該研究院最重要的發表。隨後，《紐約時報》用「Eureka」為標題報導了這個重要的發現；這個詞是當年阿基米德在發現浮力定律後喊出來的，意思是我發現了。

不過故事到此並沒有結束，數學家們在檢查懷爾斯長達一百七十頁的證明之後，發現了一個小漏洞。懷爾斯開始認為很快就能補上這個小漏洞，但是後來才發現這個小漏洞會顛覆整個證明的邏輯。懷爾斯又獨立工作了半年，但毫

無進展。在準備放棄之前,他向普林斯頓大學的另一位數學家講述了自己的困境。對方告訴他,他需要一位信得過、可以討論問題的助手幫忙。經過一段時間的考慮和物色,懷爾斯請了劍橋大學年輕的數學家理查‧泰勒(Richard Taylor)一同工作,最後在泰勒的幫助下,懷爾斯補上了那個小漏洞。由於有了上一次帶有烏龍性質的經歷,懷爾斯這次有點懷疑自己是在做夢。於是他到外面轉了二十分鐘,發現自己沒有在做夢,這才喜出望外。由於懷爾斯在證明這個定理時已經超過了四十歲,無法獲得菲爾茲獎(Fields Medal,被視為數學界的諾貝爾獎,用來獎勵具卓越貢獻的年輕數學家,在四年一度的國際數學家大會舉行頒獎儀式),因此國際數學家大會破例頒發了一個特別貢獻獎,這也是迄今為止唯一的特別貢獻獎。

從懷爾斯證明費馬最後定理的過程,我們也能再次體會,數學是世界上最嚴密的知識體系,任何推導不能有絲毫紕漏。懷爾斯就差點因為一個小漏洞毀掉了整個工作。關於費馬最後定理證明過程的更多細節,有興趣的讀者可以閱讀《費馬最後定理》(*Fermat's Last Theorem*)[3]一書。

那麼證明這個古老的數學難題有什麼意義呢?這個定理的證明過程本身就引導了很多數學研究成果的出現,特別是對於橢圓方程的研究。今天區塊鏈技術用到的橢圓加密方法,就是以它為基礎。在懷爾斯之前,有一批數學家,特別是日本的谷山豐,對這系列理論做出了重大的貢獻,懷爾斯的成功是建立在他們工作基礎之上的。今天的比特幣可以說完全是谷山豐理論一次有意義的應用。而在懷爾斯之後,泰勒等人仍不斷發展這方面的理論。

如果把勾股定理和費馬最後定理放到一起,我們可以得到這樣一個結論:就是某些多項式的不定方程,即超過一個未知數的方程,有整數解,而另外一些沒有整數解。但是,對於其他一些多項式不定方程,如 $2x^2+3y^3=z^4$ 或 $x^2+3y^3-w^5=z^4$,它們是否有整數解呢?這就涉及希爾伯特第十問題,並且涉及數

3　賽門‧辛(Simon Singh)著,薛密譯,臺灣商務印書館,一九九八年。

學的邊界問題了。

本節思考題

對於費馬最後定理，在懷爾斯證明這個定理之前，人們一直沒有找到反例，從實用的角度講，能否就認為這個定理成立了、並且可將這個結論應用於實際問題中呢？

3.2 探尋數學的邊界：從希爾伯特第十問題講起

某個數學問題有解或無解，我們都希望有個明確的結論，例如 $x^2+y^2=z^2$ 在正整數域有解，而 $x^3+y^3=z^3$ 在整數域無解。但是，任一多項式不定方程，例如 $2x^2+3y^3=z^4$ 有沒有整數解？一直沒有一個方法能夠判定。因此，一九〇〇年在巴黎舉行的國際數學家大會上，德國數學家希爾伯特（David Hilbert）才把這個問題作為二十三個著名數學問題的第十個提了出來，它後來稱為希爾伯特第十問題。這個問題的表述如下：

對於任一有理係數[4]的多項式方程，我們能否在有限步驟內，判定它是否有整數解？

我們可以看出，勾股定理和費馬最後定理所描述的方程，都是上述問題的特例。

在第二次世界大戰（後文簡稱「二戰」）之前，一些數學家思考過這個問題，例如圖靈（Alan Turing），但是他沒有花太多的精力研究。歐美數學家們真正投入巨大精力解決此問題是二戰之後，而且科學家們發現，這個問題的答案，同時能夠回答電腦處理問題的邊界。

4　在數學上，有理係數等於整數係數。

　　希爾伯特第十問題的解決過程頗具戲劇性。在一九六〇年代，被認為最有可能解決這個難題的是美國著名女數學家茱莉亞・羅賓遜（Julia Robinson），她從博士一畢業就致力於研究這個問題，也取得了很多突破性的進展。雖然羅賓遜因為這方面的貢獻成了美國科學院第一位女院士，以及美國數學學會第一位女會長，但她離解決這個問題最終還是差幾步。一九七〇年，俄羅斯的天才數學家尤里・馬季亞樹維奇（Yuri Matiyasevich）在大學畢業後一年就解決了這個問題，證明了這類問題是無解的，從此在世界上一舉成名。對希爾伯特第十問題的否定回答，也被稱為馬季亞樹維奇定理。

　　到目前為止，我們所能解決的數學問題其實只是所有數學問題中很小的一部分。當然，很多人會說尚未找到答案不等於沒有答案。

　　希爾伯特第十問題為什麼重要呢？因為它其實是直接挑戰數學的邊界。不定方程在數學中還算不上最難的問題，至少形式如此。透過數學的方法，我們可能根本無法判斷一些問題答案的存在與否。如果連答案是否存在都不知道，就更不用說以數學的方法解決它們了。如此就為數學劃定了一個明確的邊界。

　　希爾伯特第十問題的解決對人類來講是個壞消息，也是個好消息。說它是壞消息，是因為它告訴人類世界上絕大多數的數學問題，不僅沒有明確的解，甚至無法得知它的解是否存在，由此徹底顛覆了依靠數學解決一切問題的幻想。人類的這種幻想從畢達哥拉斯開始就有了。但是，正是因為撲滅了人類這種不切實際的幻想，才讓人類老老實實地在邊界內做事情。所以說這也是個好消息。當然，這同時也讓我們確信，基於數學的人工智慧並不是無所不能。這個世界恰恰有太多事要做，而我們卻不知道答案。正如圖靈所說：「我們僅能前瞻不遠，該做的事卻不少。」因此，是時候發揮我們的能動性了。

本節思考題

除了希爾伯特第十問題，能否再舉出一個我們無法判斷它是否有解的數學問題。

本章小結

　　數學上有很多複雜問題，其形式是很簡單的，以至於大家一看就懂，例如費馬最後定理就是如此。但是，對於這樣看似簡單的問題，我們卻找不到答案，甚至可能並不知道答案是否存在。這並不完全是數學家們程度不夠，而是有些數學問題可能就是無法找到答案。

　　數學是我們通向理性世界的工具，但是我們這個世界裡不僅有理性，也有感性，因此數學不是萬能的。即使對於數學問題來講，數學的方法也不可能解決所有數學問題。這是我們在理解數學、用數學重新武裝我們的頭腦時所應有的態度。

結束語

　　數學有別於人類所構建的所有其他知識體系，它是唯一一個具有絕對正確結論（用萊布尼茲的話講就是「absolute truth」）的學科，因為數學是建立在公理和邏輯基礎上，只要自洽就是正確的。其他任何知識體系，無論是物理學、化學和生物學，還是醫學、歷史學、社會學與經濟學，都是對宇宙中物質的規律和人類社會規律進行描述，如果其中某些描述不符合真正的規律或新發現的現象，就會被證明是「錯的」。因此，在這些學科中的結論，都是有條件正確的（用萊布尼茲的話講就是「contingent truth」）。基於上述特點，數學的定理一旦成立，就有普世的意義，而不像自然科學的規律是會隨著條件而改變的。在數學中，不能採用自然科學實證的方法，無論多少次證實都無法確立一條定理。因此，像畢氏定理這樣的規律，雖然世界各個早期文明都從經驗發現了它，但是在沒有被證明之前，只能算是一個猜想。數學定理的證明只能從定義和公理出發，靠邏輯推理完成。數學的大廈，就是以公理和定義為基礎，靠一條條定理，搭建而成，連接它們的是邏輯。

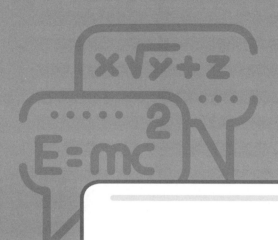

數字篇

數學發展的過程和人類認識世界的過程，整體而言是一致的。
每一個階段，人類都會遇到一些難以解決的問題，這些問題通常是無法依靠現有工具解決的，於是它們就成了難題。直到有一天，人們發明新的工具，便輕而易舉地解決了它們。當然，新的工具會擴大人們對數學的認知範圍，也就催生出新的概念來描述新的數學規律。當數學的認知範圍擴大了之後，又會出現新的難題，它們依然會再次難倒大家。數學就是這樣一層層遞進發展的，我們自己的知識體系，其實也是這樣建立起來的。

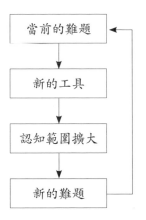

接下來，我們就以數和方程相互促進發展的過程為例，來說明數學的這種發展模式。

4

方程：
新方法和新思維

人類對數的認識有幾次跳躍式的發展，並常常和解方程有關。一開始，人類先認識到了正整數，後來在解形如 $5x = 7$ 的方程時發現，正整數不夠用了，於是有了有理數；等到了畢達哥拉斯發現了勾股定理之後，人們便無法迴避無理數存在的問題了；有了無理數，二次方程的解法就得到了完善；但是，等數學家們試圖解決三次方程的問題時，就不得不面對負數開根號的問題了，虛數的概念因此就被提出來了。若要講人類對數的認識過程，便就不得不提到解方程。

4.1 雞兔同籠問題：方程這個工具有什麼用？

很多人在中學學習列方程和解方程時都會有一個疑問，我將來也不當數學家，為什麼要學它。方程本質是人類設計出的一種數學工具，利用這種工具，解決一些在算術中遇到的難題特別方便。透過學習列方程和解方程，掌握利用工具的方法，國中數學學習的目的就達到了，對數學的認識自然也就提高了。例如，我們在小學遇到的難題──雞兔同籠問題，使用方程這個工具，就變得非常簡單了。

❶ 雞兔同籠的中國式解法

雞兔同籠問題大家應該不陌生，今天小學生們都要學習解決這類問題，在國外也有類似的問題，只是有時雞和兔換成了雞和羊。這些問題對小學生們來講之所以顯得難，是因為在沒有學習解方程之前，解決問題所用的解題技巧並不直觀。因此，絕大多數人雖然學習過，但長大之後基本上就忘了。我曾經問過十幾個工作了幾年、有大學文憑的人，只要他們沒有繼續輔導孩子，大部分人都已經忘了怎麼做了。

雞兔同籠問題最初出現在中國南北朝時期的《孫子算經》中，它是這樣記載的：

例 4.1：在一個籠子裡，有雞和兔子，從上面數有 35 個頭，從下面數有 94 隻腳，請問雞和兔子各有幾隻？

對於這個問題，《孫子算經》給出了一個很巧妙、但是小學生們難以理解的解法，大意如下：

（1）將所有動物的腳數除以 2（94/2＝47）。這樣每隻雞有 1 對腳，每隻兔子有 2 對腳。雞腳的對數和頭數一樣，兔子腳的對數比頭數多 1。

（2）假設所有的動物都是雞的話，就應該有 35 對腳，但事實上有 47 對腳。

（3）如果將 1 隻雞換成 1 隻兔子的話，就會使得腳的對數增加 1。用 47

減去 35，得到 12，因此必須有 12 隻雞被換成兔子，這就是兔子的數目。

（4）知道了兔子的數目，雞的數目也就知道了。

這個解法小學生們很難理解，因為將所有動物腳的數量除以 2，找不到對應的物理含義，道理講不清楚，不直觀。此外，這個解題技巧很難舉一反三，因為這樣的技巧學得再多，對數學的進步也沒有太大的意義，例如我把問題改一下：

例 4.2：三輪車和汽車（四輪）的數量一共是 20 輛，有 65 個輪子，請問有多少輛汽車、多少輛三輪車？

這個問題就無法用《孫子算經》的方法解決——無論先把車輛的輪子數除以 3，或者除以 4，都行不通，因為 65 既不能被 3 整除，也不能被 4 整除。在古代東方文明（除了中國外，也包括古印度和日本）的數學著作中，有很多特定數學難題的解法，那些解法並不缺乏巧妙性，但它們都是針對一個個具體問題的解法，缺乏系統性。再多這類技巧也難以窮盡我們所遇到的各種數學問題。

同樣的道理也可以用在學習上，如果一個人花了很大力氣還學不好數學，就要想想是否是學習方法出錯了，是不是把重點放在了零碎知識的累積和具體解題技巧的掌握上？這就等於走歪了路，因為每一次學到的新方法可能對後面的學習都沒有太大的幫助。更好的學習方法是重視前後知識的邏輯連結，讓前面學到的方法能為後面所用，實現可疊加的進步。

我們今天小學裡教的雞兔同籠解法，在邏輯和通用方面就要比古代的方法好很多。通常學校裡會這麼教：

（1）我們假定籠子裡全是雞，那麼應該有 35×2＝70 隻腳。

（2）現在有 94 隻腳，多出 24 隻腳，就應該是由 4 隻腳的兔子造成的。

（3）如果我們用 1 隻兔子替換 1 隻雞，就會多出 2 隻腳，那麼替換 24 隻腳需要多少隻兔子呢？

（4）現在多了 24 隻腳，於是就有 12 隻兔子（24/2＝12），剩下的就是

雞。

這個方法和真實的生活（兔子比雞多兩隻腳）可以對應，邏輯清晰，比《孫子算經》的方法好理解得多，而且通用性也好很多，能夠舉一反三。例如我們就可以用這個方法直接解決例 4.2 的汽車和三輪車的問題，具體做法是這樣的：

（1）我們假定都是三輪車，那麼應該有 $20 \times 3 = 60$ 個輪子。

（2）現在有 65 個輪子，多出了 5 個輪子，應該由是汽車造成的。

（3）如果用 1 輛汽車換 1 輛三輪車，就會多出 1 個輪子。

（4）現在多出了 5 個輪子，因此應該有 5 輛汽車。

在學校裡，孩子們如果遇上一個能把雞兔同籠問題講透的好老師，真正學懂了，再遇到汽車和三輪車的問題，即使老師沒有講，聰明一點的孩子也能做出來。當然依舊會有一些同學做不出來，因為他們只是背下來了雞兔同籠算法，只記住了一隻兔子腿的數量是雞的兩倍。這些學生要考高分，只好多做題，把三輪車的題目也做一遍，這樣不僅把自己搞得很辛苦，而且能否考好全憑運氣。

要求一名二、三年級的小學生真正領悟上述方法的精髓，其實挺難的。再要求他們能夠靈活運用，就更有點不切實際。事實上，大部分小學生在學懂了雞兔同籠問題後，還是做不出下面這道題：

例 4.3：紅皮雞蛋 5 元 3 個，白皮雞蛋 3 元 2 個，小明花了 19 元，買了 12 個雞蛋，問紅皮和白皮雞蛋各幾個？

這個問題其實是雞兔同籠問題進一步的變種，但是用上面改進的雞兔同籠的解法並不管用。讀者朋友如果有興趣，可以試著不用方程這個工具，看看能否找到解法。對於想參加奧數比賽的學生，老師會再教給他們一個新的技巧解決這類問題。但是，數學問題是無限的，技巧也是學不完的，而學生們的時間卻是有限的。按照《莊子》的說法，用有限的時間學無窮的方法，是沒有希望的。

❷ 雞兔同籠的美國式解法

那麼能不能針對所有這大類問題，提供一個比較容易掌握的尋找答案的思路呢？美國人的教法很有趣，我一開始覺得他們的教法很笨，後來仔細想想，又覺得有些道理。

美國人在小學很少教授各種複雜的解題技巧，而是針對學生的接受能力教一些孩子們能夠掌握的笨辦法。具體到雞兔同籠問題，通常講的就是列表這種笨辦法。例如，在例 4.1 中，老師會先讓學生們明白，兔子的數量不能超過 24 隻（94/4），然後就列一張表（表 4.1），從 23 隻開始往下試驗，看看腳的數量有多少。

表 4.1　雞兔同籠問題中雞兔數量和腳的關係

兔子數量	23	22	21	20	…	13	12
雞數量	12	13	14	15	…	22	23
腳的數量	116	114	112	110	…	96	94

我看了美國人的解法，第一印象是講得真笨，果然大部分美國人數學學不好。但是我很快發現，他們再做其他相似的問題時，就可以從前面解題的過程受到啟發，然後能解決更多的問題。比如對於前面的雞蛋問題，美國小學生會列這樣一張表（表 4.2）：

表 4.2　紅皮雞蛋和白皮雞蛋數量和價錢的關係

紅皮雞蛋	12	9	6	3	0
白皮雞蛋	0	不可能	6	不可能	12
價格	20	——	19	——	18

事實上，只要是有整數解的各種二元一次方程的問題，都可以用列表這種笨辦法解決。也就是說，對於理解能力不算太強的小學生來講，一種數學工具的易學性和通用性，遠比巧妙性來得重要。一種一學就會的笨辦法，雖然用起

來要花很多時間，但總比一大堆不容易學會、孩子遇見問題時也不知道該挑選哪一個來用的巧妙方法，更有價值。這種笨辦法還有一個好處，就是讓學生們在列表的過程中，感受到數字變化的趨勢，慢慢地就知道該從什麼範圍進行試驗。

不僅是對於雞兔同籠問題美國老師不講解題技巧，而且其他的解題技巧他們在小學也很少教，免得學生學不會，有挫敗感。聰明的孩子可以上課外班，或者乾脆在私立小學和高年級的學生一起上課。相比之下，中國學校裡教的那些聰明辦法，常常和具體問題有關，除非是悟性很好的學生，普通孩子記不住多少，真到了用的時候也很難舉一反三。

當然，如果數字很大，列表的方法通常就不太管用了。這時，老師會告訴大家，別著急，到了中學（或小學高年級），學了解方程，那些題目你們自然就會了。事實上也是如此，那些在小學低年級看似很難的問題，學會使用方程這個工具，就都迎刃而解了。

但遺憾的是，大部分學校在教授方程這部分內容時，並沒有利用它培養起學生使用數學工具的好習慣。因此，很多人在離開學校之後，除非要輔導孩子，可能一輩子不會再碰方程，自然也忘記了如何解方程。很多人甚至質疑為什麼要學習它。但是，有些人則是以學習使用方程這個工具，慢慢學會了如何使用工具解決問題。

❸ 雞兔同籠的方程解法

接下來，我們還是以上面的雞兔同籠問題為例，說說方程這種工具的妙用。

在上述問題中，我們假設雞有 x 隻，兔子有 y 隻，由於題目告訴了我們雞和兔子的總數是 35，我就得到第一個方程：

$$x+y=35$$

如果只有一個方程，可能會找出許多符合條件的雞和兔子的數量組合，比如 $x=10$，$y=25$，或者 $x=12$，$y=23$ 都可以。要得到唯一確定的解，就必須

讓雞和兔子的數量滿足第二個條件，即腳的總數是 94。我們知道雞有 2 隻腳，兔子有 4 隻，於是我們就有了第二個方程：

$$2x + 4y = 94$$

上述兩個方程因為有兩個未知數，因此就構成了一個二元的方程組。所謂的「元」，即未知數。由於每一個未知數的次方都是 1，也就是說，沒有出現未知數相乘或開根號的情況，因此它們被稱為一次方程。解方程的方法任何一本國中數學書都有，我們就不講了。必須指出的是，列方程這種方法其實和美國小學教的列表的笨辦法有些關聯性。那種列表法在枚舉雞和兔子數量時，一直在滿足第一個方程，而在確定唯一解時，是透過不斷地計算第二個方程左邊的表達式，看看什麼時候和右邊相等。因此，把列表法講清楚，其實對理解方程和列方程是有幫助的。

有了方程這個工具，汽車和三輪車的問題就迎刃而解了，我們假定它們的數量分別是 x 和 y，相應的方程組是：

$$\begin{cases} x + y = 20 \\ 3x + 4y = 65 \end{cases}$$

解方程後，x 和 y 分別是 15 和 5。

對於雞蛋的問題，我們假設紅皮雞蛋和白皮雞蛋各是 x 和 y 個，每個紅皮雞蛋是 $\dfrac{5}{3}$ 元，白皮雞蛋是 $\dfrac{3}{2}$ 元，相應的方程組就是：

$$\begin{cases} x + y = 12 \\ \dfrac{5}{3}x + \dfrac{3}{2}y = 19 \end{cases}$$

解方程後，x 和 y 分別是 6 和 6。

上述三組方程，對於小學高年級的學生來講，做出來是一分鐘之內的事。這可比前面說的那些方法容易多了。在小學，比雞兔同籠更複雜的一類問題是牛吃草問題，這是牛頓編出的一道數學題，我把它放在了後面的思考題中了。

對於這個問題，如果沒有方程這個工具，單純靠算術來解會比較複雜。

從這些例子中，我們也能夠體會方程是什麼了。

❹ 方程的術與道

從術的層面講，方程是一種工具，這種工具能夠把原來用自然語言描述的數學問題，變成數學上的等式。在等式中，我們所須計算的數量可以先用一些未知數來代表，這個未知數就是變數。方程這個工具的便利之處在於，它有一整套合乎邏輯的解法，因此，只要透過一、兩個問題掌握這個方法，就能把成千上萬的問題解決掉。掌握好工具才是學習數學的正道，而不是做更多的題。

在使用方程這個工具時，最難的部分是把用自然語言描述的現實世界的問題變成用數學語言描述的等式，這也就是我們常說的列方程。人的作用其實相當於一種翻譯器，做練習題的目的就是練習把自然語言翻譯成數學語言，然後用現成的工具解決它們。學習數學也好、物理也好，關鍵不在於解多少道題，而是在於理解這些知識體系中工具的作用。尤其是遇到很難的數學題，常常不是靠鑽牛角尖、苦思冥想來解決，而是要採用更高層次的工具。

古希臘以來，世界上出現了很多著名的數學難題，動不動就難倒人類上千年，例如古希臘數學中三個著名的幾何作圖題、費馬最後定理、哥德巴赫猜想和龐加萊猜想等。這些問題的自然語言表述很簡單，它們的含義也很容易懂，因此在數學發展相對早期就被提出來了。但是，同一時代的數學工具都不足以解決它們，需要更高層次的工具才好解決。事實上，像三大幾何作圖題，雖然困擾了人們幾千年，但一旦有了好的數學工具，解決起來就會非常容易。關於這些問題，我們在後面的內容會講到。

很多年前我問一位美國華裔物理學家，為什麼老一輩的理論物理學家（當時他們在五十歲以上）很少能再發表具有轟動效應的論文？他回答說他們的數學工具不夠先進，因為他們讀研究生時學的數學和新生代科學家相比多有不足。我們常說，工欲善其事，必先利其器，這就說明了工具的力量。因此，作

為數學通識教育，比講授知識更重要的，就是讓大家體會工具的作用。當我們掌握了中學的一些數學工具後，小學的各種數學難題就變得非常容易。當我們掌握了微積分這個工具後，很多中學的數學難題就不值一提了。

在道的層面，方程的意義是指在思維方式上的意義。解方程這種方法從本質上講是逆向思維——我們對於要求解的問題先存疑，帶著疑問把問題描述清楚，然後反向推理，一步步得到答案。例如，我們遇到這樣一個問題，「什麼數加上 3 等於 5？」正向思維是這個數肯定比 5 小，小多少呢？小 3，於是我們用 $5-3=2$ 得到答案。用方程的方式來解決問題，則是先不管這個數是多少，假設為 x，然後把上面一句話翻譯成數學的語言，即 $x+3=5$。至於 x 是多少，方程這個工具會給出一整套系統地解決問題的步驟，一步步來就可以了。而那些步驟，其實就是倒推，最後推導出 $x=2$。

不同類型的方程和不同的數是對應的。如何理解這一點呢？回顧中學學習的解方程，一方面，我們會發現上面這樣的一次方程，即使方程中只有整數（係數），如 $3x+5=7$，方程的解很可能不是整數，而是有理數解，例如 $\dfrac{2}{3}$。另一方面，只要一次方程本身不包含無理數，它的解也不可能有無理數。也就是說，一次方程對於有理數是完備的，算來算去都在有理數這個圈子裡「轉悠」。如果我們把方程這個工具和人類對數的認知做一個對應，我們可以得到這樣一個結論：一次方程對應有理數這個層次。如果方程從一次方程上升到二次、三次，對應的數的範圍，就也必須擴大了。

本節思考題

【牛吃草問題】牧場上有一片青草，每天都生長得一樣快。這片青草供給 10 頭牛吃，可以吃 22 天；供給 16 頭牛吃，可以吃 10 天。如果供給 25 頭牛吃，可以吃多少天？

4.2 一元三次方程的解法：數學史上著名的發明權之爭

❶ 一元二次方程的通解

有了方程這個工具後，我們在日常遇到的數學問題，一大半都可以解決了。當然，很多時候方程並不都是一次的，還涉及未知數自身相乘，或者不同未知數之間相乘。例如，下面的問題就涉及未知數自身相乘的情況。

例 4.4：一個水池的長比寬多 2 公尺，它的面積是 24 平方公尺，請問這個水池的長、寬各是多少？

如果我們用方程來解決這個問題，假定水池的長為 x，寬就是（$x-2$），於是就可以得到這樣一個方程：

$$x(x-2)=24$$

化簡後得到：

$$x^2-2x-24=0$$

當然我們也可以假設水池的寬度為 y，於是就得到方程組：

$$\begin{cases} xy=24 \\ y=x-2 \end{cases}$$

很容易證明，方程組和上面的方程是等價的。但無論是哪一種形式，方程中都有未知數的二次項出現，因此它們被稱為二次方程。

對於二次方程，解決起來就不那麼直觀了。到了西元九世紀時，偉大的數學家花剌子密（Al-Khwarizmi）總結出一元二次方程的解法，並且在他的著作《代數學》（*The Compendious Book on Calculation by Completion and Balancing*）中做出了詳細的論述。後人只要讀了他的這本書，所有的一元二次方程問題就都能解決了，這便是系統性理論的作用。今天我們說的算法一詞「algorithm」，就來源於花剌子密名字的阿拉伯語寫法，而代數一詞「algebra」，最初就是指他總結的一元二次方程的解法。具體而言，就是對於

一個一般意義上的一元二次方程：

$$ax^2 + bx + c = 0$$

它有兩個通解：

$$x = \frac{-b \pm \sqrt{b^2 - 4ac}}{2a} \qquad (4.1)$$

在上面的解法中，有一個開平方的運算，這就無法保證一元二次方程的解是有理數了。因此，一元二次方程這個工具，就迫使人類對數的認知提高到無理數，或者說實數這個層次了。例如我們解 $x^2 + 1 = 4$ 這個方程，就會發現雖然係數都是整數，但是它的解不僅不是整數，而且不是有理數，它是 $\sqrt{3}$ 或 $-\sqrt{3}$，是兩個無理數。也就是說，當我們面對二次方程時，我們對數字的認知必須提升到無理數這個水準。

不過，在上述的通解公式中，還有一個問題被花剌子密等人迴避掉了，那就是當 $b^2 - 4ac < 0$ 時怎麼辦？因為我們找不到兩個數字，自己乘以自己，結果是負數。對於這種情況，當時的人直接認為相應的方程是無解的。如 $x^2 + 1 = 0$ 就無解。因為根據我們對實數的認知，$x^2 \geq 0$，x^2 再加上 1，當然不會等於 0 了。不過，對負數求平方根的問題，最終還是沒能迴避掉，因為人類在尋找一元三次方程通解時，就無法迴避這個問題了。

❷ 一元三次方程的發明權之爭

一元三次方程看起來只比一元二次方程未知數的次數高了一次，但是尋找它的通解難度非常高，以至於在花剌子密發現了一元二次方程通解之後的幾百年裡，依然沒有人能夠找到諸如 $x^3 + x + 1 = 0$ 這樣的一元三次方程的解法。當然一元三次方程的通解最終還是被發現了，至於是誰發現的，則是數學史上一樁著名的公案。

直到十五世紀，人類還不知道一元三次方程的通解，對於一些特殊的方程，數學家們透過技巧可以找到解，但是對於大部分的一元三次方程，大家絞

盡腦汁也想不出答案。因此，當時在歐洲，能解幾個一元三次方程，就算得上
是數學家了。

在當時歐洲著名的波隆那大學（University of Bologna，位於義大利，是
全世界最早的大學），有一位名叫費羅（Scipione del Ferro）的數學家。他的
學生安東尼奧·菲奧爾（Antonio Fior）既不聰穎，也不好學，看樣子將來是
不會有什麼出息。費羅臨死前對這位不成器的學生有點放心不下，就對他說，
你將來怎麼辦啊，要不為師傳你一些獨門絕技，將來就拿它去找最有名的數學
家挑戰，如果贏了他，也就能在數學界站住腳了。之後不久，費羅老師就去世
了。

菲奧爾在此後果然混得不太好，於是拿出了老師的獨門絕技，去找一位名
叫塔塔利亞（Tartaglia）的數學家挑戰。「塔塔利亞」在義大利語為「口吃」
的意思，這位數學家的真名叫做尼科洛·馮特納（Niccolò Fontana），但是今
天大家都很少提及他的真名，而用他的綽號。當時歐洲數學家之間盛行挑戰，
就是各自給對方出一些自己會做的難題，如果自己做出了對方的題，同時把對
方難倒了，就算贏了。一五三五年，菲奧爾聽說塔塔利亞會解一些一元三次方
程，就給他出了一堆解這類方程的難題，這些題從形式上講，都大同小異，就
是類似以下的方程：

$$x^3 + 8x + 2 = 0$$
$$2x^3 + 7x + 5 = 0$$
$$x^3 - 18x + 12 = 0$$
$$x^3 + 3x - 6 = 0$$

可以看到這些方程都沒有二次項，也就是 x^2 項。我們不妨將這些方程稱
為第一類一元三次方程。費羅給菲奧爾留下的獨門絕技，其實就是這一類方程
的解法。當初，費羅在發現了這類方程的通解後，除了悄悄告訴了自己的女婿
（一說是外甥）納夫（Annibale della Nave），以及這位不上進的學生，沒讓
旁人知道。塔塔利亞在拿到菲奧爾出的這些難題後，也毫不客氣地給對方出了

一堆難題，也是求解一元三次方程的，但形式上略有不同，諸如下面這樣的形式：

$$x^3 + x^2 - 18 = 0$$

它們的特點是都沒有一次項，也即 x 項，但是有二次項，我們不妨將它們稱為第二類一元三次方程。這一類方程的解法塔塔利亞已經想出來了。雙方約定以三十天為期解出題目，並且壓上了一筆錢做賭注，於是比賽正式開始。

菲奧爾看了一眼對方的題，知道自己做不出來，也就根本沒打算做。菲奧爾的如意算盤是，對方如果也做不來自己的題，雙方就算是打平了，這樣他菲奧爾就一戰成名，比肩塔塔利亞了。塔塔利亞並不知道這些情況，他每天從早到晚在書房裡認認真真地做數學題。眼看三十天的期限快到了，塔塔利亞還沒有解出來，菲奧爾暗自高興，這場比賽看似能打平。然而，皇天不負有心人，塔塔利亞最後經過努力，終於解出了對方的難題，贏得了比賽，菲奧爾自然就退出了歷史舞臺。

在一五三五年的那次挑戰賽之後，有很多人想從塔塔利亞那裡學習一元三次方程的解法，但是塔塔利亞就是不說。當時的數學家們並不像今天一樣要搶先發表自己的研究成果，他們寧可保密，然後用它來挑戰其他數學家，博取名聲和金錢，或者等人上門求他們來解一些數學難題。因此，費羅和塔塔利亞保守秘密的做法在當時很普遍。後來有一位叫傑羅拉莫・卡爾達諾（Girolamo Cardano）的數學家找上門，不斷懇求塔塔利亞，想知道第一和第二類一元三次方程的解法，後者受求不過，讓卡爾達諾發下毒誓保守秘密後，在一五三九年將兩類特殊的一元三次方程的解法告訴了他。

卡爾達諾有一名學生洛多維科・費拉利（Lodovico Ferrari），這個人程度也很好。師徒倆在塔塔利亞工作的基礎上，很快發現了所有一元三次方程的解法，我們可以把它稱為通解。他們興奮不已，但是由於之前發了保守秘密的毒誓，因此不能向外宣布自己的發現，這讓他們非常鬱悶。幾年後，也就是一五四一年，塔塔利亞也發現了所有的一元三次方程的解法，但是他依然保守秘

密，不和別人說。

　　一五四三年，也就是塔塔利亞和菲奧爾的挑戰賽八年過後，卡爾達諾和費拉利拜訪了博洛尼亞，在那裡他們見到了費羅的女婿納夫，得知費羅早就發現了第一和第二類一元三次方程的解法，這下讓這師徒二人興奮不已，因為他們覺得憋在心裡的謎底終於可以說出來了。卡爾達諾決定不再恪守對塔塔利亞的承諾了，於一五四五年將所有一元三次方程的解法發表了。他出版了《大術》（*Art Magna*，「數學大典」之意）一書，這是一本關於代數學非常重要的書。在書中，卡爾達諾說費羅是第一位發現了一元三次方程解法的人，他所給出的解法其實就是費羅的思想。同時在一元三次方程解法的基礎上，費拉利還給出了一元四次方程的一般性解法。

　　塔塔利亞知道了這件事後極為憤怒，認為卡爾達諾失信，並且寫書痛斥了卡爾達諾的行為。失信在當時學術圈是一件了不得的事。不過卡爾達諾解釋道，他沒有發表對方的工作成果，發表的是費羅很多年前的研究，因此沒有失信。這件事在當時成了一件很轟動的事。雙方各執一詞，旁人也分不出是非，於是只好採用「決鬥」的方式解決。當然，這種決鬥是數學家們比拚智力，而非武力相向。卡爾達諾一方決定由學生費拉利出戰，他和塔塔利亞各向對方出了些難題，結果費拉利大獲全勝。從此塔塔利亞退出了學術圈。不過今天一元三次方程的通解公式依然被稱為「卡爾達諾—塔塔利亞公式」，大家並沒有完全否認他的功績。

　　數學史上這段著名的公案，其實揭示了一個數學定理發明的過程。通常人們會先發現解決特定簡單問題的引理。在一元三次方程的解決過程中，兩種特殊的一元三次方程（即缺少了二次項的第一類方程和缺少了一次項的第二類方程）先被解決了，但是解決它們的方法，不具有太多的普遍意義，因此那些解法只能算是引理。後來卡爾達諾、費拉利和塔塔利亞發現的對於任意三次方程的解法，則可以看成是定理，它是建立在引理之上的。

　　可見，定理解決了一大類通用的問題，具有里程碑的意義，但它不是憑空

產生的,而是在之前認知的基礎上推進而來。數學的發展就是這樣層層疊加,而學習數學也應該如此。

❸ 學數學,思維方式比技巧更重要

　　說到這裡有人可能會問,既然一元三次方程有標準的通解公式,為什麼我們中學時老師不講,而讓我們用各種技巧來解題呢?更糟糕的是,解每一道題的技巧都不一樣,以至於大家都學得特別辛苦。要回答這個問題,我們先來看一眼一元三次方程的通解公式,即卡爾達諾─塔塔利亞公式。

　　對於一個標準的三次方程

$$ax^3 + bx^2 + cx + d = 0$$

要算出它的第一個解,必須先計算下方三個中間變數:

$$\Delta_0 = b^2 - 3ac \tag{4.2}$$

$$\Delta_1 = 2b^3 - 9abc + 27a^2d \tag{4.3}$$

$$CR = \sqrt[3]{\frac{\Delta_1 \pm \sqrt{\Delta_1^2 - 4\Delta_0^3}}{2}} \tag{4.4}$$

然後再根據這三個中間變數,按照下方公式算出第一個解

$$x_1 = -\frac{1}{3a}\left(b + CR + \frac{\Delta_0}{CR}\right) \tag{4.5}$$

有了一個解,三次方程就可以簡化為二次的,接下來就好解決了。

　　看了上面這堆密密麻麻的公式,想必大家已經有了結論──寧可不學。實際上,今天中學不教這個公式是對的,因為學生們根本記不住,即使把公式放在手邊,帶入數字計算,一不小心還會算錯,因此還是不知道為好。美國的中學除了教學生們最簡單、誰都能學會的技巧,如何解稍微複雜一點的三次方程則根本不教。學生真遇到那些方程,老師就讓學生們使用一款名叫「Mathematica」的軟體解決問題。根據我個人的體會,今天學習數學,重要的是把實際問題變成數學問題,然後知道如何利用各種軟體工具解決,而不是

花很多時間學一大堆無法舉一反三的技巧。

　　講到軟體「Mathematica」，我還要再說一句題外話，這款軟體可以推導你能遇到的幾乎所有數學公式，他的編寫者史蒂芬·沃爾夫勒姆（Stephen Wolfram）是一位真正的天才。他中學時從著名的伊頓學院（Eton College）退學，因為覺得學校不夠好；然後進了牛津，但兩年後又退學了，因為覺得牛津也不夠好；後來又跑到加州理工，二十歲便博士畢業了。因此，我想對很多家長說，不要高估了自己孩子的智商，相比沃爾夫勒姆或陶哲軒（華裔數學家。天資過人，二十四歲時就當上了加州大學洛杉磯分校的數學系終身教授，三十一歲獲得菲爾茲獎）之類的人，我們普通人無論是智商或數學天賦都差太遠。對大部分人來說，老老實實學好數學的基本方法、理解其中的思維方式最重要，不要苦練解題技巧。需要技巧的時候，我們應該善於利用沃爾夫勒姆這些人的大腦，用他們為我們提供的工具，不要自己傻推公式。只有這樣，我們才能省出時間，發現我們自己的天賦。

　　在求解一元三次方程那一大堆密密麻麻的公式中，計算 CR 的公式特別重要，而它涉及了平方根的運算。我們知道，如果根號裡的數字是負數，那麼它在過去是沒有意義的。在解一元二次方程時，我們可對這個問題視而不見，直接宣布方程沒有實數解即可。但是，一元三次方程是一定有實數解的（其原因我們在後面介紹實數的連續性時會講到），因此根號裡負數的問題就迴避不掉了。為此，卡爾達諾在《大術》一書中引入了 $\sqrt{-1}$ 概念。後來另一位同時代的義大利數學家拉斐爾·邦貝利（Rafael Bombelli）直接使用了 i 來代表 $\sqrt{-1}$，i 是拉丁語中影像（imagini）一詞的首字母，它代表非真實、幻影的意思。而這類負數的平方根就被稱為虛數。

　　有了虛數，數學就又完成了一次疊加，但是這個虛構出來的概念又有什麼實際用途呢？這就是下一節的主要內容。

本節思考題

什麼數的三次方小於該數的平方？

4.3 虛數：虛構的工具有什麼用？

❶ 如何用虛構的數學概念解決實際問題？

上一節講到，虛數是在推導一元三次方程通解公式時引入。根據卡爾達諾—塔塔利亞公式，即使一個有實數解的一元三次方程，在求解的過程中也可能會遇到對負數開根號的情況。例如下方的方程：

$$x^3 - 15x - 4 = 0$$

顯然，$x=4$ 是它的一個實數解。但是，如果我們利用卡爾達諾—塔塔利亞公式計算，得到的是這樣一個解

$$x = \sqrt[3]{2 + \sqrt{-121}} + \sqrt[3]{2 - \sqrt{-121}}$$

如果沒有虛數 i，上面的式子就演算不下去了。但是當我們把 -1 的平方根寫成 i，然後按照實數運算的邏輯計算虛數，奇蹟就出現了。我們不妨把上面的式子推導一下：

$$\sqrt[3]{2 + \sqrt{-121}} + \sqrt[3]{2 - \sqrt{-121}}$$
$$= \sqrt[3]{2 + \sqrt{(11)^2 \times (-1)}} + \sqrt[3]{2 - \sqrt{(11)^2 \times (-1)}}$$
$$= \sqrt[3]{2 + 11i} + \sqrt[3]{2 - 11i}$$
$$= \sqrt[3]{(2+i)^3} + \sqrt[3]{(2-i)^3}$$
$$= 2 + i + 2 - i$$
$$= 4$$

這個推導過程很有意思，我們在中間過程引入的虛數 i，到最後正負抵消了。

如果我們再站到哲學的高度思考這個問題就會更有啟發：明明是現實世界的問題，而且在現實世界裡也有答案，但是卻無法直接得到，非要發明一個不存在的東西作為橋梁。發明這種橋梁通常須要我們具有非常強的抽象思維能力，善於引入一個和實際問題看似無關的工具來解決問題。有時，我們會覺得某些人特別聰明，其實他們未必是智商很高，而是透過抽象思維尋找工具的能力很強。為了更能理解橋梁的作用，我們來看三個例子。

第一個例子是化學中的催化劑。我們知道，催化劑在化學反應完成前後是不變的，反應前是多少，反應後還是多少，它只發揮了一個媒介的作用。但是如果沒有催化劑，化學反應不是特別慢，就是乾脆進行不下去。

第二個例子不算太確切，但是容易理解，就是「傳話筒」。我們經常看到這樣的現象，夫妻倆吵架後，誰都不願意和對方說話，但是都清楚這個交流不能中斷，要繼續下去，於是就找孩子傳話。例如教孩子說，「去，和你媽說明天的家長會我去，她就不用去了」。孩子把這個意思傳遞後，又帶回一句話，「媽媽說，你要是去開家長會，她就先回家做飯了」。這樣傳幾次話，可能夫妻間的問題就解決了。在這個過程中，夫妻間的問題不涉及孩子，孩子在傳話時甚至不明白其中的含義，但是沒有這個局外的傳話筒，夫妻之間的問題可能無法這麼快得到解決。我們有時會覺得某些人在生活中非常智慧，似乎沒有他們解決不了的難題。其實很多難題不是他們自己解決的，而是他們能夠想到用什麼媒介，甚至創造出一種媒介。

最後一個例子是蟲洞，這可能要開一點腦洞。假如你和你的愛人在同一個宇宙中，但相隔幾十光年，你想對她說一句我愛你，但哪怕你搭載光速飛船去找她，她聽到這句話的時候都已經老了。現在有一個蟲洞，你可以從中穿過去，瞬間到達另一個平行宇宙，然後再從另一個蟲洞穿回現在的宇宙，這也是瞬間的事，這樣你就能很快到達她身邊了。你們二人本來是在同一個宇宙中，但是卻要依賴另一個和你們無關的宇宙來回穿越。

虛數在數學中的作用也是如此。在三次方程的解法中，它被創造了出來，

然後又透過正負相抵銷，得到原來就存在的實數答案。從更廣義的角度講，很多數學工具都是如此，它們並非我們這個世界存在的東西，而是完全由邏輯虛構出來。如果缺了那些虛構的工具，現實世界中的問題還真解決不了，例如幾何裡常用的輔助線就是如此。

❷ 虛數的作用和現實意義

對於虛數在數學中的作用，理解到這一步，就算當時學習數學的時間沒有白花，但虛數的作用絕不是只有這一點，我們還應該從三個層面進一步理解虛數的意義和作用。

第一個層面是對於完善數學體系的作用。在實數的範圍內，很多一元二次方程、一元四次方程是無解的，例如 $x^2+1=0$ 是無解的。而且即使是有解的方程，有些只有一個解，有些有多個解，這樣就不完美了。在引入一個虛擬的概念後，所有一元方程不僅都變得有解了，而且一元 N 次方程都會有不多不少 N 個解，這就非常完美了。我們在附錄 4 會講述一元 N 次方程 $x^n=1$ 的 N 個解是如何得到的，有興趣的人可以閱讀附錄 4 的內容。

第二個層面是讓極坐標（Polar Coordinate）這個工具變得完善，進而在形式和方法上將很多複雜的數學問題簡化。例如，在飛行、航海等場景中，極坐標要比我們常用的直角坐標更直觀、更方便。關於直角坐標和極坐標的細節，我會在代數篇詳細介紹。簡單來說，往兩點鐘的方向飛行 20,000 公尺，這就是極坐標的描述方式。但是，極坐標本身在計算時有一個大問題，就是如果只用實數，它的計算非常複雜，如果引入虛數，就極為簡單。

第三個層面是應用層面。電磁學、量子力學、相對論、資訊處理、流體力學和控制系統的發展都離不開虛數。這些我們在以後相關的通識書籍還會講到，這裡由於篇幅的原因，就不詳述了。

虛數的出現，是人類對數的概念的巨大飛躍認識，因為人們對數的理解從形象具體真實的對象，提升到了純粹理性的抽象認識。

人類早期認識的數字都是正整數，1，2，3，4，……。因為大家接觸到的周圍世界就是這樣實實在在一個又一個的東西。事實上除了古印度，其他文明在早期數字中都沒有 0 這個數，因為 0 這個概念比較抽象，人類從有數字開始花了幾千年才搞明白。

接下來有了數字就要做運算，兩個自然數相加或相乘，結果還是自然數。但是，到做減法和除法時就出現了問題，因為像 2－3 和 2/3 的結果，在自然數中是找不到的。於是人們就發明了負數和分數（就是有理數）的概念。這兩個概念就比自然數要抽象一些了。很多人覺得數學越到後來越難學，就是沒有能突破抽象思維的瓶頸。

自從勾股定理被發現，人類就不得不面對開根號這件事，於是又定義了無理數。再往後，又因為要對負數開根號，便發明了虛數的概念。實數和虛數合在一起，就形成了複數。我把人類認識數的過程用圖 4.1 表示，它是從中心往四周擴散。

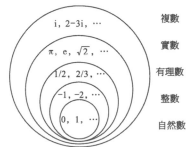

圖 4.1　人類認識數的過程

複數這個概念，顯然也是現實世界裡並不存在的，但它卻是一個非常強大的數學工具，能幫助我們解決很多現實世界裡的問題。比如我們使用的三相交流電是實實在在存在的，它裡面的很多問題，用複數解決要比用實數加上三角函數解決容易得多。實際上，涉及電磁波的幾乎所有問題，都必須使用複數這個工具來解決。

這也說明，所謂抽象思維的能力，不僅在於理解人們虛構出的概念，更在於利用它們接近真實的問題。因此，每當人問我：「我不當數學家，甚至在工作中很少用到數學，是否須要接受那些虛構的概念，使用虛構的工具呢？」我對這個問題的回答總是非常肯定的。因為上述能力涉及我們的認知水準，甚至是在這個世界上生存的空間。透過學會使用虛數這種抽象的概念、人造的工具來解決實際的問題，也是數學通識教育的目的所在。好的教學，就是讓受教育

者能夠知道為什麼要學習某個知識點，而不是學了之後更加一頭霧水。

事實上，我們的祖先現代智人超過其他動物的地方就在於，能夠在頭腦中虛構出那些不存在的東西，例如神、法律、國家、有限公司、法人團體、典章制度、貨幣、股票、債券等等。這些都是在人類發展過程中虛構出來的東西。沒有它們就沒有我們社會的發展。

為了讓你更加理解這一點，我們不妨來看一個法律學的概念——法人。

早期的羅馬法中，提出了法律主體的概念，它最初只涉及自由人，後來因為要處理經濟糾紛，就把一些機構看成是法律的主體，當作人一樣看待，這就是法人概念的來源。這些法人，其實就相當於數學中虛數的概念。

我們今天和一個公司打官司，其實在打官司的過程中接觸到的還是人，但是你不會去告裡面某個具體的人，而是針對這個虛構的組織。當你打贏這個官司後，是裡面具體的人執行對你的賠償，但是你拿到的賠償卻是法人這個機構給你的。這就如同解方程時，我們須借助虛數得到實數的解一樣。

今天，一個人接受虛擬概念的能力，是衡量他認知水準的重要因素之一。如果他只停留在看得見、摸得著的東西，他的程度就不是很高。

本節思考題

什麼數乘以自己等於 i？

本章小結

在數學史上，數的擴展經歷了幾千年的時間，因為人類認識的升級是一個緩慢的過程。所幸，我們今天每一個人學習的過程則要短得多，只需要幾年的學習，就可以讓自己完成前人幾千年的升級過程。

人類在完成了數從實到虛的拓展之後，還須要完成的是從有限到無限的突破。

chapter

5

無窮大和無窮小：
從數值到趨勢

莊子有句名言：「夏蟲不可以語於冰者，篤於時也。」人其實也是一樣，以區區幾百年的生命，體會千萬年的歷史和未來，多少有些困難，這是生命長度對我們認知的天然約束。

在數學上，最難想像的是無窮，因為我們人類是生活在有限的世界裡，無窮和我們的距離最遙遠。這一章，我們就來看看人類是如何獲得對於無窮的認識。

5.1 無窮大：為什麼我們難以理解無限大的世界？

說起無窮大，先要說大數字。小孩子們常常愛比誰說的數字大，例如一個孩子說出一百，另外一個孩子知道有一萬的存在，他會說出一萬。別的孩子就問了，一萬有多大？他說，一萬就是一百個一百，別的孩子只好不說話認輸了，因為孩子們還是有基本邏輯的，知道一百個一百顯然比一個一百多。當然，過兩天輸了的孩子可能跑去問家長，從家長那裡知道一億這個數，他就又贏回來了。這時，如果輸了的孩子腦瓜子靈，會說出兩億來翻盤，最後孩子們就不斷地喊，一億億億億億億……，最後是肺活量最大、氣最長的那個孩子贏。接下來，可能又有孩子要回去問家長，家長告訴他無窮大。這回，他就可以回去秒殺那些一億億億億億……喊個不停的孩子們了。但是，你要問無窮大有多少，誰也說不出來，大家只是接受了這個虛構的概念，認為它是世界上最大的數。

❶ 無窮大到底是什麼？

接下來的問題就來了，無窮大是一個數嗎？它可以被看作數軸的終點嗎？它在數學上和某個具體的大數一樣大嗎？這些最基本的問題很多人在大學裡學完了高等數學之後，其實也沒有得到一個明確的答案。在絕大多數人心目中，無窮大只是一個最大的數而已，依然會用理解具體數字的方式理解它。孩子們比賽說大數時，會有人喊出「無窮大加一」或「兩個無窮大」，彷彿這樣就贏了別人。很多大人，可能也有這樣的想法。其實無窮大加一和無窮大本身完全是一回事，並沒有更大，因為無窮大的世界和我們日常認知的世界完全不一樣。

人類也是直到現代才開始正確認識無窮大的。最初在數學上把無窮大和無窮小這兩個概念想得非常清晰，是一八二〇年代初德國數學家保羅·巴哈曼（Paul Bachmann）和艾德蒙·蘭道（Edmund Landau），他們還用量級的概念和大 O 這個符號在數學上準確描述無窮大和無窮小的變化趨勢。他們同時

代的數學家康托（Georg Cantor）則發現了比較無窮多的方法。在他們的研究成果之上，大數學家希爾伯特覺得有必要提醒同行們不要再用對有限世界的認知理解無窮大的世界。因此，一九二四年，他在一次演講中提出了旅館悖論，讓人們重新認識了無窮大的哲學意義。希爾伯特的旅館悖論是這樣講的：

假如一家旅館有很多房間，每一個房間都住滿了客人，這時問旅館還能給我安排一間房子嗎？老闆一定說，「對不起，所有的房間都住了客人，沒有辦法安排您了」。

但是，如果你去一家擁有無限多個房間的旅館，情況可能就不同了。雖然所有房間均已客滿，但是老闆還是能幫你「擠出」一間空房。他只要這樣做就可以了：讓服務生把原先在 1 號房間的客人安排到 2 號房間，把 2 號房間原有的客人安排到 3 號房間，以此類推，這樣空出來的 1 號房間就可以給你了。類似地，如果來了 10 個人，也可以用這種方式安排進「已經客滿」的酒店。

這種已經客滿、卻有無窮多房間的旅館，不僅可以再住進有限位客人，甚至能住進無限位新客人。具體的做法是這樣的：讓原來住在第 1 間的客人搬到第 2 間，第 2 間的客人搬到第 4 間，第 3 間的搬到第 6 間，……。總之，就是讓第 n 間的客人搬到第 $2n$ 間即可。這樣就可以騰出無數間的客房安排新的客人了。

接下來的問題來了，既然每個房間都被現有的客人占據了，怎麼又能擠下新的客人？因此我們說這是一個悖論。但是「旅館悖論」其實並不是真正意義上的數學悖論，它僅僅是與我們直覺相悖而已。在我們的直覺中，每個房間都被占據，和無法再增加客人是等同的，但這只是在有限的世界裡成立的規律。在無窮大的世界裡，它有另一套規律。因此，數學上關於有限世界的很多結論，放到無窮大的世界裡，有些能夠成立，有些則不能成立。例如，在有限的世界裡，一個數加上 1 就不等於這個數了，要比這個數大 1，1 萬乘以 2 是兩萬，不等於原來的 1 萬。這些規律放到無窮大的世界裡就不成立，無窮大加 1

還是無窮大，無窮大乘以 2 還是無窮大。這也是為什麼在酒店悖論中的那個酒店，再增加一位客人，甚至無窮位客人，酒店依然能夠容納得下的原因。

至於哪些規律成立，哪些不成立，不是把有限世界的規律簡單地放大，而是要用邏輯重新推導一遍。例如，在有限的集合中，整體的數量大於局部的數量，1 萬個房間中，偶數號的有 5,000 間，小於總數。然而，在有無窮房間的旅館中，偶數號房間的數量可以與總房間數量相同。類似地，我們也可以證明一條長 5 釐米線段上的點，和一條長 10 釐米線段上的點「一樣多」。這個證明也很簡單，大家不妨畫圖 5.1 這樣一個圖形。

在圖 5.1 中，下方線段的長度是 10 釐米，上面的是 5 釐米。我們將它們平行放置，再將它們兩端相連（用虛線），交匯到點 S 處。接下來，對於 10 釐米線上的任意一個點 X，我們將 X 和 S 相連，就會和 5 釐米的線有一個交點，我們假設為 Y，這就代表長線上的任意點，在短線上都可以找到對應

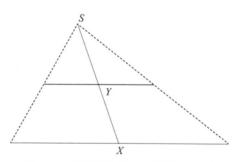

圖 5.1　長線段上的每一個點 X，在短的線段上都能找到一個對應點 Y

點，因此，短線上的點應該不少於長線上的點。這樣，在無窮大的世界裡，我們可以認為 10 釐米線段上點的數量和它的一個子集，即 5 釐米線段上的點是「相同的」。當然更準確的說法是基數相同。

希爾伯特透過旅館悖論，提醒大家有限世界中的規律和無限世界裡可能完全不同。事實上，在希爾伯特做完那個報告後，全世界數學家不得不回去把所有的數學結論在無窮大的世界裡又推導了一遍，看看有沒有什麼漏洞。經過驗證，還真發現了很多漏洞。後來，美國著名的物理學喬治・加莫夫（George Gamow）在他的科普著作《從一到無限大》（*One Two Three... Infinity*）中講了這個悖論，讓普通老百姓都知道了它。

❷ 無窮大的本質和現實意義

　　既然無窮大不是一個簡單的數，不能按照對於一般數的理解來看待它，那它的本質是什麼呢？巴哈曼和康托給出了答案：無窮大不是靜態的，而是動態的，它反映了一種趨勢，一種無限增加的趨勢。在增大的過程中，有的無窮大會比其他的無窮大發展得更快，通俗地講就是更大的無窮大，當然用數學的話講，就是高階無窮大。例如，$y_1 = x$ 和 $y_2 = x^2$，在 x 不斷增加時，它們都越來越大，但是後者變化的趨勢比前者更快，因此就是高階的無窮大。為了表示這二者的區別，巴哈曼和蘭道用了大 O 的概念來表示無窮大的階數，例如 y_1 就是 $O(x)$ 量級的無窮大，而 y_2 則是 $O(x^2)$ 量級的。至於兩倍的 x，即 $2x$，它依然是 $O(x)$ 量級的。事實上，無窮大（以及以後要介紹的無窮小）代表著一種新的科學世界觀，就是讓我們關注動態變化的趨勢，特別是發展變化延伸到遠方之後的情況。

　　無窮大世界的很多特點顛覆常人的認知，這並不是說大家原先的認知有問題，而是說我們在有限世界裡得到的認知太狹隘了，相比浩瀚的宇宙和人類的知識體系，我們的認知可能就如同夏天的蟲子，受限於我們的生活環境。當然，有些讀者朋友可能會問，既然我們是生活在有限的世界裡，甚至宇宙也是有限的，那麼了解無窮大世界有什麼現實的意義。它的意義很多，這裡我不妨說一個電腦科學中的例子。

　　在電腦科學中常常要衡量一個算法的好壞。例如有 A、B 和 C 三種算法能夠完成相同功能，算法 A 要進行 $100,000N$ 次運算，算法 B 要進行 N^2 次運算，算法 C 要進行 N 次運算，請問哪種算法好？

　　很多人會說，當然是算法 C 好，至於 A 和 B，要看情況，如果 $N <$ 100,000，那麼算法 B 更好，否則就是算法 A 好。這是依照有限世界思維方式的結論。在電腦科學中，在衡量兩個算法的複雜度時，只會考慮它們在處理近乎無窮大的問題上的表現，也就是 N 趨近於無窮大的情況。因為它關心的是，當問題越來越複雜後，每一種算法所需要消耗的電腦資源（例如計算時

間）的增長趨勢。這樣一來，算法 B 顯然是計算量最大的，用剛才的大 O 概念表示，複雜度就是 $O(N^2)$。至於 A 和 C 兩個算法，雖然在計算量上差出了 10 萬倍，但是 10 萬畢竟是常數，和無窮大是無法相比的，因此在電腦科學上會認為它們是等價的，複雜度都是 $O(N)$。對電腦科學家們來講，將一個算法從平方的複雜度降低到線性，這是撿西瓜的事，將一個線性複雜度的算法計算量再減小幾倍，這是撿芝麻的事。

當然，還有一些無窮大，它們的變化趨勢不是那麼直觀，彼此之間就不太好相比了。例如，我們知道有理數和無理數的數量都是無窮大，但是哪一個更多？由於有理數和無理數是無法對應的，對它們數量的比較就很難理解。十九世紀後期，德國數學家康托證明了無理數的數量要遠遠多於有理數，甚至在 0 和 1 之間的無理數的數量都要多於全部的有理數，用康托的話講，就是前者的基數比後者大。這個結論和我們的想像也有較大差異，但事實確實如此。這個例子也說明，我們不能以有限的認知，去理解無限的事物，能夠洞察無限世界的，只有邏輯。

無限變化的趨勢既然能夠往大的方向變化，自然也能往小的方向走，這就引出數學上最重要的一個概念——無窮小。

本節思考題

如果一個算法的計算複雜度是 $O(N^{1.5})$，另一個算法是 $O(N \lg N)$，哪個算法的複雜度更高？

5.2 無窮小：芝諾悖論和它的破解

無窮小和無窮大一樣，並不是一個確定的數，更不是零，它也是一種趨

勢，更重要的是，它是一種幫助我們把握「動態」和「變化」的工具，以及一種新的認知世界的方式。

一個人的數學程度如何，是停留在了小學水準，還是到了高等數學的水準，不在於是否會做高等數學的練習題，而在於他用什麼眼光看待數和數學中的概念。如果把無窮小這個概念看成是一個靜態的數，甚至看成是零，那麼微積分題做得再好，對數學的認知還是小學水準；一個人如果從本質上掌握了無窮小這個概念，他的數學思維水準就得到了飛躍，就理解了高等數學。當然，沒有人一開始就能夠很準確地把握無窮小這個概念，一個人認識這個概念的過程，其實是人類對它認知升級過程的縮影。因此，我們就從這個概念的來歷說起。

❶ 芝諾的四個悖論

世界上最初認認真真思考無窮小這個概念的，是西元前五世紀時古希臘的一位怪人芝諾（Zeno），他所生活的年代是被稱為雅典黃金時代的伯里克利時期（Age of Pericles），也就是比蘇格拉底大約早一代人的時候。我們之所以說他是怪人，是因為按照東方人一般的思維方式來看，他不僅考慮的是那些屬於庸人自擾、完全沒有實際意義的問題，而且為人還特別認真。

雖然今天的人把芝諾說成是數學家，但其實他一生並沒有留下什麼數學成果，甚至歷史上對他的生平鮮有記載。由於這個人和他諸多同胞（如蘇格拉底）一樣喜歡辯論，而且提出了好幾個他搞不清楚、別人也解釋不了的問題，因此被亞里斯多德寫進了書中，後人才知道這個人的存在。

為什麼我們說芝諾的問題是「庸人自擾」呢？我們不妨看看他的那四個著名的悖論，就能體會了。

悖論一（二分法悖論）：從 A 點（如天安門）到 B 點（王府井）是不可能的。

看了這個命題，你會馬上說，這怎麼不可能？別著急，我們先來看看芝諾

的邏輯。

芝諾講，要想從 A 到 B，先要經過它們的中點，假設是 C 點；而要想到達 C 點，則要經過 A 和 C 的中點，假設是 D 點；……，這樣的中點有無窮多個，找不到最後一個。因此，從 A 點出發的第一步其實都邁不出去。

悖論二（阿基里斯悖論）：阿基里斯追不上烏龜。

我們知道阿基里斯是古希臘神話中著名的飛毛腿，但是芝諾說如果他和烏龜賽跑，只要烏龜先跑出去一段路程，阿基里斯就永遠追不上了。依照我們的常識，芝諾的講法當然是錯的。不過，我們還是聽聽他的邏輯。為了方便起見，我們簡單地假設阿基里斯奔跑的速度是烏龜的 10 倍，當然實際差異要比這個大。如果烏龜先跑出 10 公尺。等阿基里斯追上了這 10 公尺，烏龜又跑出 1 公尺，等阿基里斯追上這 1 公尺，烏龜又跑出 0.1 公尺，……，總之阿基里斯和烏龜的距離在不斷接近，卻永遠追不上。

這兩個悖論其實是一種類型。我們如果從常識出發，就會覺得芝諾的觀點不值一駁。我們從天安門出發，一步就走過了芝諾所說的無數中點，阿基里斯一步邁得大一點，不就超越烏龜了！在這裡我們的常識當然沒有錯。但是，如果按照芝諾的邏輯思考，就會發現他似乎也有道理，只是忽略了一些事實，因此要想駁倒他，讓他心服口服，就不能繞過他的邏輯！在解釋這類問題之前，我們再來看看他另外兩個悖論。

悖論三（飛箭不動悖論）：射出去的箭是靜止的。

在芝諾的年代，運動速度最快的是射出去的箭。但是芝諾卻說它是不動的，因為在任何一個時刻，它有固定的位置，既然有固定的位置，就是靜止的。而時間則是由每一刻組成，如果每一刻飛箭都是靜止的，那麼整體而言，飛箭就是不動的。

這個悖論，可能就比前兩個難辯駁了。

悖論四（基本空間和相對運動悖論）：兩匹馬跑的總距離等於一匹馬跑的距離。

如果有兩匹馬分別以相同的速度往兩個相反方向遠離我們而去，我們站在原地不動，如圖 5.2 所示。在我們看來，單位時間裡牠們各自移動了一個單位 Δ，顯然一匹馬跑出去的總距離就是很多 Δ 相加。但是兩匹馬上的人彼此看來，單位時間卻移動了兩個 Δ 長度，彼此的距離應該是很多兩倍的 Δ 相加。那麼，如果 Δ 非常非常小，接近於 0，根據 $0 = 2 \times 0$，我們應該得出 $\Delta = 2\Delta$ 的結論。

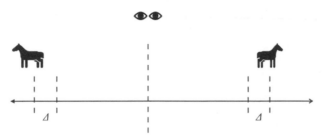

圖 5.2　兩匹馬分別往左右兩個方向跑，每匹馬各自跑
出非常小的距離 Δ 後，它們彼此的距離應該增加 2Δ

但是左右兩匹馬跑出去的總距離怎麼可能等於一匹馬跑的距離呢？

看到這些問題，大家可能會覺得很無聊。在中國的文化裡，我們講究的是學以致用。在中國古代，除了當年莊子和惠子會討論這一類的問題，絕大多數時候中國的知識菁英階層是不屑理會芝諾這種沒有用的傻問題。現在這種情況其實也沒有太多的改變。我在大學時，我的哲學老師和科技史的老師說這些問題是唯心主義。但是，正是這些問題，才讓古希臘文明和其他文明有所不同，而這種嚴守邏輯的思維方式，才讓數學和自然科學能夠以體系發展。

❷ 芝諾悖論的邏輯問題

當邏輯和我們的經驗有了矛盾時，通常有兩種結果：一種結果是我們的經驗錯了。例如，到底是地球圍繞太陽轉，還是太陽圍繞地球轉？在這件事上，我們的經驗就錯了。當然還有一種結果是，我們看似正確的邏輯其實本身是有

問題的，通常是有概念的缺失，或者混淆了幾種不同的概念。芝諾的這些悖論就屬於第二種。在這種情況下，找到了缺失的概念，或者分清楚那些不該混淆的概念，數學和科學就會獲得一次巨大的發展。我們前面講的從勾股定理引出無理數的概念，也屬於這一種。今天回答芝諾的問題其實很容易，因為有了無窮小的概念，以及微積分關於導數的概念，芝諾悖論的概念缺失就被補上了。

無窮小和極限的概念可以回答芝諾的第一、第二、第四個悖論，微積分中導數的概念能解決第三個悖論。由於第一個和第二個悖論其實是同一回事，我們就先來討論下第二個悖論，也就是阿基里斯和烏龜賽跑的例子。

在芝諾之後的上千年裡，歐洲總有人不斷地試圖找出這個悖論邏輯上的破綻，包括阿基米德和亞里斯多德，但都沒有給出很好的回答。不過亞里斯多德的思考還是道破了這幾個悖論的本質，就是一方面距離是有限的，另一方面又可以把時間分成無窮多份，以至於有限和無限對應不上。

在這個悖論中，芝諾其實把阿基里斯追趕的時間分成了無限份，每一份逐漸變小，趨近於 0 但卻又不等於 0。例如，我們假設阿基里斯 1 秒鐘跑 10 公尺，那麼芝諾所分的每一份時間就是 1 秒，0.1 秒，0.01 秒，0.001 秒，……。如果我們把它們加起來，就是之前講的等比級數，即：

$$S = 1 + 0.1 + 0.01 + 0.001 + \cdots$$

接下來的問題是，這樣無限份的時間加起來是多少？假如每一份時間都存在一個最小、具體的長度，那麼這樣子的無限份加起來顯然就是無限大，這也就是芝諾詭辯阿基里斯追不上烏龜的原因；當然，如果說時間分到最後等於 0 了，似乎也不符合事實，其實這正是矛盾所在。解決這個問題，就必須定義一個新的數學概念，就是無窮小量（簡稱無窮小）。

無窮小必須滿足下面兩個條件：

（1）它不是 0；

（2）它的絕對值小於任何一個你能夠給定的數。

從這個定義可以看出，無窮小和無窮大一樣，並非一個具體的數，而是一

種趨勢，一種不斷地趨近於 0 的趨勢。在阿基里斯追趕烏龜的例子中，雖然時間被分為了無窮多份，但是到後來，每一份不僅越來越小，而且都是一些無窮小量。那麼無窮多個無窮小量加起來是多少呢？有三種情況，分別是：有限的數、無窮大或無窮小。具體是哪種情況，要看是相應的無窮大往「遠方」發展的速度快，還是無窮小往 0 的方向趨近的速度快，用數學的話講，就是誰的階高，具體的內容我們會在後面說明。

在這裡，我們可以給出阿基里斯追趕烏龜例子的結論，就是無窮小趨近於 0 的速度，比分割次數趨近於無窮大的速度要快得多。如果用一個不太嚴格、卻比較容易理解的方式講，前一個是以指數級的速度減少，而後一個是線性增加的。在這個具體情況中，無限個無窮小量加起來是一個有限的數，即 10/9。

引入了無窮小的概念，就解決了阿基里斯悖論。如果我們反過來看這個問題，正是阿基里斯悖論幫助我們補上了數學的缺失之一。

有了無窮小這個不等於 0、又趨近於 0 的量，芝諾的第四個悖論，也就是相對運動悖論，就很容易破解了。芝諾所說的 Δ，其實就是無窮小，雖然它趨近於 0，但是不等於 0，因此 $\Delta \neq 2\Delta$。

事實上，牛頓是從物理學的研究需求出發，而研究出無窮小的概念，而萊布尼茲則是從哲學和邏輯學出發，引入這個概念，可以說是殊途同歸。他們二人的工作，提升了人類對於數的認知，把數的概念從一個個具體的數，上升到一種趨勢，人類的思維因此進步了。後來，德國數學家戴德金（Julius Wilhelm Richard Dedekind）用這種思維方式，提出了公理化、非常完美的實數概念，這一點我們在後面還會講到。在自然科學領域，用發展趨勢取代靜態視角解釋自然界的現象也成為一種潮流。例如現代物理學的弦論，被認為是到目前為止最有可能統一相對論和量子力學的工具，相比今天建立在基本粒子的物理學模型，弦論講得就不是一個個具體的點，而是一個個趨勢。

對於每一名學習高等數學的人，能夠體會其在數的概念方面和初等數學的

不同，並且養成不再以一個個點的視角看待時間和空間，而是以一種種趨勢把握它們的規律，便達到了高等教育的目的。

當然，牛頓和萊布尼茲關於無窮小（和極限）的概念，其實定義得非常模糊，甚至可以說是不準確，以至於受到了大哲學家喬治・柏克萊（George Berkeley）的挑戰。在介紹這場著名的爭論之前，我們先來看牛頓等人如何使用無窮小概念。

本節思考題

試著解釋一下飛箭不動悖論。

5.3 第二次數學危機：牛頓和柏克萊的爭論

❶ 從平均規律到瞬間規律的認知變化

如果只給牛頓一個頭銜，今天的人很難確定應該叫他數學家，還是自然哲學家（也就是今天所說的科學家）。不過，牛頓研究數學很重要的目的卻是為物理學和天文學服務，就連他那本影響世界的巨作《自然哲學的數學原理》（*Mathematical Principles of Natural Philosophy*），顯然也是為了解決科學上的問題而提供數學基礎的。

在牛頓之前，人們對很多物理學的基本概念根本搞不清楚。比如大家會混淆質量和重量、力和慣性、速度和加速度、動量和動能這些物理概念。其中一個重要的原因在於，一些相似物理量之間的關係不是初等數學上的關係，而是微積分中微分和積分的關係，例如加速度、速度和位移之間的關係。而為了計算這些物理量的動態數值，就要將時間這個概念從時間間隔精確到瞬間。我們不妨沿著牛頓的思路，看看加速度、速度和位移之間的關係。

我們都知道，速度是距離（更準確地講是位移）Δs 除以時間 Δt。如果你花了 2 個小時走了 10,000 公尺，速度 v 就是每小時 5,000 公尺，因為 $v=\Delta s/\Delta t = 10,000/2 = 5,000$（公尺/小時）。但這其實說的是平均速度，而不是某一時刻的速度。如果你從北京的頤和園走到香山公園，其實每分每秒的速度都是變化的，它們和平均速度可能相去甚遠。那麼，如果想知道某一時刻特定的速度怎麼辦呢？牛頓說，當間隔的時間 Δt 趨近於 0 的時候，算出來的速度就是那一瞬間的速度。為了直觀起見，我們把位移和時間的關係用一條曲線表示（圖 5.3）。

在圖 5.3 中，橫軸代表時間變化，縱軸代表位移變化。從 t_0 這個點出發，經過 Δt 的時間，走了 Δs 的距離，因此 t_0 時刻的速度大約就是 $\Delta s/\Delta t$。這個比值，就是圖 5.3 三角形斜邊的斜率。如果 Δt 減少，Δs 也會縮短，$\Delta s/\Delta t$ 比值就更接近 t_0 那一瞬間的速度。當 Δt 趨近於零時，那麼時間和位移關

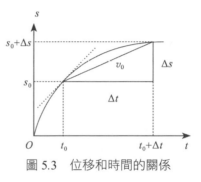

圖 5.3　位移和時間的關係

係曲線在 t_0 點切線的斜率，就是 t_0 的瞬時速度了。由此，牛頓給出了一個結論，時間和位移關係曲線在各個點切線的斜率，就是各個點的瞬時速度。

瞬時速度其實反映了在某個時刻距離的變化率。至於為什麼我們想了解瞬時速度，則是因為在很多應用中我們只關心瞬時速度，而不是平均速度。例如我們關心子彈射出的速度、命中目標的速度，以及汽車在發生交通事故一瞬間的速度等，它們都是瞬時速度。

牛頓把位移在 t_0 那一時刻的變化稱為位移的「流數」（Fluxions）。之後，他又把這種數學方法推廣到了任意曲線，他將一條曲線在某一個點的變化率都稱為流數。流數其實就是我們今天在微積分中所說的「導數」。在本書後面的章節裡，我們就直接使用導數這個名稱，而不用流數了。從導數的定義出發，可以得知速度就是位移的導數。類似地，作為衡量在某一時刻速度變化的

物理量加速度，又是速度的導數。導數的概念適用於對任何函數變化細節的描述，從而找出世界上任何變化瞬間的變化規律。

有了某一時刻速度的概念，我們就能好好解釋芝諾的第三個悖論——飛箭靜止悖論了。芝諾其實混淆了兩個概念，即某一時刻的位移量和那一時刻速度之間的差別。芝諾注意到了當時間間隔 Δt 趨近於 0 的時候，箭頭飛行的距離（即位移）Δs 也趨近於 0。但是，芝諾所不知道的是，它們的比值，也就是速度，並不是 0。就如同圖 5.3 所畫，曲線的斜率並不是 0。

導數這個概念的提出，把許多物理量之間的數學關係建立了起來。除了速度與加速度、位移與速度的關係是一階導數的關係，動能與動量的關係也是導數的關係。後來物理學家馬克士威（James Clerk Maxwell）在總結電磁學規律時，也是使用導數這個工具將電和磁統一起來，例如電場就是磁場動態變化的導數。此外，在經濟學上，經濟增長率就是國內生產毛額（GDP）的導數，而增長率的增速又是增長率的導數。導數概念的提出，使得人類能夠從掌握平均規律，進入到掌握瞬間規律，從對變化本身的觀察，提升為對變化速度的觀察，這是人類認知的一次飛躍。今天在我們的生活中，導數，或者說瞬時變化率，已經隨處可見，只是大家對這個名稱未必很熟罷了。因此，我們應該感謝牛頓，他把人類的認知帶到了一個嶄新的高度。

❷ 柏克萊對牛頓的挑戰

牛頓用導數的概念成功地解釋了速度和加速度在物理上的含義，並且用它來解釋了宇宙運動的規律，但遺憾的是，他的理論在數學上卻存在著一個小缺陷。牛頓在他的巨著《自然哲學的數學原理》中，多次成功地使用了無窮小這個概念，卻沒有用數學的辦法將它的含義講清楚。而和牛頓一同發明微積分的萊布尼茲在這方面也是含糊其詞。在那個年代，科學家的數學程度以今天的標準來衡量都不算太高，因此絕大部分人看不出問題所在。但是，一位講究邏輯的學者卻向牛頓提出了質疑。這個人叫柏克萊。

　　柏克萊這個名字，對熟悉哲學的人來說是如雷貫耳，非哲學專業的人對他也未必感到陌生，因為他在中國哲學課是唯心主義哲學家的代表人物，他的一句名言「存在就是被感知」受到了很多批評和嘲笑。我在中國學習微積分和科學史時，柏克萊被嘲笑為不懂微積分、孤立靜止地看待世界的人。然而，在西方世界，柏克萊是很受尊敬的，他被認為是一位了不起的哲學家和學者，和約翰·洛克（John Locke）、大衛·休謨（David Hume）一同被譽為經驗主義哲學的三大代表人物。今天著名的加州大學柏克萊分校裡面「柏克萊」三個字，其實就是柏克萊的名字。柏克萊說「存在就是被感知」這句話，可不是拍腦袋想出來的，而是做了科學研究的。這裡面的細節我們就不多講了，總之，柏克萊是研究了人們如何在兩個維度的視網膜上，知覺到有深度的三維圖像，他的結論和今天生理學研究所給出的結論基本一致。

　　柏克萊挑戰牛頓，主要是兩人的宗教觀不同。柏克萊是一位天主教的大主教，而牛頓在骨子裡有自然神論的傾向。柏克萊對牛頓理論的挑戰是全方位的，例如他否定牛頓所說的絕對時空觀，因為在他看來只有上帝是絕對的，又例如他否認物理學中力的客觀存在，把它歸結為靈魂和「無形的東西」。柏克萊在物理學上對牛頓理論的反駁都相當主觀，而且無法證實，因此，當時牛頓等人就懶得理他。當然，在今天看來他的這些反駁都是錯的。不過，柏克萊這個人非常講究邏輯，他終於在數學上找到了牛頓的一個小漏洞，他挑戰牛頓說，你說的無窮小的時間 Δt 到底是不是 0？如果是 0，它不能當分母；如果不是 0，你的公式給出的依然是一個平均速度（雖然是很短暫的時間間隔），而不是瞬時速度。

　　對於柏克萊的質疑，牛頓也不知道怎麼回答。你如果問牛頓什麼是無窮小，牛頓可能會說，就是非常非常小，可以忽略不計。我們在上一節給出的無窮小是一種趨勢的描述，其實是一百多年後柯西（Augustin Louis Cauchy）和維爾斯特拉斯（Karl Weierstrass）給出的，牛頓那時的人給不出這樣的描述。當然，如果僅僅是在物理學上使用這樣含義不太明確的無窮小，還勉強說得過

去。但是，在數學上是決不允許有這種邏輯上可能產生矛盾的概念或結論存在，因為數學的一大用途就是依靠邏輯的完備性，發現自然界的規律。一旦出了類似悖論的問題，就很難用於自然科學或實踐。

我們可以透過以下的例子說明在數學中邏輯自洽的重要性，那就是伽利略發現物體落地時間和重量無關的例子。

伽利略是在牛頓之前最偉大的物理學家。我們今天知道他，其實並不是了解了他在物理學上有多少貢獻，而是聽說過他在比薩斜塔進行鐵球實驗的故事。根據他的學生記載，當時伽利略扔下兩個分別重 1 磅和 10 磅的鐵球，發現它們同時落地，從而否定了亞里斯多德過去關於「重的物體要比輕的物體先落地」的論斷。這個實驗是否是他的學生虛構的，今天有爭議。實際上，伽利略質疑亞里斯多德的結論並不是從做實驗開始的，他是從簡單的數學邏輯找出了亞里斯多德結論的矛盾之處。

伽利略的邏輯很有意思，既然亞里斯多德說了重的物體比輕的物體能更快落地，那麼將 10 磅和 1 磅的兩個球綁在一起，它們是比 10 磅的球更快落地？還是更慢呢？如果你認為它們是兩個球，一個快、一個慢，1 磅的要拖 10 磅的後腿，那麼它們就會比單獨一個 10 磅的球落地慢；但是，如果你認為它們是一個整體，一共 11 磅，落地就要更快。這就在邏輯上產生了矛盾。這個矛盾就推翻了亞里斯多德的結論。但是，伽利略能夠用數學預言物理學結論的前提是數學本身是嚴密的。假使 $10+1$ 和 $10-1$ 能得到同樣的結論，伽利略就無法做出這樣的預言。

回到無窮小這個概念，它是導數的基礎，也是很多高等數學工具（例如收斂的數列、公理化的實數）正確性的基礎。利用這些工具，人類才得以從靜態或宏觀變化，把握瞬間的動態變化或微觀變化，然後近代的物理學和天文學，以及後來的古典經濟學，才得以建立。如果無窮小這個基礎本身在邏輯上不能自洽，建立於其上的所有大廈都可能被推翻。

所以，柏克萊提出的無窮小悖論，是一次實實在在的數學危機，史稱第二

次數學危機（第一次數學危機就是前面提到的無理數的發現）。危機的根源就在於牛頓那個時代的人在邏輯上講不清楚無窮小是什麼。

解決第二次數學危機的，並不是牛頓、萊布尼茲等人。事實上，某個時代所發現的危機從來都不是那個時代的人能夠解決的。這個原因也很容易理解，所謂時代的危機，就是因為它的成因超出了那個時代所有人的認知，才會成為危機。因此解決危機，總是須要後面的人發展出新理論來解決。

接下來，我們就來看看第二次數學危機是如何解決的。

本節思考題

你能想像的最小的無窮小是什麼？

5.4 極限：重新審視無窮小的世界

要解決無窮小危機，單純圍繞「無窮小」這個概念爭來爭去是不行的，要在認識層面有所提升。具體而言，就是要認識極限這個概念。

❶ 牛頓和萊布尼茲對於極限的認識

極限這個概念從字面上講不難理解，因為我們會聯想到生活中一個能夠無限接近、但卻不能超越的限度。比如我們知道，$\frac{1}{2} + \frac{1}{4} + \frac{1}{8} + \frac{1}{16} + \cdots$ 是不斷增加，而且肯定超不過 1，事實上它在數學上的極限就是 1。你如果拿尺子在紙上畫一條 1 公分長的線段，在一半的地方（也就是 0.5 公分的位置）標一下，在後一個 0.5 公分的一半，也就是 0.75 公分的位置再標一下，重複這個取一半的動作，最後無論多麼精細，這些刻度加起來，最後逼近於 1 公分的位置，因此 1 公分就是它的極限（圖 5.4）。

0 公分　　　　　　　0.5 公分　　0.75 公分　　　1 公分

圖 5.4　每次的增量是上一次的一半，不斷增加下去，極限就是 1 公分

　　很多人想自學微積分，但是基本上看到極限那部分內容時就卡關了，因為沒有換成「動態數學」的腦子，還是靜態地看問題。這也怪不得大家，偉大如牛頓、萊布尼茲，也不得不在極限的概念上含糊其詞，更何況我們普通人呢？我們不妨看看牛頓他們是如何理解無窮小的。

　　牛頓認為極限是逐漸變小的量之間的最終比值。回想上一節所說他對於速度的定義，其實就是時間和距離這兩個逐漸變小的量之間的比值。牛頓認為，平均速度在時間間隔不斷縮小後，極限就是瞬時速度。

　　萊布尼茲不是物理學家，他是數學家，更是哲學家和符號學家。因此他從純邏輯的角度看待極限，他認為，如果任何一個連續變化都以一個極限為終結，那麼在這個變化過程中的普遍規律，也適用於最終的極限。

　　這兩段描述讓我想起物理學家費曼（Richard Feynman）對一些品質低落物理書的評論——對新概念的定義只是字面上的解釋，其結果是，你原來不懂，看了定義可能還是不太懂。但是，牛頓和萊布尼茲講的極限至少有一點和我們所理解的生活中的極限是不一樣的——它並沒有不可超越的含義。這二人只是強調極限是一個最終的狀態。

❷ 柯西和維爾斯特拉斯重新定義了極限

　　那麼我們到底應該如何理解極限呢？前面講到的費氏數列相鄰兩項之比 F_{n+1}/F_n，它本身也是一個數列。我們把它畫在了圖 5.5 中。大家可以看到它先是上下浮動，然後逐漸趨近於一個特定的值，這個值就是黃金分割，因此我們說費氏數列相鄰兩項比值的極限是黃金分割。

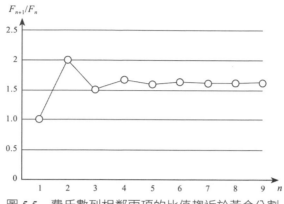

圖 5.5　費氏數列相鄰兩項的比值趨近於黃金分割

在數學上，任何一個數列，如果有極限，它們都和費氏數列相鄰項比值的走勢類似，當它的項數 n 不斷增大時，它們都「無限逼近」某個特定的值（如黃金分割點），即最後將趨同。這種對極限的認知，來自柯西。

柯西是十九世紀法國數學界的集大成者。他在法國數學史上的地位，猶如牛頓在英國，高斯在德國。我們今天所學習的微積分，其實並不是牛頓和萊布尼茲所描述的微積分，而是經過柯西等人改造過且嚴格得多的微積分。相比牛頓，柯西放棄了微積分在物理學和幾何學上直接的對應場景，完全是從數學本身出發，重新定義微積分中各種含糊的概念。他試圖像幾何之父歐基里德（Euclid）改造幾何那樣改造微積分，讓它變成一個基於公理、在邏輯上更準確的數學分支，微積分的應用場景因此就更普適。柯西很清楚，想要微積分像幾何學那樣幾千年屹立不倒，對於概念的定義就必須極為準確，不能有任何二義性。而對於無窮小和極限這樣的概念，若想定義清楚，就不能再靜態地描述它們，而要把它們定義為動態的趨勢。這是柯西超越了牛頓和萊布尼茲的地方。

為了描述一個數列最終的極限，柯西使用了任意小的正數的概念。柯西認為如果一個數列為 x_1，x_2，x_3，……，x_m，……，x_n，……，當 m 和 n 足夠大時，x_m 和 x_n 之間的差異（即 $|x_m - x_n|$）小於任意小的正數，那麼這個序列的極限就

存在。這樣的數列後來也被稱為柯西序列。當然,大家可能要問,任意小是多小?柯西講,比你能夠給定的任何小的正數還要小。例如你說 10^{-100},柯西說,比這個還要更小;你如果說 10^{-1000},柯西說,還要更小。總之但凡你能說出一個小數,他都說還要更小。

柯西這種想法,已經有點逆向思維的意思了,他不是像牛頓和萊布尼茲那樣從正面論述逐漸接近,而是說,我永遠可以做到比你想像得更接近。我們不妨用一個簡單的例子來說明他們思維方式之間的差別。

來看這樣一個序列:

$$1, \frac{4}{3}, \frac{6}{4}, \frac{8}{5}, \frac{10}{6}, \frac{12}{7}, \cdots, \frac{2k}{k+1}, \cdots$$

它最終的極限值是多少?

大家會馬上說是 2,因為這個比值最終趨近於 2,或者說無限逼近於 2。這是牛頓和萊布尼茲的思路。柯西的思路略有不同。他會說,你給定任何一個很小的正數,如 0.1,那麼 k 比較大之後,這個數列的浮動範圍就小於 0.1 了。如果你說 0.1 不夠小,我們再給一個更小的數,如 10^{-1000},柯西講,我總能讓 k 足夠大之後,數列的浮動範圍小於 10^{-1000}。這種講法就比所謂「越來越接近」的描述要準確得多了。

但是,對於這樣的描述,德國數學家維爾斯特拉斯依然認為不夠精確,因為它更像是自然語言的描述,而不是用嚴格的數學語言。於是維爾斯特拉斯給出了他的定義法。

維爾斯特拉斯在定義數列的極限時,繼承了從牛頓和萊布尼茲到柯西所有數學家對這個概念的共識,即無限逼近的某個趨勢的觀點,這樣保證了數學家們說的都是相同的事。在描述無限逼近的方法上,他也採用了逆向思維,這一點和柯西相同。但維爾斯特拉斯超越所有前人的地方在於,他對極限進行了量化的定義。

首先,維爾斯特拉斯用一個特殊的符號 ε 表示柯西所說的任意小的正數,

又用了另一個特殊的符號 N 代表數列中足夠大的序號，也就是序列在往無窮方向走的情況。

接下來，維爾斯特拉斯講出了他的邏輯。他說，由你來給一個小的正數 ε，多小都可以，只要你給定了，我來確定一個大的正整數 N，當 $n>N$ 之後，我保證 x_n 和某個數 μ 的差異在 ε 的範圍之內，即 $|x_n-\mu|<\varepsilon$。例如，在上個序列中，大家挑了一個很小的數，ε 為一億分之一（10^{-8}），那麼只要選擇 N 等於一億（10^8）即可，這時，對於任何 $n>N$，例如一億零一（10^8+1），就能滿足 $|x_n-2|<\varepsilon$（$|x_{100000001}-2|<10^{-8}$）。如果這時你還不滿意，說一億分之一的誤差還是誤差，x_n 依然不等於 2，沒關係，你再說一個小數，我們還能滿足。於是你說 $\varepsilon=10^{-100}$，這時，我們只要讓 $N=10^{100}$ 就可以了。總之，你說要多麼接近，我們都能做到，這就是無限逼近。

有了對一個數列極限的定義，維爾斯特拉斯對函數的極限也做了類似的定義。例如，我們來看這樣一個函數 $f(x)=\dfrac{\sin(x)}{x}$，請問當 x 趨近於 0 時，它等於多少呢？為了得到直觀的感覺，我們把 x 不斷變小時 $f(x)$ 的數值的變化總結在表 5.1 中。

表 5.1　$\sin(x)/x$ 的比值在 x 趨近於 0 時越來越接近 1

x	1	0.1	0.01	0.001	$\cdots$	$\rightarrow 0$
$f(x)$	0.84	0.998	0.99998	0.9999998	$\cdots$	$\rightarrow 1$

從表 5.1 中可以看出 x 越接近 0，這個函數值就越趨近於 1。我們知道 x 是分母，不能等於 0，不過沒關係，我們可以讓它趨近於 0，這時我們說函數的極限等於 1。

對於函數 $f(x)$ 在 0 附近的極限，維爾斯特拉斯是這樣定義的：

給定任意一個很小的數字 ε，我總能在 0 附近，設法找到一個範圍 $\varDelta$，只

要 x 落在這個範圍內,即 $|x|<\Delta$,$f(x)$ 和 1 之間的誤差就比 ε 要小,即 $|f(x)-1|<\varepsilon$,也就是說 $f(x)$ 在 0 附近的極限等於 1。

從這個定義中我們可以看出,函數在某一個點的極限也是一個動態對趨勢的定義。這種定義的方式,也使用了逆向思維,即我們不說函數值和極限值有多麼接近,而是讓質疑者提出他們認定的範圍 ε,只要他們給出的範圍確定下來,無論範圍有多麼小,我們都能夠根據 ε 倒推出一個區間 Δ,在這個區間內,函數值跑不出極限值 $\pm\varepsilon$ 的範圍。當然,維爾斯特拉斯用的語言比我們這段描述更精確些,但是為了讓數學顯得不是那麼高冷,我們還是用相對通俗的語言重新描述了維爾斯特拉斯的意思。

有了極限嚴格的定義,我們可以看出無窮小其實是一種特殊的極限。假如有一個正數序列

$$X=x_1,x_2,x_3,\cdots,x_n,\cdots,$$

對於任意給定的 ε,我們總能找到一個 N,當 $n>N$ 之後,就有 $|x_n|<\varepsilon$。於是,我們就說這個序列 X 趨近於 0,或者說 x_n 是無窮小。

透過這種方式,就可以嚴格地定義某一時刻的速度了。我們首先假定位移量是連續變化,因為如果變化不連續,就會有速度為無限大的情況,這個與實際情況不符合。我們在 t_0 這個時刻取一個時間間隔 Δt,在 Δt 的時間裡,位移量為 Δs。我們可以讓 Δt 的取值越變越小,例如 $\Delta t_1>\Delta t_2>\Delta t_3>\cdots$,最後趨近於 0,當然相應的 Δs 也越來越小,這時 $\Delta s/\Delta t$ 也構成一個序列,我們假定為 $V=v_1,v_2,v_3,\cdots,v_n,\cdots$。這時任意給定一個 $\varepsilon>0$,我們都可以找到一個 N,當 $n>N$ 以及 $m>N$ 之後,$|v_n-v_m|<\varepsilon/2$,即 V 是一個收斂的序列,它會收斂到某一個值 μ,這時 $|v_n-\mu|<\varepsilon$。也就是說,μ 就是 t_0 時刻的速度。

利用無窮小和極限,柏克萊所提出的無窮小悖論,以及之前所有的芝諾悖論才算徹底解決。

③ 數學中的定量和逆向思維

極限是微積分中最重要也是最難懂的概念。大家讀到這裡，就已經跨越了微積分中最難踰越的門檻。極限這個概念的難處在於，它和我們在初等數學中學到的其他概念都不一樣，它是對動態變化趨勢的描述，但同時它又必須非常準確。若是好好理解了這個概念，我們對數學的理解就逐漸進入高等數學的程度了。

當然，如果大家一時還理解不了極限、無窮大和無窮小概念，其實也不用著急，因為數學家們一開始對它們也是霧裡看花。人類受限於自己生活在有限而具體的世界，想當然地會覺得無窮大就是一個非常大的數，無窮小就是反過來。以這樣靜止的眼光看待數，就會遇到一些數學悖論，而這些悖論會導致數學危機。危機的根源在於我們人類直觀的認識和數學內在邏輯之間的矛盾。

解決這些矛盾的方法是什麼呢？數學家哥德爾（Kurt Gödel）曾證明，在一個封閉的數學體系內，無法做到一致性和完備性的統一，體系內所遇到的漏洞，在這個體系內是無法彌補的。因此，解決數學「悖論」的方法，通常只能是定義新的概念，把原來數學的體系擴大為新的體系。這裡我對悖論一詞打了引號，因為它不是數學本身的漏洞，其實是我們人類認知上的漏洞。這就有點像中國人說的「不識廬山真面目，只緣身在此山中」。

具體到對無窮世界的認識，以及對極限的認識，最初發現漏洞的人居然是芝諾、柏克萊這樣「胡攪蠻纏」的「槓精」（編注：網路流行用語，意指「抬槓成癮」之人），這就源於古希臘人以及牛頓和萊布尼茲等人對一些基本概念在理解上的漏洞。當然，這也才給了柯西和維爾斯特拉斯等人機會來完善微積分。維爾斯特拉斯超出前人和常人的地方有兩個：一個是他定量地描述出無限的趨勢，另一個是他用逆向思維讓大家理解了這種趨勢的含義。定量和逆向思維，是我們今天經常應用的思維方式。

關於無窮大和無窮小還有一個問題我們沒有回答，就是如果讓它們彼此計算，比如把無窮多個無窮小加起來等於多少，又該如何計算呢？

本節思考題

如何用維爾斯特拉斯的方法證明當 $x \to \infty$ 時，$\dfrac{1}{x} \to 0$。

5.5 動態趨勢：無窮大和無窮小能比較大小嗎？

我們講無窮大是比任何數都大，那麼世界上只有一個無窮大嗎？似乎應該如此。如果我們靜態地看待無窮大或無窮小，就會認為無窮大都是一樣的，無窮小也都是如此。但是從無窮大是一種動態趨勢的角度考慮，那麼顯然就有變化快和變化慢的分別，也就應該有不同的無窮大。類似地，趨近於 0 的無窮小也會有快、慢的分別。因此，數學上有各種無窮大和各種無窮小，而且它們還能「比大小」。當然，在數學上，諸如「比某個無窮大更大的無窮大」這樣的描述是不精確的，而且也無法定量度量它們的區別。因此，我們必須嚴格定義，並且用一種可量化的方法度量無窮大或無窮小變化的趨勢。

❶ 無窮大和無窮小的大小比較

先來看一個具體的例子，兩個無窮小的函數比較大小。當 x 趨近於 0 時，線性函數 $f(x) = x$ 和正弦函數 $g(x) = \sin x$ 也都趨近於 0，那麼它們趨近於 0 的速度相同嗎？我們把這兩個函數在 0 附近的趨勢做了一個對比，放在了表 5.2 中。大家不必在意表中的具體內容，體會一下它們後來的差異大小就可以了。

表 5.2 $f(x) = x$ 和 $g(x) = sinx$ 在 x 趨近於 0 時的走勢

x	1	0.1	0.01	0.001	0.0001
$f(x)$	1	0.1	0.01	0.001	0.0001
$g(x)$	0.8414	0.099833334	0.00999983	0.00099999983	0.0000999999998
$g(x)$ 的另類表述	$1 - 0.16$	$0.1 - 0.000167$	$0.01 - 0.00000167$	$0.001 - 0.000000017$	$0.0001 - 0.0000000000002$

　　從表 5.2 中可以看出，x 本身和正弦函數趨近於 0 的速率驚人的一致。於是，我們可以得到這樣一個結論，上述兩個函數它們趨近於 0 的速率是相同的，或者說當 x 趨近於 0 時，$f(x)$ 和 $g(x)$ 是同階無窮小。如果我們使用前面講到的大 O 的概念來量化描述它們，我們可以得到 $O(f(x)) = O(x)$，由於 $g(x)$ 和 $f(x)$ 同階，因此 $O(g(x)) = O(x)$。

　　為了讓大家體會不同的無窮小趨近於 0 的速度不同，我們不妨再對比另外兩個函數，平方根函數 $h(x) = \sqrt{x}$ 和平方函數 $l(x) = x^2$，看看它們趨近於 0 的情況。為了方便對比，我們把它們和 $g(x)$ 放在同一張表中，如表 5.3 所示。

表 5.3 $g(x) = sinx$、$h(x) = \sqrt{x}$ 和 $l(x) = x^2$ 在 x 趨近於 0 時的走勢

x	1	0.1	0.01	0.001	0.0001
$g(x) = sinx$	0.8414	0.099833334	0.00999983	0.00099999983	≈ 0.0001
$h(x) = \sqrt{x}$	1	0.3333333	0.1	0.033333	0.01
$l(x) = x^2$	1	0.01	0.0001	0.000001	0.00000001

　　從表 5.3 中可以看出，平方根函數相比正弦函數趨近於 0 的速率慢得多，而平方函數則要快得多。這時就比較出兩個無窮小誰「更小」了。正弦函數在 0 附近，相比平方根函數，是「更小」的無窮小，而它比平方函數則「更大」，當然這裡更小和更大兩個詞是打了引號的，因為這裡並不是具體數字大小的比較，而是趨勢快慢的對比。對於那些以很快的速度趨近於 0 的無窮小，

我們稱為高階無窮小，而不是更小的無窮小。反之，那些以較慢的速度逐漸趨近於 0 的無窮小，則被稱為低階無窮小。

表 5.4 給出了一些函數在 0 附近趨近於 0 的速度，它們的階數是從高到低排序的。

表 5.4　不同階數的無窮小

函數	同階的函數
$\dfrac{1}{e^{\frac{1}{x}}}$	$\dfrac{2}{e^{\frac{1}{x}}}$ ， $\dfrac{1}{10e^{\frac{1}{x}}}$
x^3	$3x^3$ ， $x^3 + x^4$
x^2	$4x^2$ ， $3x^2$
x ， $\sin x$ ， $\tan x$	$2x$ ， $\dfrac{1}{2}\sin x$ ， $x + \tan x$
$\sqrt{x}$	$2\sqrt{x}$ ， $\sqrt{x} + x$
$\dfrac{1}{\ln\dfrac{1}{x}}$	$\dfrac{1}{\lg\dfrac{1}{x}}$ ， $\dfrac{2}{\lg\dfrac{1}{x}}$

必須說明的是，如果兩個無窮小只是差常數倍，比如相差 5 倍，我們認為它們是同階的。雖然它們趨近於 0 的速度略有差別，例如一個從 0.001 變成了 0.0001，另一個從 0.005 變成了 0.0005，但是它們的相對差異保持不變，我們也就不在乎那點差別了。

類似地，我們也可以對無窮大比較大小，它們比的也不是絕對的大小，而是增速的高低。所謂高階的無窮大，就是增速更快的那種。如表 5.5 的幾個函數往無窮大方向發展的速度就差別很大。

表 5.5　不同函數趨近於無窮大的速度不同

x	100	10000	10^{10}	10^{100}	10^{10000}
$f(x)=x$	100	10000	10^{10}	10^{100}	10^{10000}
$h(x)=\sqrt{x}$	10	100	10^5	10^{50}	10^{5000}
$g(x)=x^2$	10000	10^8	10^{20}	10^{200}	10^{20000}
$l(x)=\lg x$	2	4	10	100	10000

　　從表 5.5 中可以看出，平方根函數 $h(x)$ 就比線性函數 $f(x)$ 增長得慢很多，而平方函數 $g(x)$ 則要快很多，越到後來差距越大。當然還有比平方根函數 $h(x)$ 增長更慢的函數，例如對數函數 $l(x)$。至於增長更快的，也有很多，我們沒有列出來的指數函數增長得非常快。我將一些函數按照往無窮大方向增長的速率，從快到慢列舉在了表 5.6 中。

表 5.6　不同階數的無窮大

函數	同階的函數
e^x	$10e^x$，e^x+x
x^n（冪函數，通常 $x=2$，3，4，$\cdots$）	x^3+x^2，$3x^3$
x	$5x$，$x+5$
$\sqrt{x}$	$\sqrt{x}+\sqrt[3]{2x}$，$100\sqrt{x+20}+5$
$\log_a x$	$\lg x$，$\ln x+100$

　　增長越快的函數階越高，增長越慢的函數階越低。當然，如果兩個函數差常數倍，它們就是同階的。此外，如果一個函數中有一項是高階，另一項是低階，低階的那一項其實在無窮大的附近起不到什麼作用，我們也就認為這個函數的階數，就是由高階的部分決定的。

　　為什麼要比較無窮大和無窮小的大小呢？很多人會覺得這些函數最後反正都趨近於無窮大，或者趨近於 0，這樣的比較有意義嗎？答案是有意義，而且意義很大。在 5.1 節中我們曾講到，在電腦科學中要利用無窮大比較算法的好

壞，這裡我們詳細講解一下這部分內容。在電腦科學出現之後，了解一種算法的複雜度，按照什麼趨勢增加是非常重要的，而這就有賴於對於無窮大的比較。

我們知道，電腦是一種計算速度極快的機器。對於小規模的問題，無論怎麼算，也花不了多少時間，因此不同算法在小規模問題上的表現其實不重要。如果電腦遇到規模很大的問題，算法的優劣，差別就大了。因此，電腦算法所關心的事，是當問題非常非常大時，不同的算法的計算量以什麼速度增長。例如，我們把問題的規模想成是 N，當 N 向無窮大的方向增長時，計算量是高階的無窮大，還是低階的。

假如算法 A 的計算量和 N 成正比，那麼當 N 從 1 萬增加到 100 萬時，計算量也增加 100 倍；如果算法 B 的計算量和 N^2 成正比，事情就麻煩多了，當 N 同樣從 1 萬到 100 萬時，計算量要增加 1 萬倍，類似地，如果算法 C 的計算量是 N^3 的關係，則要增加 100 萬倍。當然遇到極端的情況時，如某一算法的計算量是 e^N，問題就無法解決了。相反地，如果算法 D 的計算量是 $\lg N$，那麼太好了，無論 N 怎麼增加，計算量都增加得很慢。

因此，電腦算法的精髓其實就是在各種無窮大中，找一個「小一點」的無窮大。一個好的電腦領域從業者，他在考慮算法時，只在無窮大這一端，考慮計算量增長的趨勢；一個平庸的從業者，則是對一個具體的問題，一個固定的 N，考慮計算量。可以講前者是用高等數學武裝起頭腦，後者對數學的理解還在小學水準。我們進行數學的通識教育，接受高等數學的知識，首要的目的是轉換思維，其次才是掌握知識點。

除了電腦科學，在生活中其實我們也時常對無窮大比大小。例如我們知道房價每年增長一點，累積下來最終是往無窮大的方向發展。當然大多數人的收入及存款也是如此。如果房價每年漲 3%，而一個人的存款每年漲 10%，只要生命足夠長，早晚買得起房子。如果另一個人的存款是每年增長 20%，長久來看這就是一個相對高階的無窮大，他會很快買得起房子。相反地，如果有人

的存款每年增長不到 3%，相比房價的增長，它就是低階的無窮大，那個人就永遠買不起房子。

那麼對於無窮小，區別出高階和低階也有很大的意義，還是以電腦算法為例來說明。很多時候我們要求計算的誤差在一次次迭代後不斷下降，往無窮小的方向走。比如我們在控制導彈和火箭飛行的精度時，必須透過不斷地微調讓它們向著目標方向靠近。那麼是透過簡單的幾次調整就能趨近於目標方向，還是要經過很多次迭代才達到目的，其中的差異就很大了。假如我們有一種控制的方法，它是按照下面一個序列逐步消除誤差的：

$$1 , \frac{1}{2} , \frac{1}{3} , \frac{1}{4} , \cdots , \frac{1}{1000} , \cdots$$

雖然這個序列最終發展下去是無窮小，但是如果我們想把誤差控制在 1/1000，需要調整 1000 次，這可能就太慢了。相反，如果我們有辦法讓誤差按照下面的序列消除：

$$1 , 0.1 , 0.01 , 0.001 , \cdots$$

那麼只須 4 次調整，就能做到誤差小於 1/1000。

你可以想像，火箭在高速飛行中，每一秒都能飛出去幾公里到十幾公里，如果必須調整 1000 次才能消除誤差，在調整好之前，火箭可能早就偏出十萬八千里了。因此，在很多電腦算法裡，更希望以高階無窮小的速度接近 0。

從另一個層面來看，無窮大之間、無窮小之間的大小比較，其實是把「比大小」這個概念的含義拓展了。

❷ 無窮大和無窮小的計算

無窮大和無窮小不僅能比較，而且也能計算。有些計算結論是一目瞭然，例如無窮大和無窮大彼此相加、相乘，結果都是無窮大，而無窮小之間做加、減、乘，結果都是無窮小這比較好理解。但是，無窮大除以無窮大，無窮小除以無窮小等於多少呢？那就要看分子和分母上的無窮大或無窮小誰變化快了，

或者說它們誰的階更高了。我們以無窮小為例來說明。

我們知道，當 x 趨近於 0 時，$\sin x$ 和 $\sqrt{x}$ 都是無窮小，那麼 $\sin x/\sqrt{x}$ 等於什麼呢？

如果在過去，我們認為 0 不能是分母，因此在 0 附近這個除法沒有意義。現在我們有了極限的概念，我們只須對比一下 $\sin x$ 和 $\sqrt{x}$ 哪個趨近於 0 更快，就能得到比值了。我們知道 $\sin x$ 相比 $\sqrt{x}$ 是高階無窮小，因此，當 $\sin x$ 已經比較接近於 0 時，$\sqrt{x}$ 相對來講「還差得遠」，於是這個比值是 0。我們用表 5.3 中的數據，也很容易驗證這一點。

如果反過來，要計算 $\sqrt{x}/\sin x$，這個比值就是無窮大，因為分母已經很接近 0 了，分子還是一個相對大的數字。

對於無窮大的除法，情況也是類似。例如，當 x 趨近於無窮大時，$\lg x/\sqrt{x}$ 的分子分母都趨近於無窮大，但是分母趨近的速度更快，於是這個比值就是 0。當然如果將分子和分母互換，它的比值就是無窮大。如果我們計算 $10000x/x^2$，你會發現，這兩個無窮大的比值等於 0，這說明再多個（10000 個）低階的無窮大（$O(x)$），也比不過一個高階的無窮大（$O(x^2)$）。

如果一個無窮大乘以一個無窮小，會是什麼結果呢？它可以是一個常數，也可以是 0，或者無窮大，就看它們誰的階數更高了。

我們在前面講芝諾悖論二時提到，對於那個比值 $r=0.1$ 的等比數列中，無窮多個無窮小相加，結果是有限的，就是這個道理。因為不斷變小的等比數列，最後會形成一個高階無窮小。當然，有了對無窮小嚴格的定義，我們可以非常嚴格地證明等比級數 $S=1+0.1+0.01+0.001+\cdots$ 是收斂的。

我們只要構造這樣一個序列：

$u_1=0.1^0/(1-0.1)$，

$u_2=0.1^1/(1-0.1)$，

　$\vdots$

$u_n=0.1^{n-1}/(1-0.1)$，

$\vdots$

接下來我們計算相鄰兩個元素的差：

$u_1 - u_2 = 1$，

$u_2 - u_3 = 0.1$，

$u_3 - u_4 = 0.1^2$，

$\vdots$

$u_n - u_{n+1} = 0.1^n$，

$\vdots$

我們把等式兩邊分別相加，就得到：

$u_1 - u_{n+1} = 1 + 0.1 + 0.01 + 0.001 + \cdots + 0.1^n$，

顯然這個序列是遞增的，但是它小於 u_1。當 n 趨近於無窮大時，$S = u_1 - u_{n+1}$。我們從 u_{n+1} 的定義可以看出，它此時是無窮小，趨近於 0。於是就有 $S = u_1 = \dfrac{1}{0.9} = \dfrac{10}{9}$。

有了無窮小和極限的概念，我們就能回答一個問題，無限循環小數 $0.999999\cdots$ 到底等不等於 1？這是我的一個學生問我的，我想很多人其實也有這個疑問，就是前者是否只是不斷逼近 1，而不能等於 1？這個問題就涉及實數的公理化體系了，這部分內容我們放到微積分的公理化過程裡講述。大家在這裡記住一個結論，就是 $0.999999\cdots = 1$，而不僅僅是趨近於 1。關於這個結論的嚴格證明，我們會在後面的章節中給出。

本節思考題

能否找一個比指數函數增長更快的函數？

═══ **本章小結** ═══

在古希臘，主人和奴隸都必須學習，前者是主動學習知識，後者是被動學習技能。在大學裡，老師講無窮大和無窮小時，總是會找一些虛構的例子，一般不會和生活聯繫起來，更不會用上面我提到的買得起或買不起房子的例子來做說明。這樣一來，數學就會顯得非常高冷，以至於大家不知道為什麼學數學。漸漸地，大家在學習數學時就變成了被動地學習，只滿足於會做練習題，這樣其實就把自己當成了古希臘的奴隸。相反地，如果把自己當作主人來學習數學，學到後來掌握的就不僅是各種數學的知識，而是各種思維方法和解決問題的工具。這樣數學學得越多，就會對趨勢的認識越深刻、越有感覺。

═══ **結束語** ═══

透過數字篇，我們基本了解了人類對於數字的認識的整個過程，從這個過程可以看出人類思維進步的軌跡。

最初，人們是透過自然數、整數、有理數、實數、複數來一步步認識數字，但這只是認知提升的一個維度。對於數字認知提升的另一個維度則是從有限上升到無限。

在這個維度上，數字從一個表述數量資訊的記號，提升為描述變化趨勢的工具。這裡最有代表性的成就就是維爾斯特拉斯關於極限概念 $\varepsilon-\varDelta$ 的表述，以及戴德金對實數公理化的構建。他們都以動態的眼光看待原本孤立的數字，這種方法論極大地提高了人類的認知水準。

最後還必須回答的問題是，像實數是否連續，或者 $0.99999\cdots$ 是否等於 1 這樣的問題，答案似乎是很顯然的，為什麼還要繞這麼一個大圈子嚴格地證明它們？這其實和歐基里德利用幾條公理構建幾何學大廈的初衷一樣，就是要將數學建立在最少的假設和最嚴密的邏輯之上。除了那些無法進一步簡化的假設（即公理），剩下的那些內容哪怕是我們在生活中天天驗證的常識，也必須經

過嚴格的證明，才能成為數學的一部分。

人類建立起的第一個公理化的數學分支是幾何學，接下來就讓我們看看它是如何建立起來的，以及公理化的數學體系又有什麼特點。

幾何篇

幾何學被很多人認為是最困難的數學分支，但它卻是最早發展起來的數學分支。它的出現僅晚於算術，比代數學早了上千年。今天存世最早的幾何書是古埃及的《萊因德紙草書》（*Rhind Papyrus*），它成書於西元前一六五〇年前後。不過該書的作者聲稱，書中的內容是抄自古埃及另一本更早的書，那本書寫於西元前一八六〇～前一八一四年。這樣算下來，世界上最早的幾何學文獻應該在三千八百年之前，這甚至比殷墟甲骨文的歷史都長。相比之下，代數學到了古希臘時期才基本定型下來。

在人類的早期文明中，肯定有很多算術解決不了的問題，怎麼辦呢？說起來很有意思，那時的人們會用幾何學的方法解決本該屬於代數學的問題。今天我們學了代數和幾何之後，會發現代數相對容易，幾何要難不少，因此傾向於用較簡單的代數工具解決幾何問題，笛卡兒發明的解析幾何，就是這個目的。那麼，為什麼古代人類要繞路走呢？這是因為早期人類在生產和生活上太需要幾何學的知識了，幾何學得以優先發展了起來。

基礎幾何學：
公理化體系的建立

小學生們最早接觸到的幾何知識，就是計算各種圖形的邊長和面積。人類最初發展幾何學也是從這裡開始。英語中幾何一詞「geometry」源於希臘語，它是由土地（geo）字根和丈量（metry）一詞組合而成。顧名思義，幾何源於對土地的丈量。當然，幾何學傳到古希臘已經是很晚的事了，丈量土地的傳統源於更早的古埃及文明。要了解幾何學的起源，就要從六千年前的古埃及文明講起。

6.1 幾何學的起源：為什麼幾何學是數學最古老的分支？

❶ 古埃及人對於幾何學的感性認識

　　雖然說古代的農耕文明多源於大河地區，但是尼羅河和中國的黃河、長江有很大的不同。尼羅河不是驚濤澎湃掀起萬丈狂瀾，而是靜靜地流過古埃及的北部，形成一大片平緩的三角洲。尼羅河的洪水雖然每年氾濫，但不是像黃河決堤一樣肆虐周圍的土地，而是為淹過的土地帶來了肥料。從大約西元前六〇〇〇千年開始，尼羅河下游就有了定居的農民，他們每年在尼羅河洪水淹過的土地上耕種，並且有相當不錯的收穫。在隨後長達幾千年的時間裡，當地人一直如此耕作，農業的出現和發展是文明的基礎。

　　在早期農耕年代，要實現有效的農業耕種，必須解決兩大難題。一個是什麼時間播種和收穫——播種早了，莊稼出苗率就低，而晚了就要誤農時，當然收穫的時間也很重要；另一個則是在哪裡種植——既不能離河床太近，以免漲潮時河水淹沒農田，也不能太遠，否則土壤的肥力就不夠了。在今天看來，這兩件事是再容易不過的了。在農時方面，我們可以用節氣指導農業生產，例如在春分前後播種，到夏至左右收穫就可以了。至於洪水漲落的邊界，記下十二個月漲落的邊界變化就可以了。但是在古埃及時期，做到這兩件事並不容易，因為那時根本沒有準確的計時方法，人們無法透過身體感受體會一年四季具體的時間。至於確定洪水漲落的邊界，沒有測量方法和工具，其實是做不到的。解決這兩件事情都必須用到幾何學的知識。

　　先說說如何確定每一年開始的基準時間。我們今天習慣於把 1 月 1 日 0 時 0 分作為這一年的基準時間，但是直接測定這個時間對古代的人來講很困難。因此，設定一個基準時間比較確實可行的辦法，就是測定一下地球轉到了太陽的什麼位置。由於地球的軌道基本上是一個圓，要了解當前的位置，就要再有一個參照點才行。具體講就是在天空中，找到一個和太陽位置相對固定且

容易觀察到的恆星。在天空中，除了太陽，最亮的恆星是天狼星，它距離我們大約是 8.6 光年，亮度高達 −1.46 視星等（apparent magnitude）[5]，它的位置相對太陽變化很小。其他更亮的天體，包括月亮、木星和金星，都是不斷「漂移」的，無法做參照點。

我們把地球、太陽和天狼星相對的位置畫在了圖 6.1。

從圖 6.1 可以看出，由於地球圍繞太陽旋轉，當地球轉到不同位置時，看到的天狼星和太陽的夾角是不同的。根據此夾角就可以判斷地球相對太陽的位置，即一年中的時間了。於是，他們就把太陽和天狼星同時升起（也就是地球、太陽和天狼星大致連成一線）的那個時間作為開始，等

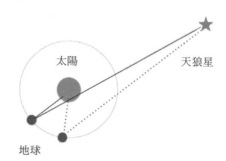

圖 6.1 古埃及人透過地球、太陽和天狼星相對角度，確定地球上一年中的時間。

到地球圍繞太陽運行一週又轉回到起始位置時，即地球、太陽和天狼星又連成了一線時，作為一個地球年。古埃及人就這樣把測定一年基準時間的問題，變成了一道幾何題。

由於地球公轉一週並非完整的 365 天，而是多出了大約 1/4 天，因此地球、太陽和天狼星又連成一條線時，大約是中午 12 點鐘，看不到天狼星。那麼，人們什麼時候才能再次看到天狼星和太陽一同升起呢？是 1461 天之後，也就是四年之後。由於古埃及沒有閏年，它無法每四年校正一天，這樣 1460

5　視星等是對天空恆星亮度的衡量方法。最早是由古希臘天文學家希帕恰斯（Hipparkhos）制定，他把自己編製的星表中的 1022 顆恆星按照亮度劃分為 6 個等級，即 1 等星到 6 等星。今天準確的視星等是英國天文學家諾曼‧普森（Norman Pogson）所制定，以織女星為 0 等，每一等之間亮度大約相差 2.5 倍，並引入了「負視星等」的概念，數值越小，亮度越高，反之越暗。

年下來，就會差出整整一年。對此，古埃及人自有辦法，他們乾脆以 1461 個太陽年（每年固定為 365 天）為一個大週期，稱之為一個天狼星年。這樣他們的一個天狼星年，就相當於我們透過閏年校正後的 1460 年。然後，古埃及人就按照天狼星年的週期，編製了一個八萬多年的大曆法，有了這個曆法，什麼時候播種、什麼時候收穫就清楚了。

在解決在哪裡種植的問題上，古埃及人也廣泛運用了幾何學的知識。每年尼羅河洪水氾濫時會暫時淹沒全部耕地，洪水退後大家就要重新丈量居民的耕地面積。由於這種需求，古埃及人逐漸積累起來測地知識，以及面積和體積的計算方法。經過上千年的發展，古埃及人掌握了很多幾何學的知識，並且對幾何學從懵懂的感性認識提升到量化的感性認識。古埃及人發現了各種面積以及很多複雜幾何體體積的計算公式，他們還知曉了圓周率的存在，並且對其做出了 3.16 的估算。這也是幾何學起源的第一個階段。

幾何學的發展也推動了古埃及大規模的城市建設，尤其是大金字塔的建造。在修建古夫金字塔（Pyramid of Khufu）的年代（距今大約四千六百年），他們就知道了勾股定理、黃金分割，並且在設計金字塔尺寸時，將這些幾何關係應用在了大金字塔的尺寸，以展現他們的幾何學成就。至此，幾何學發展的第一個階段告一段落。

❷ 美索不達米亞人對幾何學發展的貢獻

幾何學發展的第二個階段和第一個階段幾乎是平行的，就是美索不達米亞人發明了量化的角度度量。我們知道平面幾何須度量的最主要對象，一個是長度，另一個就是角度。前者比較直觀容易，後者比較困難。美索不達米亞人對幾何學最大的貢獻在於發明了量化度量角度的方法，就是我們今天 360° 的原則和角度上的 60 進位。

美索不達米亞人對幾何學的研究，也源於占星或天文學研究的目的。占星在早期可不是算個人運勢的，而是和農業生產有關。星空不同位置和地球上一

年那些特定的時間有著一一對應的關係,而在地球上每一年特定的時間裡,植物和動物都會處於類似的生長繁衍階段,因此美索不達米亞人就把天上星星的位置和地上發生的事情聯繫了起來。美索不達米亞人發現天上有兩種星星:一種似乎固定不動,就是恆星;另一種位置卻是不斷變化的,就是金、木、水、火、土五大行星,因此他們為這幾顆星星取了一個名字,叫作漂移的星,這就是行星名稱的由來。他們和古代中國人一樣,試圖用這些星星相互的位置解釋地面上的事。當然,我們今天知道這種事迷信的成分居多。

既然要占星,就要標記星星的位置,美索不達米亞人就是出於這個目的發明了角度制。早在蘇美人統治時期,他們就發現每個月看到的星空會有 1/12 的差異,於是他們就把天空分成了 12 份,每一份用一個具代表性的星座表示,這就是今天 12 星座的由來。由於一個月大約有 30 天,後來的古巴比倫人就把一年看到的天空,又分為了 360 份（$12 \times 30 = 360$）,每一份就是今天說的 1 度角。我們今天學習幾何學時可能都會有一個疑問,一個圓為什麼有 360°,而不簡單定義為 100°,原因就是美索不達米亞早期的幾何學。當然,如果以 360° 作為進位的基本單位太大、太複雜,於是他們選用了它的 1/6,即 60 為進位單位。60 這個數字在數學上來說特別「漂亮」,因為它可以同時被 2、3、4、5、6、10、12、15、20、30 和 60 整除,因此使用很方便。60 進制也就這樣產生了。

美索不達米亞人在幾何學有很高的成就,他們不僅掌握了許多幾何圖形面積的計算方法,而且還了解許多三角形的性質,例如角平分線的性質、等腰三角形頂點垂線平分底邊、相似直角三角形的對應邊成比例等等。須特別指出的是,他們還觀察到了勾股數的現象,並記錄下很多組的勾股數,其中最大的一組勾股數是（18541,12709,13500）,發現這麼大的一組勾股數非常不容易。當然知道了勾股定理就有可能利用它計算一個數的根號,古巴比倫人也做到了,他們算出 $\sqrt{2}$ 大約是 1.41。此外,古巴比倫人還給出了一些角度的三角函數值。

❸ 幾何學知識的傳播

不過必須指出的是，儘管古埃及和美索不達米亞文明積累了很多幾何學知識，能夠進行量化的角度度量，但是他們的幾何學依然不成體系，有許多前科學或純粹經驗的味道。幾何學知識體系的形成，要感謝後來兩個善於經商的民族，他們是隨後要講到的閃族人（Semites）和古希臘人。當然，在此之前古老文明所獲得的幾何學知識必須傳播出去，這就進入了幾何學發展的第三個階段——記錄所發現的規律，傳播知識，然後形成體系。

今天存世最早的幾何書是我們前面提到的古埃及的《萊因德紙草書》，其實除此之外，古埃及還留下了不少記錄在紙莎草紙上的幾何學知識，這些知識後來逐漸滲透到地中海的東岸地區。不過，在傳播幾何學知識上，記錄在美索不達米亞出土泥板上的內容更豐富，也更容易傳播，因為那些泥板比紙莎草紙便宜得多。今天，考古學家在美索不達米亞地區發現了三百多塊記載了他們幾何學成就的泥板，當然有些遺失和毀壞了。美索不達米亞幾何學知識（以及其他的科學成就）的廣泛傳播更要感謝一個特別喜歡外出經商的民族——閃族人。

閃族人是今天猶太人和阿拉伯人的祖先。閃族人的一支腓尼基人在地中海沿海和很多島嶼建立了殖民地，走到哪裡，便把科學和文化傳播到哪裡，他們還發明了簡單的拼音書寫系統，那是後來希臘文和拉丁文的前身。直到畢達哥拉斯時代，美索不達米亞人和腓尼基人建立的殖民城市的科學和藝術水準都要遠高於希臘諸島和本土。各地的人們都到那裡學習數學、天文、科學和藝術，畢達哥拉斯也是留學生的一員。後來，幾何學傳到了古希臘文明圈之後，就在那裡被發揚光大，並形成了體系。在畢達哥拉斯學派的手中，幾何學從一種實用性的數學測量和計算工具，逐漸成為單純基於邏輯推理的數學分支。到了西元前四世紀～前三世紀，古希臘數學家歐基里德等人完成了對幾何學公理化體系的構建，並且寫成了《幾何原本》（*Elements*）一書。此時，距離古埃及人在尼羅河下游進行土地丈量的時期，已經超過三千年了。

　　為什麼是古希臘人，而不是更早的蘇美人或古巴比倫人完成幾何學公理化體系的構建呢？一般認為有兩個主要的原因。首先，古希臘人對物質生活要求很低，他們把大部分時間用於了理性的思考和辯論，這讓他們能夠從知識中抽象出概念，然後形成體系；其次，古希臘沒有強權的政治，在自由民之中，有著自由的空氣和獨立思考的傳統，這讓學者可以自由思考。我們前面介紹芝諾悖論時曾經講到過，在古希臘，芝諾這樣胡攪蠻纏的知識分子能夠存在，而且大家還尊重他的詭辯，這在其他早期文明很少看到。在一個專制的王權社會，可以發展出知識、培養出技能，但是很難完成需要很多創造力的事。這就是為什麼缺乏自由的奴隸，建造不出複雜宏大的金字塔的原因。金字塔的建立，是一個複雜而龐大的系統工程，它需要人的創造力。相比金字塔，構建幾何學公理體系所需的創造力更多，只有享受足夠的自由，才能完成這件事。也正是這個原因，今天的大學教授都不用定點打卡上班，因為自由是科學進步的必要條件。同樣地，帶著自由民的心態學習，和單純為了謀生學習，其收穫是完全不同的。

　　幾何學初期三千多年的發展過程，其實也對應著我們學習幾何學的過程。在幼兒園的時候，我們會學習認識各種幾何圖形；到了小學，會學習周長和面積的計算、角度的測量等。但是這些都是孤立的知識和經驗，一名小學生很難將角度和圓弧的長度連結思考。這些對應於幾何學發展的前兩個階段。到了國中，我們會學習幾何學的公理、定理和推論，對應的是幾何學發展的第三個階段。在這個階段，我們是有體系地學習幾何學。也就是說，人類花了千年才走過的幾何學認知歷程，我們現在只需十年左右的時間就能學完，這要感謝前人把幾何學變成了一門系統性、公理化的知識體系，才讓我們能以非常快的速度進步。

古埃及人將時間和天體的位置對應起來,你是否能想到一個例子,將地球上的位置和時間對應起來?

6.2 公理化體系:幾何學的系統理論從何而來?

說到對幾何學貢獻最大的人,大家首先會想到歐基里德。他在兩千多年前寫成的《幾何原本》,至今依然有不少人將它作為數學教材使用,其完整性和嚴密性令人歎為觀止。更為重要的是,歐基里德把零散的幾何學知識以公理化系統統一,完成了對幾何學公理化體系的構建,這件事情在數學的發展過程中意義巨大。可以說,歐基里德完全超越了古代文明時期所有的數學家。接下來我們以一個實例,說明構建數學體系的重要性,以及給後人所帶來的便利性。

❶ 幾何學公理化體系的創立

中國雖然在數學上對世界有不少貢獻,也曾經出過很多優秀的數學家,但這些數學家幾乎無一例外都是偶然產生的,有很大的隨意性。比如中國五世紀(南朝)時的數學家祖沖之,就將圓周率估算到了小數點後 7 位,但在此後的一千多年裡,在清代數學家李善蘭等人翻譯《幾何原本》的全文之前,中國再沒有出現過程度相當的數學家了。類似地,同時期阿拉伯學者的水準,也未必能超過他們一千年前的祖先花剌子密。當然,大家可以說祖沖之的方法失傳了,不過失傳本身就映射出一個問題,那就是那些學問很難學。這樣的情況在世界文明史上不勝枚舉,後人經常不如前人,這使得許多研究都不得不一遍遍從頭再來,導致了科學研究在上千年的時間裡原地踏步。

但是,《幾何原本》傳入中國之後,中國數學的面貌就大為改觀了。例

如，當時很年輕的曾紀鴻（曾國藩的小兒子）在李善蘭的指導下，自己拿著這本書和入門的代數書學習之後，很快成為了數學大家，並一口氣將圓周率推算出了 200 位。

從祖沖之到曾紀鴻這一千四百多年的時間裡，中國並非沒有人學習數學和研究數學，而是缺乏系統性的學習，才使得數學無法在原有體系之上往前發展。

為什麼數學一旦形成公理化的體系就能夠被快速掌握並得以快速發展呢？簡單地講，再難的數學題都可以透過一個個定理，不斷地被拆解成一些比較簡單的問題，並最終被拆解為幾個基本的公理，只要把那些小問題解決了，難題就解決了。因此，掌握了這樣一些基本方法，不僅各種應用難題都可以得到解決，而且在原有公理和定理基礎之上，還可能再增加新的定理，整個知識體系就擴大了。

具體到幾何學，它就是建立在下面五條一般性公理（也被稱為「一般性概念」）和五條幾何學公理（也被稱為「公設」）之上。其中五條一般性的公理分別是：

（1）如果 $a=b$，$b=c$，那麼 $a=c$；

（2）如果 $a=b$，$c=d$，那麼 $a+c=b+d$；

（3）如果 $a=b$，$c=d$，那麼 $a-c=b-d$；

（4）彼此能重合的物體（圖形）是全等的；

（5）整體大於部分。

這些一般性的公理，大家可能會覺得都是大白話。但是在數學上，什麼事情都不能想當然，都要有根據。如果一個結論實在找不到根據，又符合事實，而且將來要不斷地使用，就只能稱之為公理了。當然，如果是能夠從其他公理推導出來的結論就不是公理，而是定理了。

對於幾何學來講，除了一般性公理，還需要一些和幾何相關的公理（即幾何學公理），歐基里德給出了這樣五條幾何學公理：

（1）由任意一點到另外任意一點可以畫直線（直線公理）；

（2）一條有限直線可以繼續延長；

（3）以任意點為心，以任意的距離（半徑）可以畫圓（圓公理）；

（4）凡直角都彼此相等（垂直公理）；

（5）過直線外的一個點，可以做一條而且僅可以做一條該直線的平行線（平行公理）。

這五條公理讀起來也是大白話，其中第五條是英國數學家萊昂・波雷費（Lyon Playfair）根據它原來的含義重新表述後的表達。歐基里德原來的描述非常長，而且非常費解。對於前四條，數學家們都沒有異議，對於第五條，由於不直觀，而且在幾何學上必須使用它的時間相對較晚，一直有人懷疑它的獨立性，直到十九世紀才由義大利數學家貝爾特拉米（Eugenio Beltrami）證明了它獨立於前四條幾何公理。

有了五條一般性公理和五條幾何學公理，歐基里德又定義了一些基本的幾何學概念，例如點、線、夾角等，在這些基礎之上，他把當時所知的所有幾何學知識都裝進了一個極為嚴密的知識體系。歐基里德構建公理化幾何學的過程大致如下：

首先，遇到一個具體問題，要做相應的定義，例如什麼是夾角，什麼是圓；

其次，從定義和公理出發，得到相關的定理；

最後，再定義更多的概念，用公理和定理推導出更多的定理。

這樣層層遞進，幾何學大廈就一點點建成了。在構建幾何學的公理化體系中，邏輯是從一個結論通向另一個結論唯一的通道。

❷ 幾何學公理化體系的運用和優勢

為了理解這個思路，我們看兩個簡單的例子。

例 6.1：證明對頂角相等。

假定 l_1（即 AB）和 l_2（即 CD）是兩條直線，它們相交於 O 點，∠1 和 ∠2 被稱為對頂角（這句話其實是對頂角的定義），那麼 ∠1 = ∠2（即要證明的結論）。見圖 6.2。

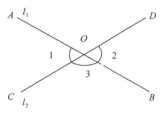

圖 6.2　由兩條直線相交得到的對頂角相等。

為了證明這個定理，我們先要證明一個引理：所有直線的對應角都相等，也就是我們所說的 180°。大家看到這個引理可能會說，這不是顯而易見的嗎？在幾何學中，除了公理之外，沒有顯而易見的規律，所有的表述（statements）都必須證明。

怎麼證明這個引理呢？我們只能從定義和公理出發。我們要用到兩個定義，即垂直的定義，以及直角的定義。垂直的定義是這麼說的，當一條直線 l 和另一條直線 m 相交後，左右兩邊的夾角相等，

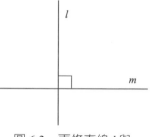

圖 6.3　兩條直線 l 與 m 垂直。

則稱 m 和 l 垂直，如圖 6.3 所示。在圖 6.3 中，l 和 m 相交後，左右兩個角都相等，於是 m 和 l 垂直。

那麼直角又是怎麼定義的呢？如果直線 l 和 m 垂直，那麼夾角就是直角。

從這兩個定義我們可以得到下面的結論：一條直線自身的角度，等於左右兩個直角相加，這是顯而易見的。

接下來我們就要用到垂直公理了。因為任何直角都相等（都是 90°），而任何一條線對應的角是兩個直角相加，於是，所有直線對應的角都相等（當然，嚴格地講，我們還須運用一次一般性公理的第二條，才能得到上述結論）。

有了這個引理，我們就可以證明對頂角相等了。

我們先看圖 6.2 中直線 l_1，這條直線對應的角是 ∠1 和 ∠3 兩個角相加得

到，至於直線 l_2 所對應的角，也是兩個角相加，即∠2＋∠3。

這時我們就可以利用前面證明的引理了，由於任何直線對應的角都相等，因此∠1＋∠3＝∠2＋∠3。

再接下來，我們利用一般性公理第三條，在等式的兩邊都減去一個相等的量∠3，它們依然相等。於是就得出結論：∠1＝∠2。

至此，對頂角相等的結論才算證明完成，也就成了一條定理。

為了方便大家理解整個證明過程的邏輯，我們把這個過程中用到的定義和公理，以及它們的前後依賴性，總結成圖 6.4 這張流程圖。

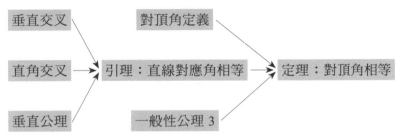

圖 6.4　證明對頂角相等所要用到的定義、公理和引理。

看到上述證明過程，大家可能會覺得很繁瑣。有人會想，為什麼不直接用量角器量一量∠1 和∠2 呢？這樣就可以知道它們是否相等了。正如我們在前面介紹勾股定理時所講的，這樣得到的結論不是數學的結論，最多算是實驗科學的結論。

在證明對頂角相等時，我們只用到了定義和幾個基本的公理，沒有加入任何主觀的假設，也沒有用到公理之外的任何工具，例如某個看似正確的客觀假設。即使對於「凡直線對應的角都相等」這樣直觀的結論，也是經過了嚴格證明，這樣我們才敢說得到的定理是正確的、普適的。

在證明上述定理的過程中，我們借助了一些和問題並不直接相關的媒介。在證明引理時，我用了一條垂線，它在幾何學被稱為輔助線；在證明定理時，我用了一個輔助角（∠3）。它們都是為了證明結論而虛構出來的內容，但是

這些虛構的內容對於證明結論不僅有幫助，而且必不可少。它們的作用就如同我們在前面講到的虛數這類工具一樣，看似是無中生有，而且用完之後本身也就消失了，但是在證明（或演算）的過程卻非常重要。只有理解了這樣的輔助工具和所要解決的具體問題之間的關係，才能精通數學。

接下來，我們再證明一個定理：內錯角相等。當然，在證明這個定理之前，須先證明另一個定理：同位角相等。這個定理的證明不是很直觀，我們就省略了。至於同位角和內錯角的定義，看一下圖 6.5，就很容易理解了。

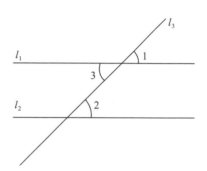

圖 6.5　同位角與內錯角。

在圖 6.5 中，l_1 和 l_2 是兩條平行線，l_3 和它們相交，$\angle 1$ 和 $\angle 2$ 被稱為同位角，而 $\angle 2$ 和 $\angle 3$ 則被稱為內錯角。

例 6.2：證明內錯角相等。

已知 l_1 和 l_2 是兩條平行線，l_3 和它們相交，$\angle 2$ 和 $\angle 3$ 是內錯角，則 $\angle 2 = \angle 3$。

現在我們有了「對頂角相等」，以及「同位角相等」這兩個定理，就可以證明上述定理了。

我們先從第一個定理（對頂角相等）出發，得到 $\angle 1 = \angle 3$；再從第二個定理（同位角相等）出發，得到 $\angle 1 = \angle 2$。然後，我們應用一般性公理中的第一條，得到 $\angle 2 = \angle 3$ 這個結論。

這樣我們就又證明了一個定理：內錯角相等。

透過上面兩個例子，我們可以看出幾何學是如何一步步搭建起來，越到後來它的結論越複雜，但是再複雜的結論都可以溯源回簡單的定義和公理。這種從簡單到複雜，一步步構建起一個知識體系，再用知識體系的知識解決具體問題的做法，雖然沒有古代東方文明直接解決具體問題的做法來得直接，但是有

後者所不具備的優勢。前者不僅能夠在各種問題之間形成很強的關聯性，進而將複雜的問題拆解為簡單、已經有答案的問題，而且便於後人學習。任何人只要運用邏輯推理，就能夠先易後難地學會整個體系的知識。相比之下，古代東方文明雖然發現了不少數學知識，但是由於問題和問題之間沒有太強的邏輯關聯，那些知識無法形成體系。因此當遇到新問題時，就很難用已有的知識解決。

❸ 幾何學公理化體系的意義

在幾何學的發展過程中，除了歐基里德，他之前的數學家恩諾皮德斯（Oenopides）也有很大的貢獻。恩諾皮德斯明確指出了一般性問題和定理的區別。雖然我們在做幾何題時，證明一個一般性的結論和證明一個定理的難度可能差不多，但是解決一般性問題對體系建立的幫助並不大。定理則不同，它們是搭建體系的基石。分清了定理和一般性問題的差別，幾何學才走向了正軌。

數學的通識教育，就是教會我們改掉自身固有的直觀思維的習慣，學會利用邏輯推理，從確定無誤的現有知識出發，解決未知的問題，或者發現前人沒有發現的結論。而我們今天的發現，又會成為後人繼續進步的基石。在所有數學分支中，幾何學是第一個完成公理化的分支，而且相比其他公理化的數學分支，如實數理論、集合論、機率論等，幾何學相對更直觀一些。因此，我們才會在中學教授幾何學，這樣有助於我們理解任何一個公理化的體系，以後做事能事半功倍。事實上，現代許多學科，包括人文學科，都受益於這種公理化體系。

最後，我來分享兩點我學習幾何學的體會。

首先，明確定理和一般性問題的區別，透過定理，把握整個知識體系，同時要在腦中形成各個定理之間的關係導圖。如此一來，遇到新的問題，就知道該將問題拆解為怎樣的簡單問題，從而可以逐一解決。否則，做再多的題目，

遇到新問題，照樣會不知所措。

其次，在任何時候，除了客觀的、被驗證了的，或者不證自明的道理（也就是公理），其他的陳述，哪怕看起來是正確的，也不能在沒有被證明的情況下使用。在幾何學中，沒有什麼「顯然」，一切結論都須有根有據。我們解題時，不能引入主觀的假設。我們常說，未經審視的人生沒有價值，其實未經邏輯檢驗的結論，也是靠不住的。很多人在證明幾何題時，自認為證明的過程沒有問題，但是裡面有太多想當然的成分，這樣的證明便站不住腳。就拿前面的例 6.1 來說，很多人會想當然地認為，任何直線對應的角必然相等，其實這是他們的直覺，雖然正確，卻不能直接使用，必須經過嚴格的證明才可以。

本節思考題

其他知識體系是否有可能建立在公理基礎之上？

本章小結

雖然幾何學源於農業生產、城市建築以及觀測天象的需要，並且最初是對一些經驗的總結，但是它很快地發展成了一門依靠邏輯推理、建立在純粹理性之上的學科。幾何學的基礎是少量不證自明的公理，它所有的結論都是這些簡單公理自然演繹的結果。幾何學構建和推理的思想，不僅對於數學有重大意義，對於其他學科也具有借鑑意義。它為人類提供了一種基於純粹理性的知識體系樣本。

幾何學的發展：
開創不同數學分支融合的先河

歐基里德創立的幾何學公理體系並不是唯一公理化的數學分支，我們後面會講到，實分析（real analysis，也就是微積分）、機率論、集合論等，都可以透過設立幾條公理，然後以此基礎建立完整的學科體系。因此，在數學上就有一個很重要的問題須回答，那就是公理從何而來，我們是否能夠相信這些公理？

7.1 非歐幾何：換一條公理，幾何學會崩塌嗎？

我們國中學的幾何學，建立在歐基里德創立的幾何學公理體系之上，因此被稱為歐基里德幾何（Euclidean geometry），簡稱歐氏幾何。

在歐氏幾何中，五條一般性公理很直觀，大家都沒有疑問。對於五條幾何學公理的前四條，大家也都沒有疑問。但是，對於第五條，也就是平行公理，一些數學家就產生了疑問，懷疑它是否該是一個定理，而非公理。他們之所以這麼想有兩個原因：首先，這個公理在《幾何原本》比較後面的內容才用到，以至於很多人考慮，若是沒有它，幾何學公理體系是否也能搭建起來？其次，歐基里德對這個公理的描述非常晦澀，讓它聽起來不像一個公理。

當然，後來數學家們發現幾何學似乎繞不開平行公理。不過，大家又開始從另一個角度思考這個問題——假如我們把平行公理修改一下，會得到什麼樣的結果？幾何學體系會崩塌嗎？

❶ 非歐幾何的由來

歐基里德對平行公理的描述非常晦澀難懂，他的原話是這樣寫的：「如果一條直線與兩條直線相交，在某一側的內角和小於兩直角和，那麼這兩條直線在不斷延伸後，會在內角和小於兩直角和的一側相交。」這段表述畫出來就是圖7.1 所示的內容。

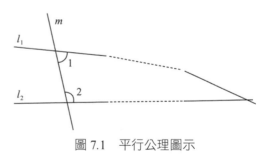

圖 7.1　平行公理圖示

在圖 7.1 中，$\angle 1 + \angle 2 < 180°$，因此 l_1 和 l_2 最終會相交，這就是幾何學公理第五條的含義。當然，如果 $\angle 1 + \angle 2 > 180°$，和它們相鄰的兩個角相加就會小於 $180°$，於是 l_1 和 l_2 就會在反方向相交。如果 $\angle 1 + \angle 2 = 180°$，情況會

是什麼樣呢？根據幾何學公理第五條，l_1 和 l_2 永遠不會相交，因此它們就是平行線。如果承認這個公理，我們很容易得到一條結論，就是過某個直線外的一個點，只能做一條該直線的平行線。這也是幾何學公理第五條被稱為平行公理的原因。

從上面的描述可以看出，幾何學公理第五條真的不如其他四條公理那麼直接、易懂，因此有人懷疑它是否能夠從其他四條公理中推導出來，或者這個公理並不成立。

十九世紀初，俄羅斯數學家羅巴切夫斯基（Nikolai Lobachevsky）試圖在沒有幾何學公理第五條的前提下重構幾何學，也就是說他試圖證明幾何學公理第五條是個定理，能夠由其他公理推導出來。但是，他的嘗試失敗了。後來義大利數學家貝爾特拉米證明了平行公理和幾何學公理前四條一樣是獨立的。不過羅巴切夫斯基的工作並沒有白做，他發現如果讓幾何學不受幾何學公理第五條的限制，也就說，通過直線外的一個點，能夠做該直線的任意多條平行線，就會得到另一種幾何學系統。這種新的幾何學系統，後來被稱為羅巴切夫斯基幾何，簡稱羅氏幾何。這兩種幾何學採用的邏輯完全相同，不同的只是對幾何學公理第五條的表述，當然結果也就不同了。後來，著名數學家黎曼（Bernhard Riemann）又假定，經過直線外的一點，一條平行線也做不出來，於是又得到另一種幾何學系統——黎曼幾何。羅氏幾何和黎曼幾何也被統稱為非歐幾何（Non-Euclidean geometry）。

❷ 到底哪種幾何學才是正確的？

這三種幾何學哪種對，哪種錯呢？這就要看它們所依賴的公理是否正確了。根據我們的直覺，顯然歐基里德的想法是對的。因為在現實生活中，對任意直線和線外的一點，我們不可能做不出一條平行線，更不可能做出兩條。但是，數學並不是經驗科學，不能靠經驗和直覺。我們之所以覺得歐基里德的假設是對的，羅巴切夫斯基和黎曼的想法難以理解，是因為我們生活在一個「方

方正正」的世界裡。例如，我們看到一束光射向遠方，走的是直線；兩條鐵軌
筆直地向遠方延伸，不會相交。

但是，如果我們所生活的真實空間是扭曲的，我們以為的平面，實際上是
馬鞍形，也就是所謂的雙曲面，那麼羅巴切夫斯基就是正確的，因為過直線外
的一個點真的能夠做很多條這條直線的平行線，如圖 7.2 所示。

相反地，如果我們生活在一個橢球面上，過直線外的一個點，是一條平行
線也做不出來的。如圖 7.3 所示，如果想過 P 點做一條和直線 l 平行的線，無
論怎麼做，那條線最終都要在球的某一點上和直線 l 相交。

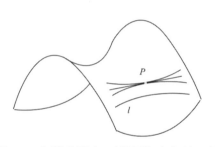

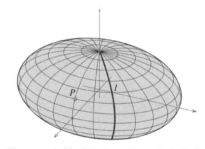

圖 7.2　在雙曲面上，過直線（l）外一個
點（P），可以做該直線的任意條平行線

圖 7.3　在橢球面上，過直線（l）外
一個點（P），無法做該直線的平行線

從上面的分析中可以看出，歐氏幾何、羅氏幾何以及黎曼幾何，在「方方
正正」的空間、雙曲面的空間和橢球的空間，分別都是正確的。可以證明，雖
然非歐幾何和歐式幾何在形式上很不相同，甚至給出的結論也不相同，卻是殊
途同歸。同一個命題，可以在這三種系統的框架內相互轉換，因此如果歐基里
德幾何是自洽的，非歐幾何也是如此。

當然，我們不能在一個幾何體系中把對同一公理的三種不同結論放到一
起，這違反了我們前面講到的矛盾律。如果硬要在能夠自洽的公理系統中，加
入一條會帶來矛盾的新公理，就會得到一系列荒唐的結論，當然也就不會建立
起任何知識體系。

例如，我們畫一個三角形，它的三個內角加起來等於 180°。這個結論對

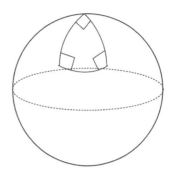

我們來講是常識。但是,我們很容易證實另一個結論,就是球面上三角形的三個內角之和大於 180°。以地球為例,我們只要從北極出發往正南走 100 公尺,再往正西走 100 公尺,最後往正北走 100 公尺,就回到了出發的原點,也就是北極點。我們走過的這個三角形,三個角之和為 270°,如圖 7.4 所示。類似地,在圖 7.2 的雙曲面上,我們可以證明三角形的三個內角之和小於 180°。

圖 7.4 球面上的三角形內角之和大於 180°

但是,如果我們把上述三個結論用在同一個三角形上,說它的內角之和既小於 180°,又等於 180°,還大於 180°,就違反了矛盾律。

為什麼數學家們要「吃飽了撐著」,構造出一些和我們生活直觀經驗不同、卻又互相等價的幾何學體系呢?要知道,歐基里德所確定的公理已經過了兩千多年的實踐檢驗,被證明很好用,而且它似乎對於數學和自然科學是足夠的。應該講,在羅巴切夫斯基和黎曼構建各自的幾何學體系時,他們並不知道自己建立的非歐幾何能有多少實際用途。在歷史上,真正的數學家常常像希爾伯特所形容的,思考的是純粹數學的問題,不問應用。後來的廣泛應用是由後來的科學家們所完成,而不是由最初建立理論的數學家想到的。羅巴切夫斯基的初衷,是看看能否從前四條幾何學公理推導出第五條公理,黎曼的初衷則是希望為那些涉及曲面的數學問題做一個簡單的表述而已。例如,在歐基里德空間中,一個球面的方程是 $x^2+y^2+z^2=25$,而在黎曼幾何的空間中,它就是 $r=5$ 這麼簡單。它們在本質上講的是同一件事,但是在形式上差異很大。

在黎曼幾何誕生之後的半個多世紀裡,並沒有太多實際的用途。後來真正讓它為世人知曉的並非是某個數學家的功勞,而要歸功於著名的物理學家愛因斯坦。根據愛因斯坦著名的廣義相對論,一個質量大的物體(如恆星),會使得周圍的時空彎曲,如圖 7.5 所示,而並不像牛頓力學所認為的時空是固定

的，所以，愛因斯坦在描述廣義相對論時採用了黎曼幾何這個數學工具。在廣義相對論表示在這樣的扭曲空間裡，光線的路徑不再是直線，而是曲線。

圖 7.5　地球的重力場讓周圍的時空彎曲

但是，愛因斯坦的這套理論對於生活在方正空間中的人來說，是很難理解的。不過，在一九一八年，當愛丁頓（Arthur Stanley Eddington）利用日食觀察星光，發現光線軌跡在太陽附近真的變成了曲線時，大家才開始認可愛因斯坦的理論。這件事也讓黎曼幾何成了理論物理學家們的常用工具。例如在過去三十年中，物理學家對超弦理論極度著迷，而黎曼幾何（以及由它衍生的共形幾何〔Conformal Geometry〕）則是這些理論的數學基礎。此外，黎曼幾何在電腦圖學和三維地圖繪製等領域也有廣泛的應用。特別是在電腦圖學中，今天電腦動畫的生成是離不開黎曼幾何的。

既然黎曼幾何在很多應用中證實了它的「正確」，而它的很多結論和歐基里德幾何又不相同（例如三角形三個角之和大於 180°），這是否說明歐基里德幾何錯了，或者說它是黎曼幾何的一個特例？就如同牛頓力學是相對論的一個特例？還真不能這麼說，因為在更廣義的幾何學中，歐氏幾何、黎曼幾何和羅氏幾何其實是不同條件下的特殊形式，它們彼此沒有包含關係。

❸ 三種幾何學系統帶來的啟示

今天，我們有了三個等價的幾何學工具，它們在不同場景下使用的方便程度不同。這就如同平口螺絲起子與十字螺絲起子，二者在功能上大同小異，但如果在某些必須使用十字起的地方換成了平口起，就無法得心應手。愛因斯坦的過人之處之一就在於他善於找到最稱手的數學工具。

這也正是數學通識教育的意義——理解數學作為工具的作用。所謂數學好，並不是能解出幾道難題，而是在於知道什麼時候使用何種數學工具最方便。

數學通識教育的意義還在於，能讓我們用一種理性眼光看待習以為常之事。很多概念在沒有明確定義清楚之前，大家彼此的認同其實會有偏差。例如我們常常說深顏色，並不覺得這個概念有什麼不清晰的地方，但是不同人理解的深顏色其實不同。在數學上，人們對於平面的認識也是如此。十九世紀末，數學家們發現，歐基里德在提出幾何公理時，忽略了一個問題，即他沒有定義什麼叫作平面。如果我們將滿足平行公理的面定義為平面，那麼歐氏幾何的基礎就更紮實了。如果我們將滿足黎曼提出的第五條公理的面定義為平面，得到的就是黎曼幾何，兩種系統就不會再有任何混淆之處了。

透過非歐幾何誕生的過程，我們能夠進一步理解公理的重要性。可以講有什麼樣的公理，就有什麼樣的結果，這就如同有什麼樣的 DNA 就會得到什麼樣的物種一樣。數學的美妙之處在於它的邏輯自洽性和系統之間的和諧性。黎曼等人修改了一條平行公理，因為改得合理，所以並沒有破壞幾何學大廈，反而演繹出新的數學工具。但是，如果胡亂修改其他的一條公理，例如更改垂直公理，幾何學大廈就崩塌了。

我想，了解這段歷史對我們思維上的啟發至少有兩點。

首先，這三種幾何系統 90% 的公理都是相同的，最後多了一條看似最無關緊要的公理。但是，由此之後發展出來的知識體系就完全不同了。我們在學習別人的經驗時，常常覺得自己已經學到了，但是做出來的東西就是不一樣。大部分時候，這種差異可能就來自於這 10% 的細節。我們總會滿足於 90% 的一致性，忽略了那一點差異，就導致了完全不同的結果。

不過，當我們基於新的假設，創造出一個和別人不同的東西時，除非假設很荒唐，否則那些與眾不同的東西或許在特定場合是有用的。李白講天生我才必有用，這是很有道理的。一個人不必刻意強求和別人的一致性。只要基本的

設定沒問題，每一個人活出自己的精采就是對社會的貢獻。

其次，數學是工具，而一類工具可能有很多種，它們彼此甚至是等價的。在不同的應用場景中，有的工具好用，有的用著很費勁，學數學的關鍵就是要學會知道在什麼情況下使用什麼工具。

接下來，我們就來看看用不同工具在解決同一個問題時，難度會有多大差別，效果會有多大的不同。

本節思考題

能否找一個例子，證明地球上某些城市之間沿曲線飛行距離比沿直線飛行距離來得短？

7.2 圓周率：數學工具的意義

在初等幾何學中，所有問題都可以歸結為兩種——和直線圖形有關的問題，以及和圓有關的問題。此外，任何關於角度的問題，其實也都和圓有關。因此，圓在歐基里德幾何占有重要的地位。

❶ 圓周率 π 發展的五個階段

人類對於圓的認識起源於何時，今天已經無法考證。不過，早在蘇美人統治美索不達米亞時期，他們就發明了輪子。由於圓是彎曲的，不是直線，因此無論是圓的周長或面積都不好計算。在各個早期文明中，人們發現了圓的周長和直徑是成比例的，這個比例和圓的大小無關，因此便有了圓周率，即圓的周長和直徑的比例這個概念。在很長的時間裡，各國數學家用不同的符號表示這個比例，有些人甚至用的是圓周長和半徑的比例，這樣非常不便於交流，因此到了十八世紀，數學家們統一採用了希臘字母「π」代表圓周率，這種習慣沿

用至今。

由於圓周彎曲的弧線和我們容易度量的直線很難找到對應關係，因此早期對圓周率這個比例的估算只能從經驗出發，或者說靠測量。例如在古埃及，人們將它近似為 22/7 ≈ 3 .1429，而古印度人則用了一個更複雜的分數 339/108 ≈ 3.1389 來表示。在其他的早期文明中，也都有關於圓周率估算及記載。但是，不同人測量的方法不同，得到的圓周率的值也各不相同。除了 22/7 這個比較簡單的估值曾經被多個文明採用外，各個文明測定的圓周率的值幾乎沒有相同的。在數學上，正確的答案只有一個，而帶有偏差的答案則可能有無數種。**透過經驗對圓周率進行估算，是人類計算圓周率值的第一個階段。**

在歐基里德建立起歐氏幾何後，人們發現圓周的長度介於它的內接多邊形和外切多邊形之間，並且可以透過增加多邊形邊的數量而不斷逼近，如圖 7.6 所示。這是人們第一次發現了靠數學推算，或者說靠理性而不是實驗，計算圓周率的方法。這時，**人類就進入估算圓周率的第二個歷史階段了**。著名數學家阿基米德就是用這種方法，以計算邊數非常多的內接多邊形和外切多邊形的邊長，給出了圓周率的範圍，即在 223/71 到 22/7 之間，大約在 3.1408 和 3.1429 之間，因此今天圓周率也被稱為阿基米德常數。大約西元一百五十年前後，著名天文學家克托勒密（Claudius Ptolemy）求出了當時最準確的圓周率估計值 3.1416。幾百年後，祖沖之將這個常數的精度擴展到小數點後 7 位，即 3.1415926～3.1415927。

圖 7.6　對圓周長度的估算隨著多邊形邊數的增加而越來越準確

十四世紀之後，代數的發展讓數學家們能夠解比較複雜的二次方程，於是阿拉伯和歐洲數學家們不斷增加內接和外切多邊形的邊數，圓周率估算的精度

也不斷提高。但是這個方法實在太複雜，例如一六三〇年奧地利天文學家克里斯多夫‧格林伯格（Christoph Grienberger）在將圓周率計算到小數點後面 38 位時，用了 10^{40} 個邊的多邊形。10^{40} 是一個巨大的數字，如果我們把地球上海洋裡的水都變成水滴，也只有這個數字的一億億分之一。可以想像，靠這種方式再想提高圓周率的精度難度有多大。事實上，直到今天格林伯格依然是利用內接和外切多邊形估算圓周率的世界紀錄保持者。這倒不是因為今天無法再增加多邊形的邊數，而是沒有必要，數學家們已經找到了更好的數學工具估算圓周率。具體地講，就是用我們前面提到的數列的方法。

利用數列，人類進入到估算圓周率的第三個階段。在這個階段，圓周率的計算被大大簡化了。一五九三年，法國數學家維達（François Viète）發現了一個計算公式：

$$\frac{2}{\pi} = \frac{\sqrt{2}}{2} \times \frac{\sqrt{2+\sqrt{2}}}{2} \times \frac{\sqrt{2+\sqrt{2+\sqrt{2}}}}{2} \times \cdots \qquad (7.1)$$

根據這個公式，我們可以直接計算圓周率 π。當然，可能有讀者朋友擔心這個連乘公式有無窮多項，會永遠乘不完。其實，連乘中的因子到後來趨近於 1，多乘一個、少乘一個只是影響估算 π 的精度而已。如果想要獲得更高的精度，只要多乘幾項就好了，這比計算近乎無數邊的多邊形容易多了。

當然，在沒有計算機時，開根號運算也不太容易。一六五五年，英國數學家沃利斯（John Wallis）發現了一個無須開根號計算 π 的公式：

$$\frac{\pi}{2} = \left(\frac{2}{1} \cdot \frac{2}{3}\right) \cdot \left(\frac{4}{3} \cdot \frac{4}{5}\right) \cdot \left(\frac{6}{5} \cdot \frac{6}{7}\right) \cdot \left(\frac{8}{7} \cdot \frac{8}{9}\right) \cdots \qquad (7.2)$$

利用這個公式，只要做一些簡單的乘除，就可以計算出 π。當然如果想算得比較精確，必須乘幾千幾萬次。

等到了牛頓和萊布尼茲發明了微積分，圓周率的計算就變得非常簡單了，**也就進入了圓周率估算的第四個階段了**。牛頓自己用三角函數的反函數做了一個小練習，輕易地將圓周率計算到小數點後 15 位。在此之後，很多數學家都

把計算圓周率當作練手工具，並且很輕鬆地將它估算出幾百位。這時，已經沒有人把將圓周率多計算出幾位當作什麼了不得的事情來看了，他們只是將它作為一種智力遊戲來玩。在歷史上，歐拉（Leohard Euler）等數學家留下了各種各樣數不勝數的含有 π 的計算公式，所有這些公式的推導都離不開微積分。

再往後，有了電腦，只要願意，一名大學生都可以輕易將圓周率計算出任意有限位，讓電腦不斷運行就可以了。**我們也可以將這視為估算圓周率的第五個階段**。不過，必須指出的是，今天用電腦計算 π 時，其算法仍然是基於微積分。例如二〇〇二年，電腦將 π 算到一兆位時，用的是下述公式，其推導也離不開微積分。

$$\frac{\pi}{4} = 44\arctan\frac{1}{57} + 7\arctan\frac{1}{239} - 12\arctan\frac{1}{682} + 24\arctan\frac{1}{12943} \qquad (7.3)$$

可以講，人類估算圓周率的歷史就是數學發展史的一個縮影。最先是從直覺和經驗出發估計圓周率，然後使用幾何的辦法估算它，當然幾何的方法比較複雜。後來人們終於找到了代數的方法、微積分的方法，這就使圓周率的估算簡單了很多。從這段歷史，我們可以看到數學作為工具的作用——要想把事情做得更好，就需要更強大的數學工具。

❷ 為什麼要計算圓周率？

了解了圓周率的發展史，人們不禁會產生兩個疑問：首先，人類為什麼幾千年來樂此不疲地計算圓周率呢？其次，它為什麼那麼難以計算？

我們先回答第一個問題。簡單地講，從數學理論到文明建設應用中的很多計算，都繞不過圓周率。圓周率不僅是幾何學的問題，也涉及天文學、工程學和很多其他的應用領域。這是由圓在數學、自然科學和工程上的特殊地位而決定。

圓有兩個特別好的性質。一是它在各個方向的對稱性，二是特別平滑。第一個性質讓我們可以以圓心為中心，建立坐標系。在這樣的坐標系中只有兩個

變數，一個是從中心看過去的角度，另一個是目標距離中心的距離。我們前面講到的把天空分為 12 份，就是以我們的眼睛為圓心建立坐標系來標示遠處目標的方法。第二個性質使得圓可以和任何由直線組成的幾何圖形，或者其他的圓平滑地連接，也就是幾何上說的相切。這個性質對於各種機械製造至關重要。也正是因為圓具有這兩個非常好的性質，畢達哥拉斯才認為圓是最完美的圖形。事實上在西方的語言裡，圓作為形容詞時是沒有比較級和最高級的，也就是沒有更圓和最圓一說，因為它原本就已經達到完美了。

畢達哥拉斯的這種看法對後世的學者產生了巨大的影響，無論是完善地心說的托勒密，還是提出日心說的哥白尼，都接受了這種看法，並且堅持把不同圓的運動軌跡組合起來，描述天體的運動。由於地心說和日心說的模型都涉及圓的計算，圓周率準與不準對計算結果的影響巨大。如果圓周率的誤差為萬分之一，即便地球圍繞太陽運轉的軌跡是正圓（實際上是橢圓），那麼制定的曆法一千年下來累積的誤差也可能會長達一個月。托勒密了不起的地方在於，他估算的圓周率，誤差僅僅為百萬分之二左右，這是他地心說模型極為準確的原因。事實上，地心說的模型一千多年僅差了 10 天，不僅非常準確，而且比後來哥白尼做了大量近似的日心說模型還準確。

不僅圓的計算必須用到圓周率，有關橢圓的計算也要用到這個常數。到了克卜勒（Johannes Kepler）和牛頓的年代，他們分別發現和校準了地球等行星圍繞太陽運轉的橢圓模型，人類理論便可以對行星運動的軌跡做出極為精確的預測了，但是，如果圓周率的估算不準確，再準確的模型也得不到精確的結果。這也是數學家們希望準確估算圓周率的原因之一。

到了近代，機械革命更離不開和圓相關的計算了，因為我們靠機械動力能實現的重複運動只有直線運動和圓周運動。大到火車、小到鐘錶的設計都離不開對圓周運動的精確計算。可謂近代工業的發展，根本離不開小小的圓周率 π。

圓周率 π 的作用不僅體現於幾何學中，在微積分中，圓周率 π 也扮演著重要的角色，很多積分的結果都和它有關，例如 $y = \dfrac{1}{1+x^2}$ 這個函數的積分結果就等於 π（圖 7.7）。

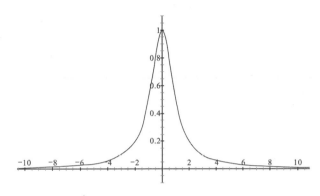

圖 7.7　$y = \dfrac{1}{1+x^2}$ 的積分（曲線和 x 軸之間的面積）等於 π

在更高深的數學分支中，π 依然扮演著不可或缺的角色。例如它出現在了高斯—伯內（Gauss-Bonnet）公式中，該公式將曲面的微分幾何與其拓撲相互聯繫。此外在電學、訊號處理等領域，我們也能看到 π 的身影。

至於為什麼圓周率有那麼多的用處？或許正如畢達哥拉斯所說，圓是最完美的圖形，而且我們的世界離不開它。

接著再說說第二個問題，為什麼 π 那麼難計算？簡單而言，它不是一般的數。人類對圓周率 π 的認識是不斷深入的。最初人們以為 π 是一個有理數，因此試圖找到一個等於圓周率的分數。但人們很快便發現它是一個無理數。當然，無理數也分為兩種，一種是像 $\sqrt{2}$、$\sqrt[3]{5}$ 這樣的無理數，它們本身很容易計算，而且是一個整數係數方程的解，這種無理數和有理數一同被稱為代數數（algebraic number），黃金分割比例 φ 就是代數數；另一種則不是整數係數方程的解，它們屬於超越數（transcendental number）。超越數這個名稱源於歐拉

說過的一句話，它們超越代數方法所及的範圍。超越數則很難計算，不幸的是 π 就是一個超越數。這件事直到一八八二年，才由德國數學家林德曼（Ferdinand von Lindemann）證明。除了 π，另一個著名的無理數 e 也是超越數。

本節思考題

利用正多邊形，證明 π 在 3 和 $2\sqrt{3}$ 之間。

7.3 解析幾何：如何用代數的方法解決幾何問題？

幾何雖然是繼算術之後最早出現的數學分支，但它的難度卻比之後出現的代數學要高。一方面，一些稍微複雜一點的計算，單靠幾何學是無法完成的；另一方面，學習幾何學也比學習代數學要難一些，因為人類邏輯推理的能力遠不如套用公式的能力強。因此，早在十一世紀，波斯數學家奧馬・海亞姆（Omar Khayyam）就開始將代數和幾何結合起來解決問題。但是，他在這方面並沒有形成系統的方法。要利用代數學系統性地解決幾何問題，特別是比較難的幾何問題，就必須構造一個系統，讓點、直線、平面、三角形、圓等幾何形狀可以用代數的方法，也就是未知數和方程表示。

❶ 解析幾何的誕生

能夠用解方程的方法解決幾何問題，同時還能利用幾何學直觀的特性賦予方程具象的解釋，是極具創造力的，而建立一個系統完成此目標則更了不起。做成這件事的，是法國思想家和數學家笛卡兒。因此，今天西方一直稱解析幾何為笛卡兒幾何，稱平面直角坐標系為笛卡兒坐標系（在笛卡兒之前，雖然有托勒密使用的球面坐標，也有了把平面按照水平和垂直線劃分出區域的方法，

但沒有人使用在平面上用兩個彼此垂直的無限長的直線設定坐標的方法。因此，後世就把這種坐標用笛卡兒的名字命名）。我們課本裡一直用平面直角坐標系的叫法，但在國外的教科書裡，找不到平面直角坐標系這種說法，只有笛卡兒坐標系。過去我們的文化不喜歡用人名命名名詞，但這樣一來，學生們對解析幾何的來龍去脈就缺乏了解，而且大家到國外讀書時，說平面直角坐標系沒有人懂。因此，在這裡我給家長一個建議，對於教科書中缺失的外國人名數學名詞，家長辛苦一點到網上查一下，幫孩子補上。

講回到解析幾何，為什麼笛卡兒要設計一種平面坐標，然後將幾何圖形放到坐標中用代數的方法研究呢？他的目的當然是為了把幾何問題變簡單，尤其是那些和曲線、圓相關的幾何問題。如果對國中數學還有印象，你就會發現在引進圓之後，幾何會變得特別難，無論是證明或計算都是如此。雖然內接、外切等概念並不難理解，但真要算一算或證明一下，就很困難了。這不是大家本事不大，而是涉及曲線的幾何就是難。如果你遇到比圓更麻煩的曲線，例如橢圓，甚至比橢圓更複雜的曲線怎麼辦？用歐基里德幾何學幾乎沒有辦法解決。

其實在笛卡兒之前，就有少數人已經開始研究代數和幾何的關係了，但是那時人們並沒有遇到太多非要使用坐標和代數方法解決的幾何學問題，因此偶然使用一些代數的方法解決零星幾何問題並不能形成知識體系。到了笛卡兒的時代，情況就不同了。克卜勒已經提出了行星運動三大定律，這三個定律都是基於橢圓軌道，而不是當初哥白尼和伽利略的圓形軌道。比橢圓問題更複雜的是其他曲面問題——當時科學家和儀器商開始利用玻璃透鏡製造望遠鏡，研究光在曲面的折射和反射問題，使用傳統的幾何學工具很難解決這些問題。笛卡兒就是在這樣的背景之下發明了笛卡兒坐標系，以及解析幾何的方法。

笛卡兒發明解析幾何的過程很傳奇。他身體一直不好，經常臥病在床。據說他就是躺在床上看著房頂上繞著弧線飛來飛去的蒼蠅，想到了把房頂畫上格子，來追蹤蒼蠅的軌跡。當然，更可信的情形可能是，笛卡兒在腦子裡先開始思考構造解析幾何體系，後來看到蒼蠅在長方形天花板背景下飛行，想到了把

曲線畫在有刻度的平面上。

❷ 解析幾何在數學發展上的貢獻

笛卡兒的解析幾何在數學和認識論上有三大貢獻。

首先，笛卡兒構造出一個統一的體系，就是笛卡兒坐標系，**它把一個平面的任意一個點，根據水平和垂直兩個維度進行定位**。平面上任意一點，都可以用兩個有序的數值表示，它們分別表示這個點在水平方向和垂直方向的位置。通常，在水平方向越往右數值越大，在垂直方向越往上數值越大。例如，（3，1）這個點就比（2，1）在水平的方向往右位移了 1 個單位；（2，2）則在（2，1）的垂直方向往上位移了 1 個單位，如圖 7.8 所示。

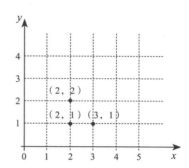

圖 7.8　笛卡兒坐標系描述平面中的點

由於平面上的點有兩個自由度，因此平面才被稱為二維空間。類似地，一條數軸上的點只有一個自由度，因此直線是一維空間，而一個空間中的點須以三個變數（x，y，z）表示，因此空間是三維的。維度這個概念，是笛卡兒在發明解析幾何後提出來的，笛卡兒還提出了高維空間的概念，但是對高維空間準確的描述，直到十九世紀才由凱萊（Arthur Cayley）、威廉·漢密頓（William Hamilton）、施萊夫利（Ludwig Schläfli）和黎曼完成。

其次，笛卡兒把歐氏幾何的基本概念用代數的方法描繪了出來。

由於各種幾何圖形其實都是由點構成，因此在笛卡兒坐標系中，可以透過確認點來確定任意幾何圖形，同時將幾何圖形之間的相對位置關係準確表示。我們不妨看這樣四個例子。

（1）直線。

平面上的一條直線，對應於代數的二元一次方程，即 $ax + by + c = 0$。當

然，如果是在三維空間中，一條直線就是一個三元一次方程；在 N 維空間中，一條直線則對應於一個 N 元一次方程。正是由於直線和一次方程的對應關係，一次方程也因此被統稱為線性方程。

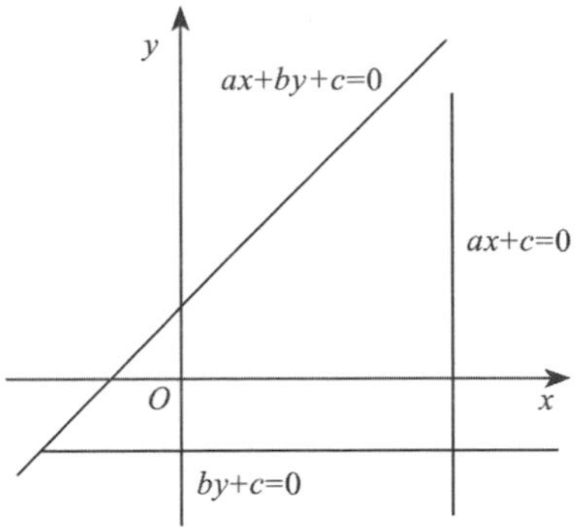

在一些特殊的情況下，例如 $a=0$，直線就變成了水平線；反之，如果 $b=0$，直線就變成了垂直線。如果 $a=b$，直線就和水平、垂直方向都有 45° 的夾角，如圖 7.9 所示。

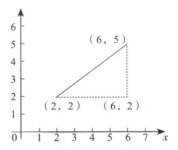

圖 7.9　在笛卡兒坐標系中，直線的表示方式

（2）線段的長度。

在一個平面上，一條線段由兩個端點決定，因此在笛卡兒坐標系中，線段由兩個二維的坐標表示，如（2，2）和（6，5）。這個線段的長度怎麼計算呢？利用笛卡兒坐標很容易完成。如圖 7.10 所示，我們不妨先引入一個輔助點（6，2），這個點和前面兩個點構成一個直角三角形，兩條直角邊長度分別是 4 和 3，根據勾股定理，（2，2）和（6，5）之間線段的長度為 5。

圖 7.10　在笛卡兒坐標系中，可根據勾股定理計算線段的長度

對於一般的情況，兩個點 (x_1, y_1) 和 (x_2, y_2) 之間線段的長度，或者說這兩個點之間的距離 d，可以用勾股定理來計算，即：

$$d=\sqrt{(x_1-x_2)^2+(y_1-y_2)^2} \tag{7.4}$$

特別地，任何一個點 (x, y) 到原點 $(0, 0)$ 的距離是：

$$d=\sqrt{x^2+y^2} \tag{7.5}$$

（3）圓。

我們知道，圓的定義是距離某個點（圓心）等距離的點的軌跡，而此距離

就是半徑 r。在笛卡兒坐標系中，我們假設圓心在原點處，那麼圓上的任何一點 $(x，y)$ 都滿足 $\sqrt{x^2+y^2}=r$ 這個條件，這就是圓的方程。當然，一般大家將它寫成：

$$x^2+y^2=r^2 \tag{7.6}$$

這其實就是勾股定理的另一種表述。

當然，如果將圓心從原點移開，放到坐標系的另一個位置，例如 $(x_0，y_0)$ 點，那麼平面上任意一點到這一點的距離就等於 $\sqrt{(x-x_0)^2+(y-y_0)^2}$，因此半徑為 r 的圓方程就是：

$$(x-x_0)^2+(y-y_0)^2=r^2 \tag{7.7}$$

（4）平行和垂直。

在解析幾何中，利用坐標很容易描述幾何形狀相互的關係，如直線之間的平行關係。我們在前面講到，在平面上的一根直線 l 可以寫成 $ax+by+c=0$，如果有另外一條直線 l' 和它平行，那麼 l' 就可以寫成 $ax+by+d=0$ 的形式，其中 $c\neq d$，如圖 7.11 所示。

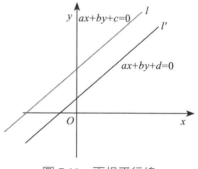

圖 7.11　兩根平行線

為什麼 $ax+by+c=0$ 和 $ax+by+d=0$ 平行呢？我們要先說說兩條直線相交的條件。如果這兩條直線有交點，我們假定交點是 $P(x^*，y^*)$，它既在第一條直線上，又在第二條直線上。那麼 $(x^*，y^*)$ 就滿足第一個方程，同時也滿足第二個方程。但是，由於 $c\neq d$，滿足第一個方程的點就永遠不可能滿足第二個方程。因此，這樣兩個方程對應的直線在歐基里德空間中就是平行的。

類似地，我們也能證明，如果兩條直線 $ax+by+c=0$ 和 $a'x+b'y+c'=0$ 滿足 $ab'+a'b=0$ 的條件，它們就是垂直的。這樣，幾何學中這種圖形之間的關係，都可以用代數的方式表示。

建立了幾何和代數之間的橋梁之後，很多原本複雜的幾何學問題就變得很

簡單了。例如在幾何中有一個定理：三角形的三條高交於一點，如果單純用幾何的辦法證明它還得費點周折，但是用代數的方法在笛卡兒坐標系證明它就極為容易。而且，利用代數方法解決幾何學問題時，也讓很多原本看似抽象的代數問題變得很直觀，進而可以發現代數問題的規律性。

以前面的直線平行關係為例。如果我們反過來看這個問題，想知道一組二元一次方程有沒有解，可以把它們對應的直線畫在坐標系，如果直線有交點，就說明方程組有解，如圖 7.12 中兩條直線對應的方程組有唯一解。

如果直線平行，則代表沒有解。而如果兩條直線重合，則有無數解，如圖 7.13 所示。

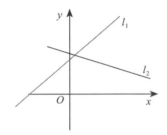
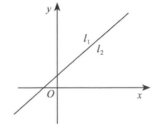

圖 7.12　兩個方程對應的直線相交，則有唯一確定的解　　圖 7.13　兩個方程對應的直線重合，則有無數的解

有了對代數問題的直觀認識，我們就容易尋找它們的規律了。例如所謂方程有解，就是有交點；無解，就是無交點。這種規律適用於任何方程組，而不僅僅是線性方程。在沒有解析幾何之前，雖然也有判斷方程（或者方程組）有沒有解的標準，但是那些標準能不能學會？其背後的道理能不能理解？則頗看個人的悟性和理解力了。

例如中學代數會講到，一元二次方程 $ax^2 + bx + c = 0$ 不一定有實數解；如果有實數解，可能有一個，也可能有兩個。老師還會教一個判定一元二次方程是否有解的標準，即 $b^2 - 4ac$ 是大於零、等於零，還是小於零。為什麼是這樣呢？雖然老師會教推導過程，但這對於悟性和理解力不夠的學生來講有點難

了，只好硬記，最後時間一長就會忘記。更何況數學越學要記的東西越多，總有記不住的時候。有了解析幾何這個工具，一元二次方程 $ax^2 + bx + c = 0$ 為什麼在不同情況下會有兩個解、一個解或沒有解，只要把方程對應的曲線在坐標系畫一下即可，如圖 7.14 所示。

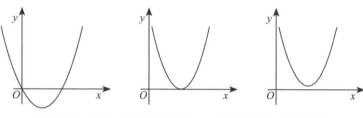

圖 7.14　二次方程有兩個解、一個解和沒有解的情況

在第一種情況下，二次方程對應的曲線和 $y = 0$ 的直線（也就是 x 軸）有兩個交點，這樣就有兩個 x 值讓方程等於 0。在第二種情況下，相應的曲線和 x 軸有一個交點，因此只有一個 x 值讓方程等於 0。在第三種情況下，由於曲線和 x 軸沒有交點，相應的方程就沒有解，這就看得一清二楚了。

在學習數學的過程中，一方面我們會遇到越來越難的問題，另一方面我們也會學習更好用的工具，工具能夠彌補理解力和記憶力的不足。對於方程來講，解析幾何就是理解它們含義的工具。當我們掌握工具的速度超過題目難度增加的速度時，數學就會越學越好，反之就會感到越來越難。對於一些更難的問題，沒有好的工具，光靠悟性和想像力，是很難理解的。例如高中代數會講到，三次方程 $ax^3 + bx^2 + cx + d = 0$ 一定有一個實數解，這是為什麼呢？如果單純琢磨方程本身，很難說明這個結論。但是如果我們用解析幾何這個工具畫一張圖（圖 7.15），也就一目了然了。

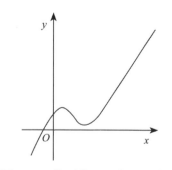

圖 7.15　典型的三次方程的曲線

當然，數學不能靠測量，解方程也不能靠在圖上畫線然後用尺量，學習解

析幾何是為了更理解方程的本質，明確解題的方向。

　　在數學中，解題技巧只能解決少數問題，一套系統性的工具和方法則能解決許多問題。發明解析幾何這樣的工具並不容易。因此，笛卡兒無愧於偉大兩個字。

　　最後，解析幾何第一次將兩個看似差異很大的數學分支統一起來。

　　在解析幾何出現之前，雖然幾何中也有計算題，但是代數學和幾何學是相對獨立發展的，解析幾何將它們統一了起來。這兩個古老的數學分支統一之後帶來了很多好處。

　　一是原來無法解決的難題能夠解決了，例如光照射到橢圓透鏡後的折射問題，光在拋物面的反射問題等。可謂沒有解析幾何就沒有近代光學儀器的大發展。

　　二是解析幾何開創了一個將數學各個分支融合的先河。今天數學各個分支的聯繫都非常緊密，有時看似某一個分支的問題，卻須用到另一個分支的知識解決。例如數論中的各個難題今天已經無法用初等數論的方法解決了，最常用到的工具是微積分，這種建立在新的工具基礎之上的數論研究方法也被稱為解析數論。陳景潤證明哥德巴赫猜想中關鍵一環的陳氏定理，用的就是這種方法。在幾何中，三大古典難題之一——用圓規和直尺三等分已知角問題的解決，靠的不是幾何學，而是近世代數中的群論。數學各分支的融合，特別是用一個分支的方法解決另一個分支裡面的問題，始於笛卡兒。

　　透過了解解析幾何發展的歷史和它大致的內容，我們進一步理解為什麼數學是一種工具。解析幾何這種工具在宇宙中是不存在的，完全是笛卡兒等人根據之前的數學理論，按照邏輯憑空構建出來。但是，它一旦出現，就能很方便地解決過去看似比較難的問題。從這裡，我們能體會數學的「虛」是可以為現實中的「實」服務的普遍規律。

　　至於為什麼笛卡兒能想到解析幾何，並非真的是從飛行的蒼蠅上得到了啟發，而是他在數學上做到了融會貫通。「融會貫通」四字在學習數學的過程中

非常重要。例如透過解析幾何，就能把我們前面講述的很多知識，包括勾股定理、幾何學的證明、解方程等串聯起來。學好數學，不是靠做很多超出自己理解能力的難題，那樣費時又費力，而是須把自己有能力理解的知識融會貫通。這樣至少能保證考數學時該得到的分數一分也不會丟，而且以後需要的時候，還能把數學這個工具撿回來使用。否則刷再多的題，考試時遇到兩個新題型，照樣考不好，更糟糕的是考完試之後，真正的收穫幾乎是零。當一個人四十歲時，發現自己從六歲上學到二十二歲大學畢業的這十六年間，花了三分之一時間學的數學一點用沒有，除了會算加減乘除，其他的全忘光了，豈不悲哀！不如儘早把學習數學當作練習使用工具，這也是通識教育的目的。

本節思考題

1. 在笛卡兒坐標系中有一條已知的直線是 $3x - 4y = 1$，（8，0）是直線外的一個點，試著寫出過這個點並與已知直線平行的直線方程。

2. 如何在笛卡兒坐標系中表示一個夾角？

7.4 體系的意義：為什麼幾何能為法律提供理論基礎？

透過公理化系統建立起一個知識體系，體現人類創造思想的最高水準。像幾何學這樣基於公理化的系統，不僅形式漂亮，而且容易擴展，結果的一致性也有保障。如果我們能夠透過學習數學，在構建自己的認知體系方面有所提升，就能受用一輩子。而構建公理化知識體系，也成了很多人追求的目標，這些人不僅僅是數學家，還有法學家、經濟學家和各行各業的菁英。

接下來，我們就來看看法學和幾何學的關係。

❶ 羅馬法和幾何學的關係

今天人們談起羅馬，會說羅馬人三次征服了世界，第一次是靠武力，第二次是靠宗教，而第三次則是靠羅馬的法律體系，簡稱為羅馬法（Roman law）。今天世界上大部分國家的法律體系都可以追根溯源到羅馬法，或者說和它有很大的相似性。例如法國著名的《拿破崙法典》（*Napoleonic Code*）、德國的憲法和民法典，以及日本的憲法和法律系統等等。

那麼羅馬法和古代中國或印度的法律有什麼區別呢？其實早期它們的區別並不大，羅馬人留下來的最早的法律是「十二銅表法」（*The Laws of the Twelve Tables*，因寫在十二塊銅牌上而得名），它和古巴比倫《漢摩拉比法典》（*Code of Hammurabi*）中的部分內容，以及後來漢朝蕭何做的《九章律》等沒有什麼本質的差異。就如同幾個早期文明在幾何學的研究程度不相上下。但是，幾百年後，經過從西塞羅（Marcus Tullius Cicero）到查士丁尼（Justinian）時期許多法學家的努力，他們為羅馬法找到了最基本的根據。於是羅馬法脫胎換骨，從此和古代文明中那些單純反映統治者意願的法律非常不同，成為一種維持公平公正的系統性工具。

在羅馬法中，那些最基本、不證自明的依據，就是自然法。著名法學家亨利·梅因（Henry Maine）說：「假使不是有『自然法』理論給了它一種與眾不同的優秀典型，我找不出任何理由，為什麼羅馬法律會優於印度法律。」而奠定羅馬法學自然法精神的西塞羅，則是這樣明確而系統地闡述自然法的哲學前提：「法律是自然的力量，是明理之人的智慧和理性，也是衡量合法與非法的尺度。」這句話其實就是我們今天說的一切都要以法律為準繩的另一種表述。西塞羅強調法律是理性和永恆的，這就如同我們所說的數學的定理是普遍適用的，他說「法律乃是自然固有的最高理性，它允許做應該做的事，禁止相反的事。當這種理性確立在人的心智之上並得到實現，就是法律。」到了查士丁尼時期，法學家們在重要法學論著《法學總論》（*Institutes of Justinian*，又名《法學階梯》）中，將自然法嵌入羅馬法的條文，並且從自然法的原則整

理和構建了整個羅馬法系統。

那麼，什麼是自然法呢？根據《法學總論》的描述，羅馬法被明確地分為了自然法、公民法和萬民法（相當於國際法）三個部分，其中自然法是基礎。自然法是自然界「賦予」一切動物的法律，不論是天空、地上或海中的動物都適用，而不是人類所特有。例如，自然法認為，傳宗接代是自然賦予的權利，因此產生了男女的結合，這就是婚姻，為此引申出了婚姻法，從而也就有了撫養和教育子女的義務，就如同母獅子要教小獅子捕食一樣。今天大家所共有的動物保護意識和各國制定的動物保護法，就源於羅馬法的自然法原則。

公民法建立在自然法的原則之上。在公民法中，最基本的原則首先涉及法律的主體是誰、他們的地位如何。根據自然法的原則，萬物皆平等，因此在羅馬法中，凡是稱得上是法律主體的「人」，都是平等的。當然在早期，羅馬法的法律主體只有自由民，不包括奴隸。到了共和時期，羅馬出現了很多的社會團體。一些法學家認為：這些團體也應該像人一樣具有獨立的「人格」；團體中的個人和團體本身是兩回事；個人財產和團體財產應該分開，團體的債務不應該轉嫁至團體的個人。這樣一來，團體似乎應該和自然人一樣，成為法律的主體。到了帝國時期，「法人」的概念在羅馬法律中開始出現，上述的團體在法律上被賦予獨立的「人格」。當然，隨著越來越多的人獲得自由，任何人都成了法律的主體。到了近代，鑑於法律主體的平等性，女性和少數族裔被授予了選舉權。這些變化的理論基礎，都源於萬物皆平等的自然法則。

作為法律的主體，人自然要被賦予一些不可剝奪的基本權利，最初包括生命權和自由權（早期的法律主體都是自由民）等基本人權。此外在私有制出現之後，在西方的詞彙裡，除了有我、你、他這樣的代名詞，還有了我的、你的、他的所有代名詞，於是個人對自己私有財產的所有權也成了一項不可剝奪的權利，基於這些基本權利，逐漸演繹出後來的物權法、著作權法和專利法等。

如果我們對比一下羅馬法的體系和歐氏幾何體系，就會發現它們的共性：

它們都是建立在不證自明而且符合自然原則的公理之上，透過自然的邏輯演繹創造出新的定理或法律條文，並且在此基礎之上不斷擴展。這樣的法律，就不會隨著統治者的更換而改變，因此具有很強的生命力。

在西羅馬帝國和拜占庭帝國相繼滅亡之後，羅馬法卻傳了下來，並且在法國大革命後成為歐洲各國現代法律的樣本。在法國，雖然它的政體經常變化，至今已經是第五共和國了，但是它的民法典自拿破崙開始就沒有什麼變化，因為建立在羅馬法基礎之上的原則依然適用。德國在十九世紀統一之後，第一部憲法和民法幾乎就是直接從拉丁語的羅馬法翻譯而來。

我們知道幾何是建立在公理之上，而公理設定的細微差別會導致之後系統巨大的差異，在法律上這種現象也存在。幫助美國建國的國父們，特別把「追求幸福的權利」寫進了《美國獨立宣言》（*United States Declaration of Independence*）這個帶有憲法性質的文件中，這就成了後來美國人一方面作為清教徒在上帝面前宣誓對配偶一輩子忠誠和照顧，另一方面卻隨意離婚而毫不羞愧的原因，因為「追求幸福的權利」成為類似於公理的法則。至於法律主體一開始如何定義，更會影響到後面所有法律的內容和連帶結果。

一八六二年，美國南北戰爭時期，當時的總統林肯要說服國會通過《解放奴隸宣言》（*Emancipation Proclamation*），但許多國會中的保守派議員反對，他們的理由是當初憲法並沒有談到廢奴這一條。經過一系列的辯論，林肯也沒有說服那些議員們。有一天，林肯想了一個新辦法，他到國會講演時，沒有再帶那些和法律有關的書籍文件，而是帶了一本歐基里德的《幾何原本》。在國會裡，林肯舉起這本數學書講，整個幾何學的定理和推理都離不開其中一條公理，那就是所有的直角都相等。既然所有的直角都相等，那為什麼不能人人平等。當你否認了我們所說的直角公理，即使能構建出一個幾何學體系，也是不完整、沒有效用的。類似地，如果我們把人的不平等設定為法律的公理，那麼構建出的社會也不會是平等的。就這樣，林肯讓反對《解放宣言》的議員們語塞，最終宣言便通過了。

　　林肯找的這個關聯是不是沒有邏輯的瞎聯繫呢？不是的，他是告訴大家，一個好的體系，一定要構建在代表公平和正義的公理之上。如果在幾何學引入一條凡直角不相等的公理，整個體系就會崩塌；類似地，一個國家如果制定了人和人不平等的公理，也無法國運長久。

❷ 幾何學搭建方法在管理學的運用

　　我們再來講一個管理學的例子。管理學中有一個名詞，叫作「拓荒者效應」（founder effect，又稱創始人效應），它是指創始人的所作所為將長期決定企業的發展，即使創始人離開了企業，這種影響也會長期存在。商業鉅子郭台銘先生說，臺灣阿里山神木今天的形態，在兩千五百年前就（由它的基因）決定了，就是這個道理。

　　一家從創立到成功的企業，創始人多會做好兩件事。首先是招人，其次是樹立企業文化和基因，包括價值觀和做事的原則方法。創始人招人的原則，他在公司誕生之初所確定的做事原則和價值觀，就成了企業立足的公理。這些公理一旦確立，後面的人就會演繹出各種不違背公理的行為規範和做事原則。再往後，就會有約定俗成的做事流程。因此，一個創始人一開始設立什麼樣的公理，最後就有什麼樣的企業。這就與歐氏幾何、羅氏幾何以及黎曼幾何後來差異很大一樣。一個企業如果把客戶放在第一位，那麼當員工和客戶出現矛盾時，大家就要想想是否必須犧牲掉一些自己的利益滿足客戶。如果把員工的利益放在第一位，那麼即使再困難，也要保證員工的利益。當然，也可以把投資人的利益放在第一位。

　　這三類公司之間並沒有好壞之分，堅持做到一點，就是好公司，這就如同歐氏幾何、羅氏幾何以及黎曼幾何沒有對錯之分一樣。有的公司強調客戶優先，你會看到它處分員工和高階主管的新聞，但是看不到它怨懟客戶的新聞；有些公司正好相反，寧可怨懟顧客，也要對自己的員工好；還有些公司則是優先對投資人負責。

在幾何學中，公理之間必須具有一致性，不能產生矛盾。我們不能把歐氏幾何、羅氏幾何和黎曼幾何對平行公理的三種不同假設放在一起，然後構建一個同時符合這三個公理的系統。類似地，在管理上，你也不可能定出三個彼此矛盾的原則，例如喊著「顧客第一，員工第一和投資人第一」的口號，這種矛盾的價值觀發展不出任何有意義的價值體系。最後的結果必然是，每一個無所適從的人都以「我的利益第一」為原則做事。

當然，很多人會說，某某公司似乎就沒有明確的基因，也沒有明確的企業文化，這是否違背了你說的這些原則？事實上，大多數企業還根本發展不到我們前面所說的那個層次，這就如同大部分人學習數學，可能只學到幾個知識點，根本形成不了體系一樣。但是，人要做大事，心中就應該有自己的公理化體系，有自己始終不變的做人原則。

本節思考題

除了法律，世界上還有沒有其他的知識體系受益於幾何學公理體系的思想？

本章小結

幾何學的發展可以大致分為四個階段。第一個階段是以歐基里德確立幾何學的公理，並且總結了當時世界幾何學成就完成《幾何原本》一書為標誌。這個階段不僅確立了幾何學的基礎，而且確立了它的研究方法。第二階段是以笛卡兒提出解析幾何為代表，將幾何學和代數學相結合，為後來微積分等數學分支的發展提供了工具。第三階段是以羅巴切夫斯基和黎曼提出非歐幾何為標誌。人們發現透過改變一條幾何學公理可以得到其他幾何學系統，雖然新的系統和原來的歐式幾何等價，但是在解決很多實際問題時，新系統更便捷。第四階段是近代特別是二十世紀後代數幾何和微分幾何的出現和發展。它們是幾何

學和近世代數以及微積分結合的產物，為今天的流體力學、電腦科學、理論物理和拓樸學的研究提供了工具。

結束語

幾何學的發展最初源於人類的生產實踐，但是它能成為數學邏輯最嚴密的分支之一，靠的是公理化體系的建立。所謂公理化體系，就是從儘量少的基本概念和結論（即公理）出發，推演證明新的定理和結論。

因此，幾何中的任何結論可以透過不斷拆解，最終利用五條一般性公理和五條幾何學公理進行證明。這個過程看似簡單——只須將問題不斷拆解便可以得到解決，實則不然，因為它須要對整個幾何學的知識融會貫通，有時還須添加虛構的輔助線幫助證明（這一點我們後面還會講到），這也是很多人覺得幾何很難的原因。

為了便於解決複雜的幾何問題，也為了便於將代數問題具象化，笛卡兒發明了解析幾何，很多幾何學和代數學難題因此迎刃而解。從此，人們開始用一個數學分支的知識和方法，解決另一個數學分支中的難題，數學的各個分支開始融合。

幾何學的公理化過程為其他數學分支的公理化，以及發現新的定理並且證明它們提供了一套解決方案。不僅如此，它對人類其他知識體系的構建也提供了參照系。在法學、管理學上，幾何學的思維方式隨處可見。

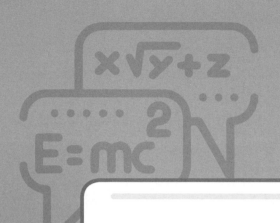

代數篇

最早期的數學僅僅是對具體數字的運算，靠算術就足夠了。

運算可以大致分為兩種：一種是正向的運算，另一種則是逆向的運算。逆向的要比正向的難很多。例如告訴你有 3 隻雞、5 隻兔子，問一共有幾個頭、幾隻腳，只要學過四則運算都能算出來，這就是正向運算。但是如果反過來問，告訴你有幾個頭、幾隻腳，倒推有多少隻雞和兔子，這種逆向運算就困難多了。類似地，如果告訴你一個水池長 7 公尺、寬 5 公尺，馬上就能算出面積是 35 平方公尺。但是，如果告訴你面積是 35 平方公尺，長比寬多 2 公尺，問水池的長寬各是多少，算起來就複雜多了。要解決逆向的問題，就須引入未知數這個工具，算術就逐漸發展成了代數。

代數脫胎於算術，但是由於未知數和方程的引入，它一方面變得抽象，另一方面也成為一個比算術強大得多的數學工具。在過去，人們認為古希臘數學家丟番圖（Diophantus）是代數學之父，今天一般認為這種看法有點歐洲中心論的意味，因為他雖然提出了一些解方程的問題，並且給了一些解答的方法，但是並沒有形成系統性的方法和理論，他也並不比同時代中國和印度的數學家們明顯高明。因此，今天大部分學者認為應該將代數學之父的頭銜給予更晚一些的阿拉伯學者花剌子密，因為他系統性地提出了方程的解法，這讓代數學真正成為一個獨立的數學分支，而且花剌子密的水準也比同時代其他數學家明顯高出一截。

在文藝復興前夕，阿拉伯語的代數學著作被翻譯成為了拉丁文，使得代數學在歐洲得到了迅速的發展。我們前面提到塔塔利亞和卡爾達諾等人解決三次方程問題就是在那個時期。此後，笛卡兒和萊布尼茲等人從變數和函數出發，逐步構建出了近代代數學的完整體系。

函數：
重要的數學工具

在發明方程這個工具之後，代數學的另一個里程碑是函數的提出。
函數不僅是代數學最重要的概念之一，也是今天所有數學分支都要
用到的工具。這一章就從函數的本質講起。

8.1 定義和本質：從靜態到動態，從數量到趨勢

函數這個詞我們經常聽到，這是初中數學裡講過的概念，但是絕大多數人畢業之後就不記得它的定義了。這倒不是大家記性不好，更有可能是教科書給出的函數定義不容易被理解和記憶。以下就是我從國中數學課本裡摘錄出的函數定義。

在一個變化過程中有兩個變數 x 與 y，如果對於 x 在某一範圍內的每一個值，y 都有唯一的值與它對應，那麼就說 y 是 x 的函數，x 叫作自變數（independent variable），y 叫作應變數（dependent variable）。

這個定義是比較準確的，但如果過去不知道什麼是函數，讀了這句話後可能更一頭霧水了，因為它為了講述一個概念，又使用了好幾個新概念，例如「變化過程」、「自變數」、「應變數」、「對應」。這樣看似嚴謹的定義，不過是用一些詞解釋另一些詞，學生們就算把它們背得滾瓜爛熟，一樣無法體會其中的含義。

❶ 函數是什麼？

其實我們在前面已經講到了很多函數。例如我們說到的笛卡兒坐標系上的直線、拋物線，數列中相應元素和其所處位置的關係等，它們都是函數。此外，我們前面還提到過指數函數、對數函數等。函數不僅存在於數學的世界裡，在生活中也隨處可見，例如部門裡員工與他們的工資，就是一種函數關係。函數的值也並非一定是數字，也可以是其他的數據，例如部門中每一個人的父親是誰，這也是一種函數。

從上述例子中，我們可以看出各種函數都有以下四個共性。

第一，這些函數裡面都有變數，函數研究的並不是 $3+5$ 或 $2×9$ 這些具體的事。像 $y=x^2$ 這樣的拋物線函數，x 就是變數；像部門裡每個人的工資的函數，人就是變數，它可以是張三、李四，也可以是王五、徐六。

第二，它們都有一種對應關係。比如一個等比數列 1，2，4，8，16，…，2^n，…，序號 n 和相應的元素 2^{n-1}，就是一種對應關係，如圖 8.1 所示。

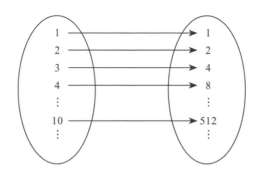

圖 8.1　等比數列的序號 n 和相應元素 2^{n-1} 構成一種函數對應關係

再例如，我們在介紹解析幾何時講過一個二元一次方程 $ax+by+c=0$，它代表一條直線，這也是一個函數。我們給定一個 x 值，就能算出一個 y 值，這就有了 x 和 y 之間的對應關係。至於某某的父親是誰，也是一種對應關係。

第三，上述的對應關係都是確定的。也就是說，在一個函數中，一個變數只能對應一個值，而不是多個值。如在 1，2，4，8，16，…，2^n，…這樣的等比級數中，一個位置只有一個數，第三個元素不能既是 4，又是 8。同樣地，一個人某年的年薪不能既是 10 萬，又是 20 萬。當然，工資函數嚴格來講有兩個變數，一個是人，另一個是時間。我們在後面介紹多變數的函數時會講到這個問題。不過，如果兩個人工資相同，這不違反函數所要求的確定性原則，因為作為函數變數的人，他的工資是確定的。

第四，函數所對應的關係可以透過數學的方法或其他方法算（或者找）出來。在二元一次方程裡，給定一個 x 的值，就能算出一個 y 值。在一個部門的檔案裡，給定具體的人，就能查出他的工資。

了解了函數的這四個特性，我們可以看出函數是一種特殊的對應關係，變數的每一個取值只能對應一個函數值。如果變數的一個取值對應了很多數值

時，這樣的對應關係就不是函數。例如，我們問你位於北緯 20 度的城市是哪一座，你可以找出一大堆，北緯 20 度這個變數雖然和某些城市有對應關係，卻不是函數關係。當然，反過來以城市為變數尋找它的經緯度坐標，就是一個函數了。

在函數中，雖然變數（也被稱為自變數，通常用 x 表示），似乎自己怎麼變都行，但是它有一些特定的限制條件或範圍，這個範圍被稱為定義域（domain of function）。例如圓的面積 S 是半徑 r 的函數，但是半徑 r 不能是負數就是限制條件；在等比數列中，自變數是序號 1，2，3，4，…等正整數，不能是負數，也不能是半個數，如 2.5；對於部門中的人和他們收入之間的函數關係，定義域就是在工資單上的人，而不是社會上隨便一個人，甚至不是外包公司派來的約聘人員。在定義域確定之後，函數的取值也就確定了。取值也有一定的範圍，這個範圍，被稱為值域（range）。值域也會受到限制，例如圓的面積就不可能是負數；幾何數列 2^{n-1} 的取值只能是 1，2，4，8，16，…這些特定的整數，不可能有 3；員工的工資也不可能是負數，甚至不可能低於最低工資標準。了解了函數的值域範圍，可以幫助我們驗證結果的對錯。例如成年人的身高通常在 1.5～1.9 公尺之間，不可能是任意的高度。如果有人算出一個人的身高是 10 公尺，代表一定是什麼地方搞錯了。

對於函數，很多人常犯的錯誤在於沒有考慮定義域，濫用函數關係，例如假設圓的半徑是負數，然後套用 $S = \pi r^2$ 這樣的函數計算面積。類似地，在生活中，很多函數使用時也要考慮定義域。比如對於平時成績 90 分以上的學生，如果老師每多教 10% 的內容，他們就能多學會 5%，這種往前教的方法看似是有好處，但是這個函數一樣有定義域，即平均成績在 90 分以上的學生。對於成績在 70 分以下的人，這個變化規律就可能不成立了，教得越多，可能越沒有時間把基本概念搞清楚，成績反而越差。因此，使用任何規律之前要看條件是否相符，不能錯誤套用了公式。

函數這個概念有點抽象，常常須借助一些具象的工具幫助大家理解、處理

它們,如圖 8.1 的對應圖就是方式之一,當然它對於連續變化的變數就不太有效。對於這種情況,用一條讓橫坐標表示變數值、縱坐標表示函數值的曲線來具象化描述函數變化,就清晰得多。事實上,人們最初研究函數時,恰恰是用它描述數學上一些曲線的變化規律。提出函數這個概念的人是著名數學家萊布尼茲,而他最初提出這個概念,就是因為在研究微積分時,常常須確定曲線上每一個點的性質,例如曲線在一個點附近是否連續,在那個點的斜率是多少等等。因此,可謂先有了曲線,然後才有函數。今天,大家通常習慣把函數關係理解成笛卡兒坐標系中 y 隨著 x 變化的走勢。例如,如果 x 每增加 1 個單位,y 也增加 1 個單位,或 k 個單位,這種函數關係就是線性的,因為這些點在坐標裡畫出來就是一條直線。如果 x 每增加 1 個單位,y 就變成 2 倍,這種函數關係就是指數的,畫在坐標系就是一條上升速度非常快的曲線。

在中文裡,函數這個詞是清末數學家和翻譯家李善蘭所創。李善蘭在翻譯西方數學著作時,根據函數的這種對應變化關係,發明了這個名詞,他說:「凡此變數中函(包含的意思)彼變數者,則此為彼之函數」,意思是說,凡是這個變數中包含另一個變數,就將這個變數稱為另一個變數的函數。也就是說,如果 y 隨 x 變化,y 就是 x 的函數。李善蘭的解釋並不準確,但是頗為具象,容易理解。

❷ 函數的意義

函數概念的提出在數學史上有劃時代的意義。在此之前,人類最初只對一個個具體的數值直接進行計算,後來雖然有了方程式這個工具,但是方程並不是表示變數之間關係的工具,而是作為解題的工具。到了科學啟蒙時代,兩件事對函數的出現有至關重要的作用。第一件事是解析幾何的出現,這讓數學家們可以把曲線和一些方程式相互連結,從而可以直觀地看到一些變數變化的趨勢;另一件事是天文學和物理學的發展,必須以公式和曲線表示時間和運動軌跡之間的關係。萊布尼茲可以說是生逢其時,他出生時間夠早,還沒有人提出

函數的概念，同時又足晚，以至於各種準備工作都具備了。

具體來說，有了函數，人類的認識又前進了三大步。

首先，有了函數，我們就很容易看出兩個變數之間如何相互影響。例如，我們知道圓的周長 L 是半徑 r 的 2π 倍，這是一種線性關係，比較好理解。不過圓的面積 S 和半徑 r 的關係是平方關係，理解起來就要費點勁了。如果圓的半徑從 1 變到 2，面積就從變成原來的 4 倍；如果半徑再增加到 3，面積就是原來的 9 倍。再進一步，球的體積是半徑的三次方，當半徑從 1 變成 2 時，體積就是原來的 8 倍，這就更難理解了。雖然人有時能夠感覺立方關係變化得比線性快，但變化到底有多快則沒有概念。如圖 8.2 中有兩個形狀差不多的西瓜，右邊西瓜的直徑比左邊的大 1/4，從圖片上看，它們的差異好像不是很大。我問過很多人：如果第一個西瓜賣 30 塊錢，第二個你願意出多少錢？大部分人給我的答案是，最多多付 50% 的錢吧。其實右邊西瓜的重量比左邊大約多出一倍，也就是說大約值 60 元。

圖 8.2　半徑相差 1/4 的兩個西瓜

這個例子告訴我們，人對變數之間關係的感覺其實不準確，而函數幫我們彌補了這個先天不足。對比一下三次曲線上 $x=1$ 這個位置和 $x=1.25$ 這個位置的函數值，就知道後者大約是前者的兩倍。

其次，我們從對具體事物、具體數的關注，變成了對趨勢的關注，而且可以非常準確地度量變化趨勢所帶來的差異。

例如,過去幾十年中國經濟增長較快,國內生產毛額年均增長率多在 8% 以上。對於這些數據,雖然媒體做了很多宣傳,說經濟增長很快了,但坦白說,其實老百姓並沒有很直觀的概念。

其實把國內生產毛額的增長看作是一種時間的函數,就會清晰多了。我用世界銀行公布的過去五十多年(一九六○~二○一七年)的數據畫了這樣一張圖(圖 8.3),圖中黑線是中國經濟增長率曲線,另外兩條分別是印度和美國。從圖中就可以看出中國經濟整體增長不僅比美國快很多,而且大部分時候比快速增長的印度也高不少。這是橫向對比。如果縱向對比,你會發現中國自改革開放後,經濟增長率比以前也好了不少。很多人平時會對一件事過分敏感,不是因為一個好消息過分樂觀,就是因為一個壞消息過分悲觀,當我們以函數、而不是一個個具體數字的觀念看待問題後,見識就容易提高了。

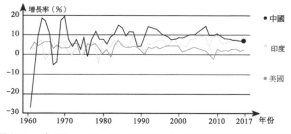

圖 8.3　中國、印度和美國國內生產毛額的增長率對比

善於做報告的人都知道,在簡報中最好不要直接引用數據,而要把它們變成曲線或直方圖等等。曲線和直方圖其實就是對函數的一種具象表示,它們可以讓那些原本對趨勢不敏感的聽眾,實實在在感受到數據的變化。

函數的第三個意義在於它作為數學工具的作用。有了函數,我們就可以透過學習幾個例題,掌握解決一系列問題的方法。例如在投擲和拋射一個物體時,當初速度 v_0 確定後,物體水平飛行的距離 d 是拋射角度 θ 的函數式

$$d = \frac{1}{2} v_0^2 \sin 2\theta \qquad\qquad (8.1)$$

　　那麼我們就能按照函數表達式算出不同角度下物體拋射的距離。

　　我們還能畫出不同拋射角度下的飛行軌跡。例如加農炮的炮彈出膛速度 v_0 ＝1000 公尺／秒，那麼它在不同發射角下的飛行軌跡就是圖 8.4 所示的曲線。當發射角是 0° 或 90° 時，它的飛行距離是 0；在大約 45° 的時候，飛行距離達到最大值。也就是說，當發射角度從 0 開始變化時，開始增加角度會增加發射距離，但是超過 45° 之後，發射距離反而隨著角度增加而減少。

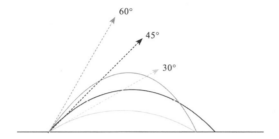

圖 8.4　速度固定時，炮彈在不同發射角度下的飛行軌跡

　　了解了上述函數關係，無論對從事投擲的運動員，還是砲兵或狙擊手，都有指導意義。特別是後者，他們能夠透過控制角度決定落點。如果我們找不到這樣的函數關係，想靠做試驗的方法達到目的，是不現實的。事實上，最初設計電腦的目的，就是根據彈道的函數，計算長程火炮彈道軌跡。當然，在彈道函數中，發射的速度也可以是變數。此外，在戰場上計算彈道時，空氣的阻力和風向等都是變數。每個變數的一點點改變，都會影響彈道的軌跡。這種一個變數隨著其他變數變化的關係，就是函數的本質。

　　函數的出現提升了人類的認知，將我們從對單個數字、變數的關注，引向了趨勢。沒有函數，我們其實很難從個別數據樣點體會整體的變化。因此，我們的思維方式要從常數思維到變數思維，再到函數思維。

　　函數還為解決同一類問題提供了具有普遍性的答案。當我們對函數中不同的變數帶入不同的數值時，就會得到相應的結果，這就有了一通百通的可能性。

本節思考題

1. 在笛卡兒坐標系中的圓，圓上一個點的縱坐標 y 是不是橫坐標 x 的函數？

2. 兩個立方體，其中一個的表面積是另一個的兩倍，則它們的體積相差多少倍？

8.2 因果關係：決定性和相關性的差別

❶ 函數因果關係的特殊之處

在我們通常遇到的函數中，總是一個（或者一組）變數先變化，另一個變數隨著它變化。例如圓的半徑為 r，面積 S 是 r 的函數，即 $S=\pi r^2$。半徑增加 1 倍時，S 增加到原來的 4 倍，半徑由 1 變成 3，S 則增加到原來的 9 倍，後者總是隨著前者變化。這種函數關係可以用半個拋物線形象地表示出來（圖 8.5）。

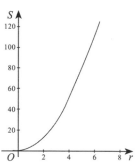

圖 8.5　圓面積隨半徑變化的曲線

如果我們把這個關係上升為抽象的邏輯關係，半徑的變化引起面積的變化，通常就會講半徑變化是因，面積變化是果，並且可以用這樣一個箭頭代表確定性的因果關係 $r \to S$。這也就是我們把 r 稱為自變數、把 S 稱為因變數的原因。

在前面講到的幾個函數中，我們都可以認為有因有果。幾何數列中每一個數，可以表示成 2^n（或 r^n），n 是正整數 1，2，3，4，…，n 不斷增加，導致

數列中對應的每一項也不斷增加。在現實生活中遇到的各種函數也是如此,有明確的因果關係。例如班上每一個人的身高,因果關係就是人決定身高,也就是說「人→身高」。

講到函數中的因果關係,有兩點必須明確指出。

第一點要注意的是,數學上的因果關係和生活中的可能不完全相同。

在物理學等自然科學中,因果關係常常是單方向,例如你從比薩斜塔扔下一個球,它以自由落體的方式向下墜落,落地時會有一個速度,這個速度是地球重力加速度所導致的,因此重力加速度是速度的因,而不可能反過來,這是非常明確的。再例如,張三在 20 公尺外看到了這件事,那麼你先扔了球,他才看見,這也是因果關係,不可能倒過來。

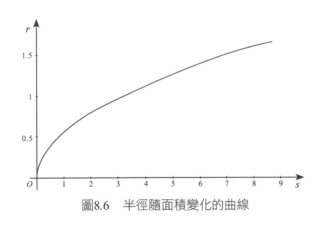

圖8.6　半徑隨面積變化的曲線

但是,數學函數中的因果關係未必如此。在一個函數中,自變數和應變數的角色可以互換。我們前面說,給定圓的半徑,可以透過一個計算面積的函數 $S=\pi r^2$ 算出面積,因果關係是「半徑→面積」。但是,在現實生活中也有反過來的情況,例如一家四口人到披薩店吃飯,須先根據每一個人的飯量確定面積多大的披薩才夠吃,然後根據 $r=\sqrt{S/\pi}$ 算出半徑,看看要買 14 寸、16 寸或 18 寸?這時面積就是自變數了,半徑就是應變數了。因果關係變成了「面積→半徑」。我們同樣可以用 x 坐標代表面積,y 坐標代表半徑,畫一條曲線,

就是圖 8.6 的形狀。如果你對比圖 8.5 和圖 8.6，會發現兩條曲線形狀相似，只是翻轉了一下。更準確地講，它和原來的曲線是相對 xy 軸角平分線對稱。

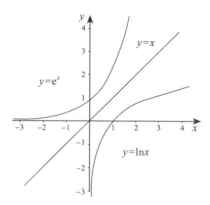

為了更完整地描述和研究這種把因和果置換後的函數關係，數學家們提出了反函數的概念，比如 $y = \sqrt{x/\pi}$ 和 $y = \pi x^2$ 就互為反函數。在笛卡兒坐

圖 8.7 對數函數和指數函數互為反函數

標系中，反函數的圖像和原來函數的圖像總是關於 xy 軸角平分線對稱。例如圖 8.7 是對數函數（$y = ln\ x$）和指數函數（$y = e^x$）的圖像，它們相對 xy 軸角平分線是對稱的。

為什麼對數函數和指數函數會互為反函數呢？我們從兩個角度看同一件事就知道了。例如你購買了 10,000 元的國債，以 6% 的複年利率增長，請問 12 年後你的本息一共是多少呢？我們知道 x 年後的本息 y 是一個指數函數 $y = 10000 \times 1.06^x$，代入 $x = 12$，大約是 20,122 元。也就是說 12 年後投資大約翻了一倍。如果我們倒過來問這個問題，今天買了 10,000 元的國庫券，多少年後才能本息翻一倍？那麼，這就是對數函數的問題了。我們把 x 作為若干年後的本息總數，y 作為時間，這樣 $y = \log_{1.06} \dfrac{x}{10000}$，代入 $x = 20000$，算出來大約 11.896 年，也就是 12 年左右。因此，指數函數和對數函數互為反函數。

事實上在投資時，很多時候須要考慮的是在特定的投資報酬率之下，多少年投資才能翻一被。絕大部分人在存退休金時，須透過這種方法算出自己每年必須存入的金額，以及採用何種投資方式，是投資股市，還是債券（例如國庫券）。由於指數函數和對數函數的計算都不太直觀，因此人們通常採用一種簡單的估算方法——72 定律。假如每年投資報酬率是 $R\%$，基本上經過 $72/R$

年，財富就可以翻一倍。對於剛才 $R=6$ 的情況，大約需要 12 年；如果能將
投資報酬率提高到 8%，只要 9 年就夠了。別小看這 2% 的差異，如果我們把
時間放大到 36 年，也就是一個人通常的工作年限，那麼報酬就是翻倍 3 次和
翻倍 4 次的差異了。某些人在退休時，就可能比另外一些同齡人多出一倍的資
產來好好享受生活。

接下來我們來看看數學上因果關係的第二點注意事項。當一個函數的變化
由兩個或更多的變數決定時，單個變數和函數之間的因果關係並不是函數值變
化的必然原因。例如，我們要計算圓柱體的體積 V，它和圓柱半徑 r 的平方成
正比，和圓柱的高度 h 成正比，即

$$V=\pi r^2 h \qquad (8.2)$$

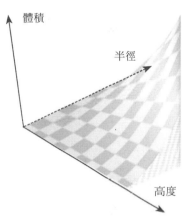

這時，如果高度增加一倍，體積一定增
加一倍嗎？我們只能說，有可能，但是前提
是半徑要保持不變。反過來從結果看，如果
體積增加了一倍，我們也並不知道是否是高
度變化所引起的。如果我們把體積 V、半徑 r
和高度 h 的關係畫在一個三維的圖中，那麼
大概是圖 8.8 的樣子。從圖 8.8 中可以看出，
決定體積的因素很複雜。

圖 8.8　當一個函數（體積）隨
著多個變數變化時，單獨一個變
數和函數值未必有因果關係

❷ 相關性不代表必然性

在多變數的情況下，我們只能得到這樣的結論，就是體積的變化和高度的
變化是正相關的，而且相關性是 100%。也就是說，在其他條件不變的前提
下，一個變大另一個也必然變大。類似地體積變化和半徑變化也是 100% 正相
關。

在生活中，很多人經常把相關性和因果關係中的必然性相混淆。例如說，
每年的平均投資報酬率和最後拿回來的錢總數是正相關的，這點毫無疑問。但

是在投資時，總是找那些報酬率高的標的或投資產品，二十年後拿回來的錢一定多嗎？不一定，因為最後能拿回來多少錢，不僅看平均報酬率，還要看投資風險，一些高報酬的標的也是高風險。也就是說，平均報酬率高，和拿回來的錢多並不形成因果關係。很多人看到別人投資高風險、高報酬的標的發了財，覺得這種好事情也能落到自己身上，可是等自己拿出真金白銀投資時，高報酬沒有起作用，高風險卻應驗在了自己身上。了解了相關性和必然性的差別，能讓我們少犯錯誤。

在計算圓柱體積的例子中，我們還只有兩個變數，在很多實際問題中，影響結果的變數非常多。例如在經濟學上，美國政府和研究機構公布的各種和經濟有關的指標有上萬個，試圖根據幾個指標就預測今後的趨勢近乎不可能。在生物體中，情況更加複雜。經濟學上的很多指標至少還是明確的正相關或負相關，而生物體很多特徵和指標，如同我們要找的疾病、遺傳或新陳代謝的相關性是非常模糊的。在這種情況下，我們把相關性誤解為有因果關係的必然性，是非常危險的。

但是，我們也不能因為很難確定必然性，就放棄對相關性的探究。只有當我們發現了影響結果的各種變數，並且搞清楚它們和結果之間的相關性，才能對最後結果的走向有一個全面完整的了解。例如，當我們知道了決定圓柱體質量的三個因素，即它的半徑、高度以及材料的密度之後，雖然很清楚每一個單獨的因素都不構成質量增加的因果關係，但是在不同應用場合，我們才知道該如何調整尺寸和選取材料。

今天，學術研究的主要目的，已經從過去那種尋找確定性，變成了挖掘尚未被人知、能影響結果的變數，並且尋找它們和結果之間的相關性。在研究某一個變數的影響時，我們通常要遮蔽其他變數的作用。例如我們研究體積和尺寸的關係，先要假定半徑是不變的，才能知道高度的影響。但這樣一來，絕大部分學術研究，特別是人文和社會學科的研究，都不得不集中在幾個視角，搞清楚特定變數的影響。這並非研究人員缺乏全局觀，而是整個學術界給他們的

分工就是如此。今天很多學術專著，也是從特定視角看待問題的。萬維鋼老師講過一句話，人文和社會學科與自然科學領域特點完全不同，前者更像是江湖，學者們彼此很難互相說服。這句話其實非常準確地描述了學術界的特點。了解了這個特點，我們在看學術專著時，就不要把它當作對某個結論全面的論述，而把它們當成是揭示某種相關性的著作就好。

本節思考題

大家都在加班工作，於是社會的財富增加了。兩件事之間是相關性還是必然性？為什麼？

本章小結

　　函數揭示了變數之間相互影響的規律。當一種變數變化時，會有另一個變數因之而變化，這種對應關係就是函數。函數的應用範圍很廣，不止存在於數學中，也存在於我們的生活中。對於比較簡單的函數，我們可以找到自變數和函數值之間的因果關係。但是，對於複雜的、由多個變數決定的函數來講，每個變數和函數值只存在相關性，儘管有些是 100% 的正相關，但是它們不存在決定性，也沒有必然的因果關係，因此切忌把相關性和因果關係混為一談。

　　無論在科學研究或在工作中，人們都試圖找到規律，而能夠用函數描述出來的規律最有用處，因為函數反映了事物的發展趨勢和走向結果，而且帶有確定性。我們帶入變數，就能知道結果。人類也正是因為掌握了具有確定性的規律，才得以根據需要改造自然，創造出豐富多彩的世界。

線性代數：
超乎想像的實用工具

如果你問一位大學老師，高等數學的基礎課是什麼，他可能會和你
說是微積分和線性代數。對於一個非理工專業的大學生，如果在大
學裡只學兩門數學課，恐怕也就是這兩門了。微積分主要是訓練我
們的思維方式，而線性代數，我們在工作和生活中真的用得上。

9.1 向量：數量的方向與合力的形成

❶ 數量也有方向

代數學除了給我們帶來了方程和函數這兩個工具，還揭示了世界上關於數量的另一個規律，就是數量的方向性。大家可能會說，數量怎麼會有方向性，我們不妨先看兩個例子。

例 9.1：假如你用 40 牛頓的力來拉一個箱子，你的同事用 30 牛頓的力來推，那麼箱子受力是多少？

你可能會說是 70 牛頓啊，這是小學生學習完加法後給出的答案。在你學習了減法後，可能會想到如果兩個人用力方向相反，那合力就不是 70 牛頓，而是 10 牛頓了。但是，如果兩個人用力方向正好成直角，或者 120 度角呢？這時合力既不是 70，也不是 10，具體是多少取決於兩個力的方向的夾角。

例 9.2：某個建築工地要實施爆破，爆破的半徑是 120 公尺，你要趕快遠離。當然能走的道路未必是始終朝向一個方向，你有以下幾種選擇：

（1）先往北跑 100 公尺，再向東跑 50 公尺；

（2）先往北跑 100 公尺，再往東北跑 50 公尺；

（3）先往北跑 100 公尺，再往東南跑 150 公尺。

按照以上三條路線，你能到達安全區嗎？

對於第一條路線，如果只考慮跑的路程，你跑了 100＋50＝150 公尺，超過了 120 公尺，但是由於跑動的方向並非是一個方向，你其實離爆破中心只有 118 公尺，還在危險區內；按照第二條路線，最後離爆破中心的距離是 139 公尺，你已經安全了；而按照第三條路線，最後一共跑了 250 公尺，離爆破中心卻只有 106 公尺，可以說是吃力不討好。這三種情況放在同一張圖（圖9.1），就能一目瞭然了。圖中圓的半徑是 120 公尺，三種情況分別用實線、虛線和點線表示。可以看出，只有第二種情況，即先往北跑，再往東北跑能跑

出爆炸的範圍。

在現實中類似的情況非常多。我們常說，一個組織必須形成合力，才能把事情做好；我們還說，一個人如果跑錯了方向，再努力也沒有用。這就和上面兩個例子所描述的情況一致。**因此，在這個世界上，對於大部分物理量和在生活中遇到的數量，我們不僅須關心數字的大小，還須關心方向。**在物

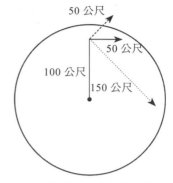

圖 9.1　逃離爆破中心的三條路徑

理學中，力、動量、電磁場都是既有大小又有方向的量。在生活中，我們行駛的路徑、做事的目標和投入的努力也是如此。當我們讀完了大學，每次看到一個數量時就必須想一想，「我們是否考慮了方向」，否則就還是停留在小學生對數字的理解程度上。當我們的閱歷增加之後，認知水準也要相應地提高，在數量這個問題上，認清其方向就是提高見識程度。

當然，在數學上也要有工具描述帶有方向的數量，這種工具被稱為向量。類似地，那些只有數值、沒有方向的數量被稱為純量。

❷ 表示數量方向的工具

為了具象表示一個向量，我們在坐標系中用一個有長度、帶箭頭的線段表示它。通常，我們喜歡將向量的起點放在原點，如此一來向量就是從原點到它的終點的有方向線段。

在數學上向量的表示方法通常有兩種。第一種是極坐標表示方法，例如我們常說「前面 100 公尺，11 點鐘的方向」，這就是在極坐標對向量的描述。100 公尺代表向量的數值，我們通常稱之為長度，或模數（modulus）；11 點鐘的方向，我們通常稱之為向量的方向。在沒有參照系的空中或海上，通常採用這種方法。在世界上一些自然發展起來的城市裡，也經常使用這種方式描述方位。例如在巴黎或莫斯科，人們就會以凱旋門或紅場為中心，說往某一個方

向行進某個距離。

　　這種用極坐標表示向量的方式在某些城市就不那麼方便了，如北京或紐約這種規畫出來的城市，首先街道是橫平豎直的，其次高樓也擋住了視線，因此沒有人會說往 10 點鐘的方向走 400 公尺，因為我們和那個目標之間沒有直通的道路。實際上，像北京和紐約這種橫平豎直的街道本身就是一個笛卡兒坐標系。人們通常會這樣說，「往東 300 公尺見到紅綠燈往南轉彎，再走 200 公尺就到了」。如圖 9.2 所示，我們如果以所在地為原點，按照上北下南左西右東的概念確定方位的話，往東 300 公尺再往南 200 公尺，目的地的坐標就是（300，−200）。目標點離我們的距離可以根據勾股定理算出來，大約是 361 公尺，和 x 軸的方位角是斜下方 34°。很明顯，直接用終點坐標表示向量和我們用長度與角度的組合表示是同一回事。

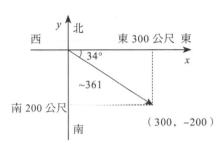

圖 9.2　一個向量可用笛卡兒坐標和極坐標兩種方式表示

　　必須注意的是，向量的起點並不一定要在原點。起點設置在哪裡並不重要，重要的是起點和終點的相對坐標。例如從原點出發指向點（a，b）的向量，和從（10，10）這個點出發，指向點（$a+10$，$b+10$）的向量，其實是相同的。

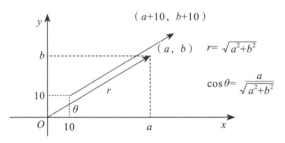

圖 9.3　向量的起終點都做同樣的平移後，向量的長度和方向不變

從圖 9.3 中我們可以看出，這兩個向量的方向和長度都是相同的。

　　無論採用極坐標或笛卡兒坐標的表示方法，向量都需要兩個值才能確定。可以是向量的長度 r 和角度 θ；或是從原點出發，向量終點的橫縱兩個坐標 a

和 b。這兩種表示方法其實是等價，因為我們可以利用勾股定理和三角函數在這兩種表示方法中相互轉換。一個向量從極坐標到笛卡兒坐標的轉換公式是：

$$\begin{cases} a = r\cos\theta \\ b = r\sin\theta \end{cases} \tag{9.1}$$

反過來，從笛卡兒坐標到極坐標到轉換公式是：

$$\begin{cases} r = \sqrt{a^2 + b^2} \\ \tan\theta = b/a \end{cases} \tag{9.2}$$

向量不僅存在於平面上，也存在於各個維度的空間中，它們同樣可以有極坐標和笛卡兒坐標兩種描述方式。描繪一個三維空間的向量，不論是哪一種描述工具，都要用到三個資訊。例如我們可以講往左 20°、往上 30°、20,000 公尺的地方有一架飛機，這就用一個長度 r、兩個角度 θ_1 和 θ_2 表示出一個三維的向量。當然，我們也可用往北 12 公里、往西 5 公里、距離地面 10,000 公尺處有一架飛機來表述，這其實就是用 x、y、z 三個距離描述了同樣的向量。類似地，數學家們可以想像出任意 N 維空間的向量，而它們不同描述方式之間也是等價的。

在數學中，這種等價的關係非常重要。一個問題可以有很多等價的表達方式，甚至可以有很多等價的問題。很多時候，我們直接解決一個問題並不容易，但可以解決相對容易的等價問題。善於在諸多等價的表達找到一種最便於解決問題的表達方式，或者找到與難題相應的簡單的等價問題，是學好數學的關鍵。我們不妨用向量的加法和乘法運算說明，向量的兩種表示方法在運算中各自的便捷之處。

❸ 不同工具的不同作用

先看向量的加法運算。在介紹向量加法的定義之前，我們先來回顧一下本章開始所提到的合力問題。每一個人用的力都是一個向量，既要考慮力的大小，也要考慮方向。假設兩個人用的力分別是 F_1 和 F_2，我們先將它們表示在

一個笛卡兒坐標系中，向量的起點都放在原點，$F_1=(a_1，b_1)$，$F_2=(a_2，b_2)$，如圖 9.4 所示。

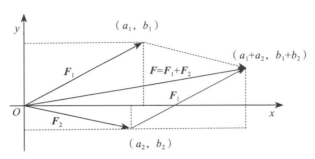

圖 9.4　F_1 和 F_2 的合力 F，就是以 F_1 和 F_2 為鄰邊的平行四邊形的對角線

在圖 9.4 中，a_1 和 a_2 其實分別是 F_1 和 F_2 的水平分量，b_1 和 b_2 則分別是 F_1 和 F_2 的垂直分量。我們知道力如果是在同一個方向上，它們的大小可以相加，因此合力 F 的水平分量就是 a_1+a_2。類似地，F_1 和 F_2 在垂直方向的合力也是 b_1+b_2，但由於 b_2 本身是負值，因此 b_1+b_2 其實小於 b_1。最後，我們可以得到這樣的結論：合力 F 在水平和垂直兩個方向的分量分別是 a_1+a_2 和 b_1+b_2，也就是說 $F=(a_1+a_2，b_1+b_2)$。因此，兩個向量（起點設定在原點）的加法定義為各個分量各自分別相加，即 $(a_1，b_1)+(a_2，b_2)=(a_1+a_2，b_1+b_2)$。至於多個向量的加法，做法也是類似，只要把相應的分量直接相加即可。

由圖 9.4 可以發現，兩個向量之和（也被稱為向量和）F 恰好就是以 F_1 和 F_2 為鄰邊的平行四邊形的對角線。這種求向量和的方法被稱為向量相加的平行四邊形法則。

如果我們把第二個向量的起點由原來的原點（0，0）移到第一個向量的終點 $(a_1，b_1)$，如圖 9.4 所示，第二個向量的終點就是 $(a_1+a_2，b_1+b_2)$。也就是說兩個向量首尾相連時，向量之和其實就是從第一個向量的起點，到第二個向量終點的一條有向線段。這種求和方法被稱為三角形法則。

如果有若干個向量 V_1，V_2，…，V_n 相加，我們讓它們一個個首尾相連，最後的向量和，就是從第一個向量的起點到最後一個向量終點之間的有向線段，如圖 9.5 所示。由此可見，如果用笛卡兒坐標表示向量，則向量的加法簡單且直觀。

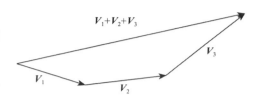

圖 9.5　多個向量相加，向量和是各個向量頭尾連接後的有向線段

如果我們採用極坐標表示向量，那麼向量的加法就不太直觀了，如圖 9.6 所示。

在圖 9.6 中，我們看到第一個向量 $V_1 = (r_1，\theta_1)$ 和第二個向量 $V_2 = (r_2，\theta_2)$ 相加之和 $V = (r，\theta)$，我們須確定 r 和 θ。r 相對好計算一些，我們可以根據餘弦定理（具體內容在本節稍後的內容中介紹）算出

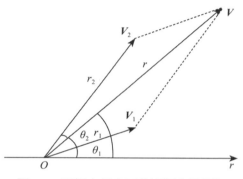

圖 9.6　用極坐標表示的兩個向量相加

$$r^2 = r_1{}^2 + r_2{}^2 - 2r_1 r_2 \cos(180 - \alpha) \tag{9.3}$$

其中 $\alpha = \theta_1 - \theta_2$，然後我們再開根號，可以求出 r，這顯然就比採用笛卡兒坐標麻煩很多了。接下來我們還須計算 θ，它更麻煩，這裡我們就直接給出答案了：

$$\theta = \arctan\left(\frac{r_1 \sin\theta_1 + r_2 \sin\theta_2}{r_1 \cos\theta_1 + r_2 \cos\theta_2} \right) \tag{9.4}$$

既然極坐標的向量加法這麼麻煩，我們為什麼還要用極坐標表示向量呢？除了在導航等方面它比較方便之外，用極坐標完成向量的乘法也會比較直觀。我們還是用力學裡的一個基本概念「做功」來說明。

我們知道，在物理學中做功的量就是物體位移量和沿著位移方向力的乘

積。我們假定力是均勻的，是向量 F (f, α)，位移量是向量 $D(d, \beta)$，如圖 9.7 所示，那麼力 F 投射到位移方向的分量就是 $f \cdot \cos(\alpha - \beta)$。因此，做的功 W 就是 $d \cdot f \cdot \cos(\alpha - \beta)$，這其實就是向量 F 和 D 相乘的算法。

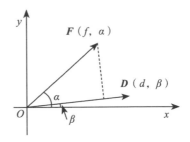

圖 9.7　向量 F 和向量 D 內積，將 F 的長度投射到 D 上，就是實際相乘的倍數

　　這種相乘的方式被稱為向量的點乘，它計算出的結果不再是一個向量，而是一個單純的數量，即純量，因此這個乘積被稱為純量積或內積（dot product），記作 $\langle F, D \rangle$。當然，向量之間還有另一種乘法，稱為外積（cross product），乘出來的結果是另一個向量，它因此被稱為向量積，這裡面的細節我們就不介紹了，大家知道有這件事就可以了，在計算電磁場時，用的就是外積。

　　對於向量的內積，在笛卡兒坐標系進行的複雜程度和極坐標相當；但是對於向量的外積，在笛卡兒坐標系幾乎難以理解，而在極坐標就非常直觀。

　　向量代數對於學習理工專業的人來講，是一種必須掌握的數學工具。沒有它，就無法從事電磁學、電學、資訊處理、通訊、人工智慧等工作。對於非理工行業的人來講，向量是一種認知的工具，我們不妨以向量相加和向量相乘為例來說明。

　　從圖 9.4 可以看出，兩個向量在相加時，由於三角形兩邊之和大於第三邊，因此向量和的長度總是小於（最多等於）這兩個向量長度之和。只有當兩個向量方向完全一致時，等號才成立。事實上，兩個向量之間的夾角越大，向量和的長度越小。為了準確說明向量相加的這個性質，我們假定兩個相加的向量長度相等，都是 a，它們的夾角為 θ，表 9.1 是不同 θ 值時，向量的長度。

表 9.1　兩個等長向量之間的夾角取不同值時，向量和的相對長度

夾角	向量和長度
0°	$2a$
30°	$1.93a$
60°	$1.73a$
90°	$1.41a$
120°	a
150°	$0.5a$
180°	0

　　從表 9.1 中可以看出，當兩個向量之間的夾角超過 120° 之後，向量和的長度還不如一個向量的長度。最極端的情況是，當兩個向量之間的夾角等於 180° 時，也就是兩個向量方向相反時，兩個向量相加的結果為 0，也就是它們相互抵消了。為了便於大家有更深刻的感性認識，我們給出了其中幾種情況的示意圖（圖 9.8）。

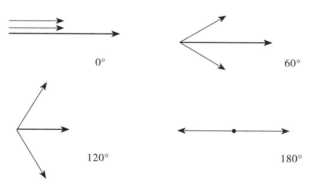

0°　　　　　　60°

120°　　　　　　180°

圖 9.8　向量之間夾角不同時，向量和的差異巨大

　　向量相加給我們的啟示是，做事情力量要用到一處，聚焦很重要。不聚焦是什麼結果呢？一群人往三個不同的方向使勁，在每一個方向上都很努力，投入了很大的成本，但是這些努力相互抵消掉了。

做事的時候不僅目標必須清晰，而且在配置人員時也要保證他們能夠形成一個方向的合力。如果兩個人用力的方向有 120° 夾角，也就是說有時候合作，有時候分歧，結果就是兩個人只產生了一個人原來應有的產出。一些企業迷信把幾個高水準的人堆到一起就能產生好的效果，這其實是小學生的思維方式。如果找來的人不能與其他人好好配合，有時這個人越強就越有副作用。

不僅多個人合作會因為方向不一致出問題，即使只有一個人自己努力，如果方向總是搖擺，也會出大問題。例如在我們前面舉的逃離爆破現場的例子中，方向來回換，特別是動不動轉個大彎，其實最後是在兜圈子。

接下來我們看看向量相乘給我們的啟示，我們以做功為例來說明。我們知道，做功的多少，不僅取決於用力的多少、位移的長度，還取決於用力方向和位移方向之間的夾角。我們用 500 牛頓的力做功，推動車子走了 20 公尺，我們做了多少功呢？有人說是 $500 \times 20 = 10000$ 焦耳。這個答案只有在用力的方向和位移的方向完全一致時才成立。如果我們的用力和位移的方向有 60° 夾角，我們做的功只有 5000 焦耳。如果用力的方向和位移的方向垂直，做功則是 0。當然，更極端的情況是，如果用力方向和位移相反，做的是負功。做功的多少和角度的關係，可以用圖 9.9 的曲線表示，當夾角為 0 時，做功最有效，當夾角為 90° 時，做功為 0，當夾角再大時，做的是負功。

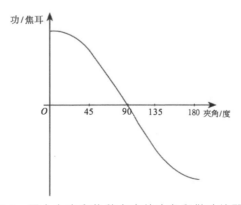

圖 9.9　用力方向和位移方向的夾角與做功的關係

從圖 9.9 中的曲線可以看出，即使在用力，如果用力的方向和位移不一致，做功的效果就不好。在現實生活中，一個時代的大趨勢，就是位移的方向，這是我們無法改變的，我們所能改變的，只能是自己的用力方向，這個方向和時代的趨勢一致，做功的效果就好。因此，數學是一個可以幫助我們理清思路的工具。

既然向量之間的夾角如此重要，如果我們事先不知道它們的夾角，能否透過其他資訊計算出來？得到夾角之後，除了能解決物理學的各種問題，還有沒有其他的應用呢？這其實才是我們真正關心的問題，也是我們學習和了解向量代數的目的。

❹ 餘弦定理：向量夾角的計算

在向量中，角度非常重要。但是，在生活中，角度的測量常常是間接的，因為幾十公尺、幾百公尺外的兩個點和我們之間的夾角不太可能用量角器度量。最常用的測量和計算角度的方法，就是先確定三角形的三條邊長，然後利用餘弦定理計算出兩個相鄰邊的夾角。

餘弦定理我們在中學都學過，但絕大部分人可能已經忘記了，因為大家恐怕一輩子也沒有用過一次。這也怪不得大家，因為幾乎沒有一本中學數學的教科書，會講餘弦定理在資訊時代的用途，儘管它用途很多。教科書在講餘弦定理時，主要是為了讓大家知道在三角形已知兩條邊的情況下，如何計算第三條邊的長度，除非將來從事測繪工作，否則這件事一輩子也碰不到。當然，大家記不住餘弦定理還有一個原因，就是它的公式略顯複雜，而它的來龍去脈，特別是和勾股定理的關係，教科書一般並不刻意強調。因此，要講清楚餘弦定理以及它的用途，就要先從勾股定理出發，看看它到底顯示的是什麼規律。

我們在前面講了，勾股定理表示了直角三角形兩條直角邊和斜邊的關係，即 $a^2 + b^2 = c^2$。為了加強大家的感性認識，我們再畫一遍圖（如圖 9.10 所示）。

接下來讓我們一同思考這樣一個問題：如果 a 和 b 的夾角是銳角，也就是比 90° 小，那麼 c^2 和 a^2+b^2 哪個更大？如果 a 和 b 的夾角是鈍角，也就是比 90° 大，情況又如何？這兩個問題其實我們畫一下圖（圖 9.11），就一目瞭然了。

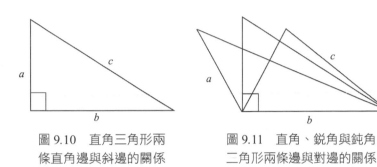

圖 9.10　直角三角形兩　　　　　圖 9.11　直角、銳角與鈍角
條直角邊與斜邊的關係　　　　　二角形兩條邊與對邊的關係

從圖 9.11 很容易看出，如果 a 和 b 的夾角超過 90°，所對的斜邊 c 就比較長，c^2 超過了 a^2+b^2；如果 a 和 b 的夾角小於 90°，那麼斜邊 c 就比較短，c^2 小於 a^2+b^2。也就是說，對比一下 c^2，以及 a^2+b^2，就知道夾角是什麼樣的角了。為了方便起見，我們把勾股定理重新寫一下，變成這樣一種形式：

$a^2+b^2-c^2=0$

我們將等式左邊的部分，也就是 $a^2+b^2-c^2$ 作為一個判定使用，用 $\varDelta$ 表示它。根據 $\varDelta$ 大小，就可以判斷夾角的情況：$\varDelta$ 大於 0 為銳角，等於 0 為直角，小於 0 為鈍角（如表 9.2 所示）。

表 9.2　三角形兩邊長度及其夾角和對邊的關係

a、b 夾角	判定 $\varDelta=a^2+b^2-c^2$
$=90°$	$=0$
$<90°$	>0
$>90°$	<0

回顧一下函數的概念，我們就會發現 $\varDelta$ 是 a，b，c 三個變數的函數。對

於同樣一個角，如果三角形邊長都比較長，那麼 Δ 的動態範圍很大；如果邊長很短，Δ 的動態範圍就很小。為了消除邊長的影響，我們將 Δ 除以夾角的兩個邊的長度 a 和 b，寫成：

$$\delta = \frac{a^2 + b^2 - c^2}{2ab} \tag{9.5}$$

可以證明，這樣算出來的 δ 的動態範圍就在 -1 到 $+1$ 之間。如果 $\delta = -1$，那麼夾角最大，就是 $180°$；如果 $\delta = 0$，就是 $90°$；如果 $\delta = 1$，就是 $0°$ 角。事實上 δ 就等於夾角的餘弦函數值。這樣一來，我們就從勾股定理出發，建立了角度判定因子 δ 和具體角度之間的關係，這種關係就是餘弦定理。通常餘弦定理用下面的公式表述：

$$\cos C = \frac{a^2 + b^2 - c^2}{2ab} \tag{9.6}$$

或者

$$c^2 = a^2 + b^2 - 2ab\cos C \tag{9.7}$$

餘弦定理的思想最初出現在歐基里德的《幾何原本》。但是由於當時並沒有成體系的三角學，因此並沒有把這個判定和角度的關係用餘弦函數表示。到了十五世紀，波斯數學家卡西（Jamshid al-Kashi）正式提出了餘弦定理。

有了餘弦定理後，我們會發現勾股定理其實是餘弦定理在直角情況下的特例。當然，換一個角度來看，餘弦定理是勾股定理的擴展。從它們的關係，我們可以體會到系統性學習數學的意義：能夠學會從已知的定理推導出新的定理，並且自然地理解各種數學概念之間的相關性。

有了餘弦定理，我們就能夠透過三角形的三條邊的邊長，計算它的任意一個內角。對於兩個向量來講，如果我們把它們的起點放到原點，那麼原點和這兩個向量終點構成一個三角形，如圖 9.12 所示。這個三角形的三條邊顯然是確定的，由此我們可以用公式（9.6）算出兩個向量的夾角 θ。

值得一提的是，$a^2+b^2-c^2$ 恰好等於 a 和 b 兩個向量的內積 $<a，b>$ 的兩倍，我們將它代入到公式（9.6），就得到：

$$\cos C=\frac{\langle a，b\rangle}{\|a\|\cdot\|b\|} \quad （9.8）$$

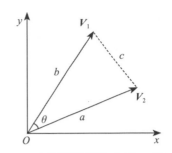

圖 9.12　由兩個已知的向量 V_1 和 V_2，利用餘弦定理計算它們的夾角 θ

這個公式也被看作餘弦定理的另一種表述方式，它的推導過程我們這裡就省略了。

關於多維向量 $V_1=（v_{1,1}，v_{1,2}，\cdots，v_{1,n}）$ 和 $V_2=（v_{2,1}，v_{2,2}，\cdots，v_{2,n}）$ 的內積，通常採用下面的公式計算：

$$V_1\cdot V_2=v_{1,1}v_{2,1}+v_{1,2}v_{2,2}+\cdots+v_{1,n}v_{2,n} \quad （9.9）$$

當然，如果要想計算這兩個向量的夾角，再套用餘弦定理即可。

接下來的問題就是，算出兩個向量的夾角有什麼用？下一節我們會舉兩個具體的例子說明它的具體應用。

本節思考題

如果兩個向量的夾角為 180°，這兩個向量的各個分量之間有什麼關係？

9.2 餘弦定理：文本分類與履歷篩選

今天，使用餘弦定理解決幾何問題的場合其實不算很多，但是餘弦定理在很多領域都有應用，有些應用甚至根本想不到其背後的數學原理是餘弦定理。

我們不妨來看兩個例子。

❶ 利用餘弦定理對文本進行分類

首先我們來看電腦如何對文本進行自動分類。

很多人可能會覺得，文本的自動分類和向量的夾角這兩件事毫不相干，怎麼會聯結在一起呢？我們不妨來看看電腦對文本進行自動分類的原理。

我們知道一篇文章的主題和內容，其實是由它所使用的文字所決定，不同的文章使用的文字不同，但是主題相似的文章使用的文字有很大的相似性。例如金融類的文章裡可能會經常出現金融、股票、交易、經濟等詞，電腦類的則會經常出現軟體、網路、半導體等詞。假如這兩部分關鍵詞沒有重複，我們便很容易把這兩類文本分開。假如它們有重複怎麼辦？那麼我們就要看這兩類文章中各個詞出現的頻率了。根據我們的經驗，金融類的文章中即使混有一些電腦類的詞，這些詞的頻率也不會太高，反之亦然。為方便說明如何區分這兩類文章，我們就假設漢語中只有金融、股票、交易、經濟、電腦、軟體、網路和半導體這八個詞。假設有一篇經濟學的文章，這八個詞出現的次數分別是（23，32，14，10，1，0，3，2），另一篇電腦的文章裡，這八個詞出現的次數是（3，2，4，0，41，30，31，12），這樣它們就各自形成一個八維的向量，我們稱之為 V_1 和 V_2。我們不妨用餘弦定理的公式（9.8）計算一下它們的夾角：

$$\cos \theta = \frac{\langle V_1 , V_2 \rangle}{\| V_1 \| \cdot \| V_2 \|}$$

$$= \frac{(23 \times 3 + 32 \times 2 + 14 \times 4 + 10 \times 0 + 1 \times 41 + 0 \times 30 + 3 \times 31 + 2 \times 12)}{\sqrt{23^2 + 32^2 + 14^2 + 10^2 + 1^2 + 0^2 + 3^2 + 2^2} \times \sqrt{3^2 + 2^2 + 4^2 + 0^2 + 41^2 + 30^2 + 31^2 + 12^2}}$$

$$= 0.132$$

由此計算出 $\theta \approx 82.4^{\circ}$。

由於這些向量每一個維度都是正數，因此它們都在坐標軸所示的第 I 象

限，因此兩個文本特徵向量（eigenvector）之間夾角最多就是 90°。82.4° 的夾角非常大，已經近乎垂直或說正交了。代表兩類不同文章所對應的向量之間的夾角會很大。

如果我們再假設另有一篇文章，八個詞的詞頻是 $V_3 = (1, 3, 0, 2, 25, 23, 14, 10)$，我們可以用上述方法算出它和上述第二篇文章對應的向量夾角只有 7.5°，這是非常小的。圖 9.13 顯示上述三個向量之間大致的夾角。當然，由於是將八維空間的向量投入到二維中，因此示意的夾角和原向量之間的夾角會略有不同。從圖 9.13 可以看出第一個和第二個向量夾角很大，而第二和第三個夾角很小。由此，我們大致可以判定第三篇文章應該和第二篇主題相近，也屬於電腦類。

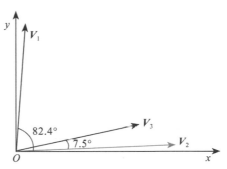

圖 9.13　不同主題的文章特徵向量之間的夾角很大，而同類文章則很小

接下來我們須思考一個問題，什麼樣的特徵向量之間夾角會比較小？什麼樣的情況下幾乎是正交的呢？如果你對比上面三個向量，就會發現一個特點：當兩個向量在同樣的維度上的分量都比較大時，它們的夾角就很小；反之，當兩個向量在不同維度上分量較大時，就近乎正交。例如上述第二個和第三個向量，它們後四個維度上分量值都較大，因此它們夾角就小。而第一個向量在前四個維度的分量較大，在後四個上很小，和第二個向量的情況正好相反，因此就近乎正交。因此，我們可以得到這樣一些定性的結論：

（1）如果兩個向量各個維度的分量大致成比例，則它們的夾角非常小；如果它們嚴格地成比例，則夾角為 0；

（2）如果兩個向量的各個維度的分量大致「互補」，也就是說，第一個向量中某個維度的分量很大，第二個向量相應維度的分量很小，甚至為 0，或者反過來，那麼它們之間的夾角就接近 90°，兩個向量近乎正交；

（3）如果一個向量所有的維度都相等，像（10，10，10，10，10，10，10，10）這樣的向量，它可能和任何一個向量都不太接近。這個性質我們後面還要用到。

當然，在真實的文章分類不止用這八個詞，而是有十萬數量級的詞彙，因此每一篇文章對應的向量有大約十萬維左右，這些向量我們稱之為特徵向量。透過餘弦定理計算特徵向量之間的夾角，就能判斷哪些文章比較接近，該屬於同一類。

❷ 利用餘弦定理對人進行分類

向量不僅可以對文章進行分類，還可以對人進行分類。

今天很多大公司在招聘員工時，由於履歷相當多，會先用電腦自動篩選履歷，其方法的本質，就是把人根據履歷向量化，然後計算夾角。具體的做法如下。

首先，它們會把各種技能和素質列成一張表，這就如同我們在做文章分類時會把詞彙列成一張表一樣，這個表有 N 個維度。對於不同職位人員的要求，體現為某些維度的權重很高，某些維度較低，一些無關的維度可以是 0。例如對開發人員的要求主要是六個方面，權重如下（其他方面的要求權重是 0，不做列舉）：

（1）編程能力 40；

（2）工程經驗 20；

（3）溝通能力 10；

（4）學歷和專業基礎 10；

（5）領導力 5；

（6）企業文化融合度 10。

對銷售職位的要求會有所不同。這樣每個職位都對應一個 N 維的向量，我們假設是 V。

接下來，電腦會對履歷進行分析，把每一份履歷變成一個 N 維的向量，我們假設是 P。

然後就可以計算 P 和 V 的夾角。如果夾角非常小，代表某一份履歷和某一個職位可能比較匹配。這時履歷才轉到相應的人事部門，人事部門的人才開始看履歷。

如果某份履歷和哪一個職位都不太匹配，這份履歷就石沉大海了。這種做法是否會有誤差，讓一些好的候選人永遠進不了人事部的視野呢？完全有可能，但是機率並不高，因為電腦做的只是初篩，標準較寬。要知道今天像 Google、臉書或微軟這樣的公司，一個職位常常有上百名求職者，合格的多則有十名、八名，少則有三名、五名，漏掉一、兩名合格的人，對公司來講沒什麼損失，但是對於求職者來講，就是 100% 的損失。因此，除非求職者有非常強的推薦人，否則履歷寫得不好經常連第一關都過不了。

很多人在寫履歷時常犯的一個毛病就是重點不突出，他們所對應的向量其實就是一種每個維度數值都差不多的向量，就像我們前面說的每個分量都是 10 的向量。這種向量和其他向量的夾角都不會小，即和每個職位的匹配度都不高。很多人喜歡在履歷把自己有關、無關的所有經歷統統寫進去，然後把自己描繪成全能的人，其實在電腦匹配履歷和工作時，這種履歷常常一個職位都匹配不上。

很多人覺得履歷多寫點東西沒壞處，這種認知是錯誤的，這些畫蛇添足的內容恰恰稀釋了求職者的競爭力。好的履歷應該是什麼樣的呢？求職者不妨好好看看職位要求，然後根據要求寫履歷。這樣在公司看中的維度上，求職者得分就高。在公司根本不在意的維度，寫履歷時不須強調相關經歷。

透過以上兩個例子，我們不難看出數學的應用場合遠比我們想像得多。生活中很多問題都能轉化為數學問題。今天的電腦之所以顯得比較聰明，就是因為科學家和工程師們想方設法把現實的問題轉化成了數學問題，然後用電腦解決。

　　向量是線性代數的基礎。在向量之上，數學家們還發明了更複雜、更便於今天電腦使用的工具，那就是矩陣。這也是下一節的內容。

本節思考題

用關鍵詞對文章或求職者的履歷進行分類時，有些高頻率出現的詞，例如「電腦」、「大學」、「優秀」等，會在各類的文本或所有人的履歷出現，由於它們的出現頻率較高，稍微有一點誤差就會影響到分類的結果。如何修正這種高頻率名詞帶來的誤差？

9.3 矩陣：多元思維的應用

❶ 矩陣的含義

　　線性代數最基本的概念是向量，使用最多的概念則是矩陣。矩陣是怎樣一回事？它有什麼用途呢？讓我們先來看一個具體的矩陣：

$$\begin{bmatrix} 3 & 2 & 5 & 0 \\ 4 & 2 & 3 & 1 \\ -1 & 4 & 5 & 6 \end{bmatrix}$$

　　這是一個典型的矩陣，大家已經看出，它無非就是把數字按照橫豎排起來，每一行、每一列數字的數量都分別相等。具體到這個矩陣，因為有 3 行、4 列，我們稱之為 3×4 矩陣。這樣橫平豎直地將數字排列起來有什麼用呢？其實，這樣排列不是原因，而是結果。因為如果我們把很多同樣維度的向量排在一起，就是這個樣子。

　　例如一個企業在招聘員工時，把所有考核項目總結為 N 個維度。每一個職位對各種能力的側重點就是一個 N 維向量，例如辦公室的要求是這樣一個

向量，$V_1 = (v_{1,1}, v_{1,2}, \cdots, v_{1,n}) = (30, 10, 0, 0, 3, 19, \cdots, 20, 0,$ $0, 0, 0)$。當然公司不僅有行政一個部門，還有人事部門、銷售部門、研發部門、產品部門、倉儲部門等，每一個部門可能又有不同的職位，每一個職位的要求都是一個向量。於是，我們就會有 $V_2, V_3, V_4, \cdots, V_M$。這麼多向量如果放在一起，怎麼表示比較好呢？顯然，最直觀的方式就是把它們一行行排起來，形成一個整體，我們稱之為矩陣，不妨用 V 表示。如果每一個部門考察的能力略有不同，我們可以取各種能力的合集作為考察的維度，如果某項能力一個部門不需要，權重設置為 0 即可。這樣就形成了一個有 M 行 N 列的矩陣，稱為 $M \times N$ 矩陣，如下式所示：

$$V = \begin{bmatrix} 30 & 10 & 0 & 0 & 3 & 19 & \cdots & 20 & 0 & 0 & 0 & 0 \\ 0 & 20 & 0 & 10 & 0 & 4 & \cdots & 0 & 0 & 5 & 30 & 15 \\ \vdots & \vdots & \vdots & \vdots & \vdots & \vdots & & \vdots & \vdots & \vdots & \vdots & \vdots \\ 0 & 5 & 0 & 10 & 32 & 0 & \cdots & 0 & 11 & 0 & 1 & 3 \\ 0 & 0 & 20 & 4 & 0 & 9 & \cdots & 0 & 30 & 9 & 2 & 0 \end{bmatrix}$$

這個矩陣中每一行本身是一個向量，它們被稱為行向量。不難看出，矩陣是由很多向量擴展而得到的結果。有了這樣一個矩陣，一個單位對人才各種能力的要求就一清二楚了。

❷ 矩陣的運算

矩陣是一個很常用的數學工具。作為一種數學工具，通常必須進行各種基本的運算，例如加減乘除。和矩陣有關的運算很多，我們這裡只介紹兩種最簡單的，即加法和乘法。

我們先介紹**矩陣的加法**。

在上述那個 $M \times N$ 的矩陣中，代表了一個企業各個職位對各種技能的要求。假設這個企業是一家跨國公司，它會對各個職位的人員有一個總體的要求，但是對於不同國家的員工又會在技能要求做一些調整。例如它對海外員工的英語程度會提出一種要求，對總部銷售人員的外語程度會提出另一種要求。

我們把總體要求用前面的矩陣 V 表示，某個國家職位相應的調整值用下面的矩陣 X 表示：

$$X=\begin{bmatrix} 0 & -1 & 1 & 1 & 0 & 1 & \cdots & -2 & 0 & 0 & 0 & 0 \\ 0 & 20 & 0 & -1 & 0 & 0 & \cdots & 1 & 0 & 1 & -5 & -5 \\ \vdots & \vdots & \vdots & \vdots & \vdots & \vdots & & \vdots & \vdots & \vdots & \vdots & \vdots \\ 0 & 0 & 0 & -10 & -2 & 0 & \cdots & 0 & -1 & 0 & -1 & 0 \\ 0 & 0 & -2 & 2 & 0 & -9 & \cdots & 0 & 3 & 0 & -2 & 0 \end{bmatrix}$$

那麼矩陣 $V+X$，就是表示在某個國家具體的要求。

當我們進行 $V+X$ 時，只要把兩個矩陣相應位置的元素逐一相加即可，如 V 矩陣第 2 行第 4 列是 10，X 矩陣相應位置的元素是 -1，相加後，新的矩陣 $V+X$ 中相應位置就是 9，整個矩陣 $V+X$ 如下所示：

$$V+X=\begin{bmatrix} 30 & 9 & 1 & 1 & 3 & 20 & \cdots & 18 & 0 & 0 & 0 & 0 \\ 0 & 40 & 0 & 9 & 0 & 4 & \cdots & 1 & 0 & 6 & 25 & 10 \\ \vdots & \vdots & \vdots & \vdots & \vdots & \vdots & & \vdots & \vdots & \vdots & \vdots & \vdots \\ 0 & 5 & 0 & 0 & 30 & 0 & \cdots & 0 & 10 & 0 & 0 & 3 \\ 0 & 0 & 18 & 6 & 0 & 0 & \cdots & 0 & 33 & 9 & 0 & 0 \end{bmatrix}$$

在工作中，我們經常需要有相對固定的大原則，以及針對各種情況的小變動，這時候就需要一個相對固定的核心矩陣，再加上一個增量矩陣，而不是複製一大堆數值以後逐一修改。因此，矩陣加法實際上是代表一種思維方式。

我們再來看**矩陣的乘法**。

相比矩陣加法，用途更大的可能是矩陣的乘法，它是向量和向量相乘的延伸。因此，為了講清楚矩陣的乘法，我們用剛才那個企業不同職位對各種技能要求的矩陣為例子，從向量的乘法開始，分為三步講述。

第一步，我們回顧一下向量和向量的乘法，也就是我們前面講到的內積。

在前面的矩陣中，每一行（V_i，$i=1$，2，3，$\cdots$，M）代表某公司一個職位對技能的要求。每一個求職者的履歷，也可以用一個同樣維度的向量表示，我們假定某個求職者相應的特徵向量為：

$$U = \begin{bmatrix} u_1 \\ u_2 \\ \vdots \\ u_N \end{bmatrix},$$

N 為技能的維度，即 N 種技能要求。為了後面表達方便起見，我們把向量 U 豎過來寫，它被稱為列向量。在這個向量中，某個分量 u_i 代表這個人第 i 項技能的得分值。

如果我們想知道這名求職者和第一個職位的匹配程度，我們就須計算這個職位對應的技能向量與求職者技能向量的夾角，也就是 V_1 和 U 的夾角。根據前面所介紹計算兩個向量夾角的公式（9.8），我們須先計算 V_1 和 U 這兩個向量的內積，即：

$$\langle V_1, U \rangle = v_{1,1} \cdot u_1 + v_{1,2} \cdot u_2 + \cdots = \sum_{i=1}^{N} v_{1,i} \cdot u_i \tag{9.10}$$

我們在前面講了，這個乘積的結果是一個純量，不再有方向性了，我們不妨稱之為 w_1。w_1 其實和 V_1、U 這兩個向量夾角的餘弦等價，因為它們之間只相差 V_1 和 U 這兩個向量的長度，而這些向量的長度可以事先歸一化。也就是說，可以把向量的長度都變成 1，而不影響它們夾角的計算。因此 w_1 其實就反映了職位 V_1 和求職者 U 的匹配程度。

第二步，我們把上述操作進行擴展，就是矩陣和向量相乘了。

我們拿矩陣 V 中第二個職位對應於的向量 V_2 和 U 相乘，可以得到一個數量 w_2，它反映第二個職位和求職者的匹配程度。然後我們可以這樣不斷地做下去，把 V 中每一行的向量 V_i 分別和 U 內積。我們假定結果為 w_i，這些結果放在一起其實就形成一個新的向量 $W = (w_1, w_2, \cdots, w_M)$。上述過程，我們把它寫成如下的形式，它就是矩陣和向量相乘了，即

$$V \times U = \begin{bmatrix} v_{1,1} & v_{1,2} & \cdots & v_{1,N} \\ v_{2,1} & v_{2,2} & \cdots & v_{2,N} \\ \vdots & \vdots & \vdots & \vdots \\ v_{M,1} & v_{M,2} & \cdots & v_{M,N} \end{bmatrix} \times \begin{bmatrix} u_1 \\ u_2 \\ \vdots \\ u_N \end{bmatrix} = \begin{bmatrix} w_1 \\ w_2 \\ \vdots \\ w_N \end{bmatrix} = W$$

其中，$w_i = \sum_{S=1}^{N} v_{i,s} u_S$，$i = 1$，$2$，$\cdots$，$M$。也就是說矩陣 V 和向量 U 相乘，會得到一個向量 W，其中 V 的第 i 行和向量 U，得到的結果為 W 的第 i 個元素。

第三步，讓我們再往前走一點，從矩陣和向量相乘，擴展到矩陣和矩陣相乘。

我假設有 K 個候選人，每個人的特徵向量為 U_1，U_2，U_3，$\cdots$，U_K，描述所有職位的矩陣還是 V，我們把矩陣 V 和每個人的特徵向量一一相乘，就會得到 K 個列向量 W_1，W_2，W_3，$\cdots$，W_K。這樣我們會有 K 個類似於（9.10）式的式子，這些式子形式都相同，只是數值改變了，因此重複 K 次實在有點囉唆，我們不妨將它們寫到一起。

我們首先把 K 個人的特徵向量 U_1，U_2，U_3，$\cdots$，U_K 寫到一起，就形成一個矩陣 U，如圖 9.14（a）所示。注意，U 這個矩陣有 K 列，每一列有 N 個元素，或者說 N 行，因此，它是一個 $N \times K$ 的矩陣。類似地，我們也可以把結果向量 W_1，W_2，W_3，$\cdots$，W_K 寫到一起，形成一個矩陣 W，它也有 K 列，但是每一列有 M 個元素，因此 W 矩陣是 $M \times K$，如圖 9.14（b）所示。

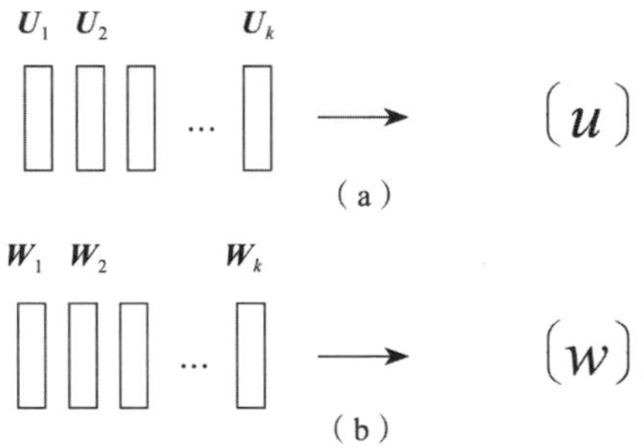

圖 9.14　將若干個列向量合併成一個矩陣

如此，我們就把上述 K 個矩陣 U 與向量 V_i 相乘的過程，合併成以下的形式：

$$\begin{bmatrix} v_{1,1} & v_{1,2} & \cdots & v_{1,N} \\ v_{2,1} & v_{2,2} & \cdots & v_{2,N} \\ \vdots & \vdots & & \vdots \\ v_{M,1} & v_{M,2} & \cdots & v_{M,N} \end{bmatrix} \times \begin{bmatrix} u_{1,1} & u_{1,2} & \cdots & u_{1,K} \\ u_{2,1} & u_{2,2} & \cdots & u_{2,K} \\ \vdots & \vdots & & \vdots \\ u_{N,1} & u_{N,2} & \cdots & u_{N,K} \end{bmatrix}$$

$$= \begin{bmatrix} w_{1,1} & w_{1,2} & \cdots & w_{1,K} \\ w_{2,1} & w_{2,2} & \cdots & w_{2,K} \\ \vdots & \vdots & & \vdots \\ w_{M,1} & w_{M,2} & \cdots & w_{M,K} \end{bmatrix} \qquad (9.11)$$

在結果矩陣 W 中，第 i 行第 j 列的元素，就代表企業第 i 個職位和第 j 名求職者能力的匹配程度，具體講，就是

$$w_{i,j} = \sum_{S=1}^{N} v_{i,S} \cdot u_{S,j} \qquad (9.12)$$

並非任意兩個矩陣都能進行乘法運算。在矩陣相乘時，每一次運算都是由左邊矩陣的行向量和右邊矩陣的列向量相乘，因此要求這兩個向量等長。也就是說，左邊矩陣的列數要等於右邊矩陣的行數，這是矩陣相乘的基本要求。一個 $M \times N$ 的矩陣，和一個 $N \times K$ 的矩陣相乘，結果是一個 $M \times K$ 的矩陣。

讓矩陣彼此相乘，相比矩陣和向量相乘，有什麼好處呢？簡單地講有兩個明顯的好處。

首先，矩陣和向量相乘可以視為小批次處理，而矩陣彼此相乘則是大批次處理，後者更便於利用電腦這樣的工具自動完成大量的計算。其次，矩陣的運算經過上百年的發展，演化出一系列很方便的計算工具。例如讓兩個體量非常大的矩陣相乘，原本的計算量是巨大的，但是在現實中，矩陣中很多元素是 0 或非常小，它們對計算結果沒有影響，或其影響小到可以忽略不計。利用這個特性，數學家們發明出一整套專門針對這種情況的特殊矩陣運算方法，可以成千上萬倍地提高計算效率。這些算法提高效率的前提是，必須將整個矩陣整體考慮。如果我們對向量進行單個處理，就無法利用各種矩陣算法的便利之處了。

❸ 矩陣運算的用途

矩陣乘法的應用很多，我們平時用初等數學做的很多事都可以轉化成矩陣的運算，我們不妨再來看一個實際的例子。

假如你有 1 萬元要投資，可以交給兩家投資銀行替你投資。為了分散投資

風險，並且兼顧收益和風險的平衡，專業的投資銀行通常會進行一些簡單的組合投資，投資的對象有股票基金、債券基金和高風險基金（如期貨投資、私募基金和風險投資）。第一家投資銀行投資三類金融產品的報酬率分別是 7%、3% 和 10%，第二家投資三類金融產品的報酬率分別是 8%、2%、9%。當然，這些都是歷史數據，只能做參考。

現在的問題是，你該找第一家還是第二家投資銀行幫你投資？

我們不妨把這兩組數放到下面這個矩陣中：

$$R = \begin{bmatrix} 7\% & 3\% & 10\% \\ 8\% & 2\% & 9\% \end{bmatrix}$$

然後，我們根據自己對各種投資的喜愛和對風險的承受能力，分別測算在不同情況下的報酬率是多少。例如在第一種情況下，1 萬元按照上述投資類型的分配方式如下：7,000 元、2,000 元、1,000 元，它們構成了如下的列向量：

$$P_1 = \begin{bmatrix} 7000 \\ 2000 \\ 1000 \end{bmatrix},$$

這時，如果把錢交給這兩家公司，整體報酬就是矩陣 R 和向量 P_1 相乘的結果，即：

$$R \cdot P_1 = \begin{bmatrix} 7\% & 3\% & 10\% \\ 8\% & 2\% & 9\% \end{bmatrix} \cdot \begin{bmatrix} 7000 \\ 2000 \\ 1000 \end{bmatrix} = \begin{bmatrix} 650 \\ 690 \end{bmatrix}$$

我們可以看到，第二家投資銀行帶來的報酬更高。至於這樣計算為什麼正確，其實我們回顧一下算術中的加權平均，就能理解了。以第一家投資銀行為例，7,000 元的 7% 報酬率是 490 元，2,000 元的 3% 報酬率是 60 元，1,000元的 10% 報酬率是 100 元，加起來是 650 元。我們把這個式子列示如下：

$7\% \times 7000 + 3\% \times 2000 + 10\% \times 1000 = 650$

這正好就是矩陣中的第一行和向量的內積運算，這樣更清晰一些。類似地，第二個結果 690，就是矩陣第二行和向量各個元素相乘後再相加的結果。

當然，可能有些讀者朋友已經看出來了，這其實就是算術的加權平均。為什麼一定要用矩陣這樣的工具呢？如果只有三個維度，可能無須使用矩陣。但是，正如在我們前面職位和員工匹配的例子所講到的，真實世界的問題可能要考慮幾十維甚至更多維的因素，例如在電腦進行文章的自動分類時，要考慮數十萬維，在計算網頁排名時，要考慮數十億維。這麼多因素放到一起，人通常很難進行計算。人的頭腦不是用來進行機械地大量重複計算的，而是為了發明工具、設計通用方法的。有了矩陣這個工具，上述問題哪怕維度再多，計算也非常直觀，而且既方便又不容易出錯。

接下來，我們再看看矩陣相乘的例子。在上一個例子中，假如你對風險的承受力比較強，願意將更多的錢放在高風險高報酬的基金中。例如按照 3,000 元、2,000 元、5,000 元分配投資，我們把這個向量稱為 P_2，這時哪家的報酬更高呢？我們再用矩陣和向量的乘法做一次，得到下面的結果：

$$R \cdot P_2 = \begin{bmatrix} 7\% & 3\% & 10\% \\ 8\% & 2\% & 9\% \end{bmatrix} \cdot \begin{bmatrix} 3000 \\ 2000 \\ 5000 \end{bmatrix} = \begin{bmatrix} 770 \\ 730 \end{bmatrix}$$

可以看出，這時第一家投行給的報酬更高了。當然，你還可以嘗試其他的投資方式，對應的向量就是 P_3，P_4，P_5，…。今天，你如果帶著一大筆錢找到高盛或摩根史坦利，問他們打算怎麼幫你投資，他們做的第一件事情就是根據歷史數據，推算出在不同投資配比情況下報酬是多少。這時比較方便的做法就是直接把 P_1，P_2，P_3，…這些向量一字排開，得到一個矩陣 P：

$$P = \begin{bmatrix} 7000 & 3000 & \cdots \\ 2000 & 2000 & \cdots \\ 1000 & 5000 & \cdots \end{bmatrix}$$

這個矩陣 P 其實就是你在不同風險承受情況下資金分配的方式。然後，讓投資報酬矩陣 R 和資金分配矩陣 P 相乘，得到的結果是如下的矩陣：

$$R \cdot P_2 = \begin{bmatrix} 7\% & 3\% & 10\% \\ 8\% & 2\% & 9\% \end{bmatrix} \cdot \begin{bmatrix} 7000 & 3000 & \cdots \\ 2000 & 2000 & \cdots \\ 1000 & 5000 & \cdots \end{bmatrix} = \begin{bmatrix} 650 & 770 & \cdots \\ 690 & 730 & \cdots \end{bmatrix}$$

從上述結果來看，如果採用相對激進一點的投資策略，選擇第一家銀行能夠獲得最大的投資報酬。

在現實世界裡，組合投資遠比上述情形要複雜得多。每一家有一定規模的投資銀行，都可以為顧客提供各種投資工具，即使是股票基金，也有很多種選擇，債券基金更是如此。因此，這些機構能夠提供的組合投資方式不只一種，即不只一個向量，而是一個複雜的矩陣。當然顧客的想法也不是簡單的一個線性組合，而是一個複雜的矩陣。因此，今天如果一個大學畢業生到投資銀行工作，他們用到最多的數學工具就是線性代數的矩陣運算。

矩陣的原理並不難理解，它就是把很多數字按照行的順序和列的順序排列到一起。這樣一種排列，就形成了一種有效的數學工具，用於大批次處理資訊。特別是今天有了電腦之後，如果我們還是用加權平均的方法處理訊息，那只是一個一個訊息單獨處理，電腦的效率根本發揮不出來。我們使用矩陣和向量，就可以讓電腦批次處理資訊、解決問題，從而使電腦的優勢得到極大程度的發揮。

從認知上講，矩陣是一個讓我們對事物的理解從個體到整體的工具。矩陣的加法反映出核心數量值和微小增量的關係；矩陣的乘法，則體現出將很多維度的資訊綜合考慮批次處理的原則。這些都是我們今天在資訊時代要有的多元思維方式。

本節思考題

從認知上來講，矩陣是一個讓我們對事物的理解從個體到整體的工具。但是在應用中，我們有時須逆向思考問題。很多時候，一個大問題無法直接解決，須化解為很多小問題逐一解決後再合併結果。如何將一個矩陣的運算化解為多個小矩陣的運算？

本章小結

　　向量和矩陣在數學史上出現得比較晚，因為近代自然科學的發展，才有了區分數的方向之需求，隨後大量工程問題須要使用向量的計算，在此基礎發展出了基於這兩種工具的線性代數。至於這個數學分支為什麼叫線性代數，我們從矩陣和向量相乘的過程就能知道答案了。在那些運算中，左邊矩陣裡的數字可以被看成是一組常數係數，右邊豎著的向量中的數則是未知數變數，矩陣和向量的乘法因此就變成了一組線性方程。如果把它們畫在空間中，就是直線、平面或立方體，它們都是線性的，不會有任何曲線，線性代數因此而得名。

　　當然，自然界中很多數學問題並非線性，但是我們在解決它們的時候經常將問題近似為線性的問題，這樣可以利用很多線性代數的工具解決。

結束語

　　代數是數學的基礎分支之一。它早期研究的對象包括數量、變數、方程式和函數關係等。變數的使用讓人們可以用一個抽象的符號代表一類事物，方程和函數則用簡潔、確定的方式準確描述出變數之間的關係，以及它們的變化規律。因此，代數成為自然科學和很多其他學科（如經濟學）描述規律的工具。例如我們用一個方程 $f=ma$ 就描述清楚了作用力 f、加速度 a 和物體質量 m 三者之間的關係。隨著人類須處理大量多維度的數據，向量和矩陣這樣的代數工具被發明出來，它們使我們今天能夠利用電腦對大量的數據進行有效的處理。

　　在近代之前，人們只關心數和變數的性質和相互關係。到了近代，代數的研究對象從具體的數字，擴展到了各種抽象化的結構，這就出現了近世代數。我們會在本書的最後介紹以群（group）、環（ring）、體（field）等概念為核心的近世代數。

微積分篇

人們通常把微積分作為初等數學和高等數學的分界線。這不僅僅是因為從微積分之後的數學變得難以理解，更是因為微積分使用動態的眼光看待現實世界的問題——在它出現之前，人類是以相對靜態的方式看待世界。例如關於速度這個概念，在初等數學，以及在早期物理中，我們討論的都是平均速度，我們只能得到一段時間裡速度的快與慢。但是，有了微積分之後，我們就可以準確地掌握瞬時速度，並且動態描述速度的變化了。

對於一些更為複雜的概念，例如山路或鐵道轉彎處的曲率，在沒有微積分之前，我們只能定性地用急和緩的詞來形容，我們甚至無法定量地描述。微積分出現之後，人們才能夠準確地、定量地描述彎道的曲率，各種道路、水渠和管道的建設才有了理論依據。

微積分的作用不僅限於此，它更重要的意義是提供了一種思維方式。它讓我們既能夠準確地把握每一個微觀細節，又能夠了解宏觀變化的規律。更重要的是，它用數學的方法建立起了微觀細節和宏觀規律之間的連結。簡單地說，微分就是透過宏觀現象，獲得對微觀規律的了解；而積分則是透過微觀變化的累積，獲得對宏觀趨勢的把控。

微分：
如何理解宏觀和微觀的關係？

線性代數和微積分是高等數學最重要的兩門課，前者有很強的實用
價值，後者則能提高思維程度。雖然大家平時直接使用微積分的機
會並不多，但是，學過微積分的人和沒學過的人相比，思維方式會
不同，眼中的世界也會有差異。因此，作為數學通識讀本，我們還
是有必要介紹微積分，但是重點會放在它的思想方法，而非細節。

10.1 導數：揭示事物變化的新規律

　　微積分有兩位主要的發明人——牛頓和萊布尼茲。牛頓發明微積分的重要原因之一，是他需要一個數學工具解決力學問題，例如如何計算速度。可能有人會說，這還不容易，我們在小學就學了，就是距離除以時間。沒錯，我們從國小學到國中都是這麼學的，但這只是一段時間的平均速度。如果想知道物體在某一時刻的瞬時速度，就不能這麼計算了。如果要拿平均速度來近似表達瞬時速度，即拿宏觀的規律近似表達微觀，則其前提是在一段時間內速度變化不大。

　　但是在很多情況下，物體運動的速度並不是均勻的，它變化很大，而我們又須了解瞬時速度。如警察抓超速，依據的就是駕駛者的瞬時速度，而不是他一路開過來的平均速度。再例如，我們衡量汽車對撞時的安全性，也只關心撞擊時的瞬時速度。對於瞬時速度，牛頓之前的科學家並沒有深入了解，當然也不會計算了。

❶ 極限：連結宏觀和微觀規律

　　那麼，牛頓是如何解決這個問題呢？他採用了一種無限逼近的方法。讓我們先回顧一下平均速度的定義，以便理解牛頓對瞬時速度的定義。

　　如果一個物體在一段時間 Δt 內位移了 Δs，它在這段時間內的平均速度是：

$$v = \Delta s / \Delta t \qquad (10.1)$$

　　由於物體在某一時刻的位移 s 由時間 t 決定，因此它是 t 的函數，可以寫成 $s(t)$ 的形式。如果我們在一個坐標系用橫坐標表示 t，縱坐標表示 s，那麼物體在任意時刻的位移就是一條曲線，如圖 10.1 所示。

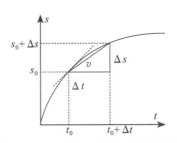

圖 10.1　位移和時間的函數關係

在圖 10.1，物體在 t_0 時刻處在位置 s_0，經過一段時間 Δt，位移了 Δs，到達 $s_0 + \Delta s$，它在這段時間內的平均速度 $v = \Delta s / \Delta t$。由於 Δt 和 Δs 構成一個直角三角形的兩條直角邊，因此這個平均速度 v 就是這個三角形斜邊的斜率。當時間間隔 Δt 逐漸變小時，$\Delta s/\Delta t$ 的比值會越來越接近 t_0 點的速度。最後當 Δt 趨近於 0 時，三角形斜邊所在的直線，就是曲線在 t_0 點的切線，它的斜率就是物體在 t_0 點的瞬時速度。這就是牛頓從平均速度出發，對瞬時速度的描述，我們不妨寫成：

$$v\,(t_0) = \lim_{\Delta t \to 0}\,(\Delta s/\Delta t) \tag{10.2}$$

在上述定義中，牛頓闡釋了平均速度和瞬時速度的關係，即某個時刻的瞬時速度，是這個時刻附近一個無窮小時間內的平均速度。透過極限的概念，牛頓將平均速度和瞬時速度聯繫起來了。這一點在認識論上有很重大的意義，它說明宏觀整體的規律和微觀瞬時的規律之間並非孤立，而是有連結。當然，如果只是以極限思想計算出一個時間點的瞬時速度，比起兩千多年前阿基米德用割圓方式估算圓周率也沒有太多進步。牛頓了不起的地方在於，他理解到函數變化的速率，也就是函數曲線上每一個點切線的斜率，本身又是一種新的函數，他稱之為流數，就是我們今天所說的導數（derivative），原先的函數也因此被稱為原函數（primitive function）。導數是衡量一種函數本身變化快慢的工具。有了導數，我們不僅能夠把握變化的方式，更能夠把握變化的速率。

❷ 導數：從定性估計到定量分析

我們還是用位移和速度的關係理解原函數和導數的關係。

首先，物體的位移是隨著時間變化，因此位移是時間的函數。當然有時位移變化快，有時變化慢，例如圖 10.1，物體位移一開始變化快，後來變化逐漸放緩。而體現這種位移變化快慢的，其實就是位移曲線的斜率，也就是物理學中的速度。透過位移隨時間變化的函數，我們可以推導（計算）出每一個時刻的速度，它本身也是時間的函數，如圖 10.2 所示。

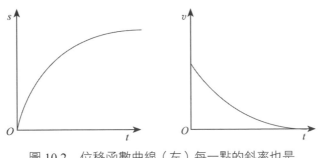

圖 10.2　位移函數曲線（左）每一點的斜率也是
時間 t 的一個函數（右），它被稱為前者的導數

在這個例子中，速度一開始快，後來逐漸減小並趨近於 0。透過速度，也就是位移函數的導數，我們就能全程掌握位移變化的快慢，而且能夠精確到每一個時間點。因此，**導數的本質，就是對原函數變化快慢的規律性描述**。如果一個函數不斷增長，它的導數就大於 0。增速越來越快，導數就越來越大；增速放緩，導數就呈現下降趨勢。當然，如果一個函數的值在減少，它的導數就是一個負值。

在牛頓發明導數之前，人們雖然能夠感覺到某些函數變化快，另一些函數變化慢，但是這些都是宏觀的描述，沒有量化的度量。例如在過去，對於位移變化的快慢，也就是速度，我們只能大致估計一個平均數，對於其他物理量的理解也是如此。導數概念的提出，則彌補了此不足。有了導數，人們對函數變化快慢的度量，就從定性估計精確到定量分析了，我們甚至可以準確地度量一個函數在任意一點的速率變化，也可以對比不同函數的速率變化。

例如圖 10.3（a）拋物線函數 $y=x^2$，它的導數是 $y'=2x$。在 $x=1$ 這個點，導數是 2，也就是說 x 增加一小份（無窮小），y 要增加兩小份，在 $x=2$ 這個點，導數是 4，增速就要快一些了，事實上該函數是越變越快的。相比之下，直線 $y=x$ 在相同點的增速就要慢一些，它的導數是 $y'=1$，在 $x=1$ 這個點的導數是 1，也就是說 x 增加一小份，y 也增加一小份。值得一提的是，這個函數在任意點的導數都是 1，也就是說它的變化是均勻的，事實上，任何一

個線性的函數都有這樣的特點。我們對比拋物線和直線，會有拋物線變化比直線更快的感覺，其背後的原因就是當 x 大於某個值之後，前者的導數開始比後者大，而且大得越來越多，如圖 10.3（b）圖所示。

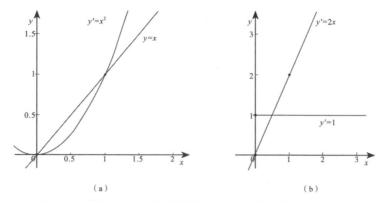

（a）　　　　　　　　　　　（b）

圖 10.3　拋物線和直線的圖像以及它們導數的圖像的對比

導數本身也是一種函數，因此它自身也有導數，被稱為二階導數。例如速度是位移的導數，而它自身的變化就是加速度，即加速度是速度的導數，也可以說加速度是位移的二階導數。

在現實世界裡，很多概念之間並不是簡單的加減乘除的關係，而是導數關係。例如在物理學中，動量是動能的導數；在經濟學中，經濟增長率是國內生產毛額總量的導數。導數這個概念出現後，自然界的一些規律才被清楚認識。事實上，在牛頓之前，人們根本搞不清楚速度和加速度、動量和動能的關係。

由於導數與原函數之間存在著緊密的連結，或者說原函數決定了它的導數，因此在數學上最好用一種容易理解的符號表示它們之間的這種連結。我們今天通常會使用 $y=f(x)$ 表示原函數，用 $y'=f'(x)$ 表示它的導數，這樣既表明它們是不同的函數，也提示了它們之間的連結。例如位移函數是 $s(t)$，速度的函數 $v(t)$ 是它的導數，我們就寫成 $v(t)=s'(t)$。這種表示方法是拉格朗日（Joseph-Louis Lagrange）所發明，它比牛頓使用的表示方法要清晰得多，因此今天較常使用（另一種被普遍使用的表示導數的方法是萊布尼茲所

使用的 *df/dx*。牛頓發明的用 $\dot{y}$ 表示導數的方法今天較少使用）。在數學中，符號和公式構成了它獨特的語言，它設計得是否便於理解和交流，決定了一個數學概念是否容易被接受。

導數在人類的知識體系至少扮演了三個角色。首先，導數是透過宏觀掌握微觀細節的工具，我們以其從對宏觀規律的了解，進入了對每一時刻細節變化的了解；其次，導數是對各種變化規律的量化表述，讓我們能夠比較不同函數的變化速率；最後，導數還是連接自然界很多概念的橋梁。

本節思考題

1. 當 x 趨近於 0 時，$\sin (x) / x$ 的極限是多少？

2. 一個函數 $f(x)$ 的導數 $f'(x)$ 還可以繼續求導數，得到的結果稱為二階導數，記作 $f''(x)$。類似地，我們可以定義和計算三階導數 $f'''(x)$。思考題圖 10.1 中的四條曲線是某個函數 f

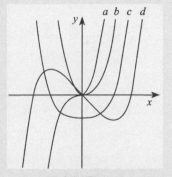

思考題圖 10.1

(x)，以及它的各階導數 $f'(x)$、$f''(x)$、$f'''(x)$。請問四條曲線與 $f(x)$、$f'(x)$、$f''(x)$、$f'''(x)$ 如何對應？（提示：導數是原函數的變化趨勢。）

10.2 微分：描述微觀世界的工具

導數是微積分最重要的概念之一，從導數出發稍微往前走一小步，我們就進入到微積分的微分內容了。

❶ 微分的用處

什麼是微分呢？它其實就是在前面有關速度的例子中提到的，當 Δt 趨近於 0 時，位移量 Δs 的值。對比一般性的函數 $y=f(x)$，我們用 dx 表示自變數趨於 0 的情況，用 dy 表示函數的微分。如果我們對比一下導數的定義和微分的定義，就可以看出它們講的其實是同一回事，因為 $dy=f'(x)dx$。因此，我們也經常直接把導數寫成：

$$f'(x)=\frac{dy}{dx} \tag{10.3}$$

如果我們孤立地看微分 dy，就是無窮小，定義微分這樣一個新概念有什麼必要呢？我們用一個具體的例子說明。

我們知道，圓柱體的體積等於圓周率 π 乘以半徑平方再乘以高度，即 $V=\pi r^2 h$。如果要問圓柱體的體積隨半徑變化快或隨高度變化快，在沒有微分這個概念時，一般人根據直覺，會覺得隨半徑變化快，因為體積和半徑之間是平方關係，而隨高度變化只是線性關係。真實情況是什麼樣呢？我們可以對這兩種變化趨勢做量化的對比：在半徑和高度特定的條件下，看看半徑增長一個很小的單位，體積增加多少；再看看高度增加同樣的單位，體積增加多少。

先來看半徑增長對體積的影響。

假定半徑從 r 增長到 $r+dr$，新圓柱的體積就是 $V^*=\pi(r+dr)^2 h$，體積的增加量是：

$$dV=V^*-V=\pi(r+dr)^2 h-\pi r^2 h=2\pi rh\cdot dr+\pi rh\cdot(dr)^2$$

其中 $\pi rh\cdot(dr)^2$ 相比 $2\pi rh\cdot dr$ 是高階無窮小。我們在前面講過，一個高階無窮小和一個低階無窮小相加不會起任何作用，因此，它可以被忽略，於是我們就得到：

$$dV=2\pi rh\cdot dr$$

我們也可以把上式寫成體積增加和半徑增加的比值形式，即

$$\frac{dV}{dx} = 2\pi r h \qquad\qquad (10.4)$$

類似地,高度增加導致的體積增加量是

$$dV = \pi r^2 \cdot dh$$

上式的比值形式為

$$\frac{dV}{dh} = \pi r^2 \qquad\qquad (10.5)$$

對比式（10.4）和式（10.5），我們發現，體積到底隨半徑 r 變化快，還是隨高度 h 變化快，還真不好說，這取決於半徑和高度具體的數值。例如 $r=10$，$h=10$，體積隨半徑變化的速率就是 200π，隨高度變化的速率就是 100π，它隨半徑變化快。但是，如果 $r=10$，$h=1$，隨半徑變化的速率只有 20π，但隨高度變化的速率卻是 100π，這時體積隨高度變化快。

假如你是一名工程師，要建造一個巨大的儲油罐，無論增大半徑或增加高度，都有相當大的工程難度。而現在建造經費有限，只能在一個維度上增大儲油罐的體積，你應該怎麼做呢？沒學過微積分的話，你可能覺得該增加半徑。但是看了這一節的內容，你就知道，當儲油罐比較「扁平」時，應該增加高度。圖 10.4 描述了一種比較極端的情況，當圓柱體比較扁平時，半徑增加一個單位，體積的增加非常有限，但是高度增加一個單位，體積增幅極為明顯。這就佐證了我們從數學上得到的結論。

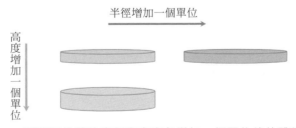

圖 10.4　扁平圓柱體的半徑和高度各增加一個單位後的體積變化

❷ 梯度：該朝哪個方向努力？

在工作和生活中經常會遇到這樣的問題，一件事情有很多變數，不知道該改變哪個變數，才能以最快的速度進步。微分這個工具中有梯度的概念，利用梯度，我們就能好好解決這個問題了。

從數學的角度看，梯度是微分的一個擴展。在上述圓柱體問題中，對圓柱體函數，我們可以針對半徑變化 dr 求微分 dV，也可以針對高度變化 dh 求微分 dV。在計算這樣的微分時，由於只改變了一個變數，因此我們稱它們為函數的（針對某個特定變數的）偏微分。當然，函數的偏微分和相應變數的微分比值是我們前面提到的導數，我們把這種導數稱為偏導數。例如體積函數相對半徑的偏導數是 $\dfrac{dV}{dr}$，相對高度的偏導數是 $\dfrac{dV}{dh}$。如果我們把這兩個微分以向量的形式放到一起，就是梯度。也就是說圓柱體積函數的梯度是：

$$\left(\frac{dV}{dr}, \frac{dV}{dh} \right) = (2\pi rh, \pi r^2)$$

梯度的物理含義可以這樣理解，如果我們去登山，沿著哪個方向前進，能以最短的路程爬到山頂呢？此時我們就可以利用梯度函數計算出在任意一點時，往不同方向走的上升速度。因此，我們很容易找到前進的方向，就是朝著上升速度最快的方向走。圖 10.5 顯示的是在等高線地形圖上按照梯度最大的方向前進的路線圖，那是一條路程最短的路徑。

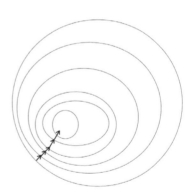

圖 10.5　登山時路程最短的路徑是沿著梯度最大的方向前進

對於圓柱體的體積函數，對比它兩個分量的值，我們很容易就知道只要高度小於 1/2 的半徑，就應該優先增加高度。

以上是存在兩個變數的情況。當一個函數由更多變數決定時，情況會是什麼樣呢？我們再來看一個簡單的例子。

　　如果有一個長方體，長、寬、高分別是 l、w 和 h，它的體積函數是 $V = l \cdot w \cdot h$，這時我們如果想透過增加一個維度的尺寸，最大限度地增加體積，該怎麼做呢？我們可以透過類似上述圓柱體的微分計算，算出體積函數的梯度函數，具體講就是 $(\dfrac{dV}{dl}, \dfrac{dV}{dw}, \dfrac{dV}{dh}) = (w \cdot h, l \cdot h, l \cdot w)$，這是一個包含三個分量的向量。長、寬、高哪個尺寸最小，就應該優先增加哪一個。比如說，$l = 10$，$w = 4$，$h = 6$，梯度就是（24，60，40）。因此我們應該增加寬度，這顯然和我們的直覺一致。如果我們如此不斷優化，最後的結果就是長方體變成立方體時，體積達到最大。

　　最後，我來分享一下我對梯度思想的理解。人一輩子的成敗取決於很多因素，雖然我們總想全方位改進自己，但是人的精力和資源有限，在某一時刻，可能只能向一個方向努力，因此決定該朝哪個方向努力非常重要。方向搞錯了就事倍功半，搞對了就事半功倍，梯度其實就是指導我們選擇方向的工具。

　　很多人從直覺出發，覺得該補其短處，另一些人則覺得，該把優勢變得更長。第一類人會講木桶理論（Cannikin Law），第二類人會講長板理論（又稱斜木桶理論），每一類都有很多成功的例子，也有很多失敗的教訓。於是大家就混淆了，不知道該用哪個理論了。當然有些人會說，既要有優勢，也要補劣勢，這等於沒說，因為缺乏可操作性。事實上，理解了梯度理論後，就很容易做決斷了。**只要在任何時刻（或者當前位置）知道了梯度，然後沿著最陡、但是收益最大的路徑前進就好。**

　　在增加長方體體積時，顯然是在採用補其短的策略；但是在增加圓柱體體積時，就看情況而定了。如果高度太低，它是嚴重的短處，必須彌補；只要高度超過圓柱體半徑的一半時，就要改變策略，增加長處（半徑）的優勢了。而導致這樣結果的原因是，在體積函數中，半徑這個變數有一個平方，也就是說它的作用要大一些，因此它是我們要建立的長處的優勢。

　　在我們生活和工作的目標函數中，變數的數量通常遠不止兩、三個，每一

個變數以不同的方式影響著我們長期進步的趨勢。但是在每一個時刻，我們都可以計算一下自己目標函數針對各個變數的微分，得到當下的梯度函數，找到能取得最顯著進步的方向，然後去努力。這就是透過宏觀趨勢把握微觀變化。

本節思考題

財富增長的函數可以寫成 $f(x, y) = xe^y$，其中 x 是本金，y 是時間。在什麼情況下本金的增加對於財富增長更明顯？在什麼情況下則是時間的增加更明顯？

10.3 奇點：變化的連續和光滑是穩定性的基礎

我們在前兩節介紹導數和微分時，留下了一個問題。對於圖 10.6（a）這樣跳躍的函數，其實在跳躍點，即圖 10.6（b）中圓圈表示的點，是無法計算導數的。因為當 Δx 趨近於 0 時，Δy 不是無窮小，而是一個常數，因此 $\Delta y/\Delta x$ 是無窮大。對於這種情況，我們說相應的函數在那個跳躍點不可導。因此，一個函數在某一個點可導的必要條件是它在那個點至少是連續的。

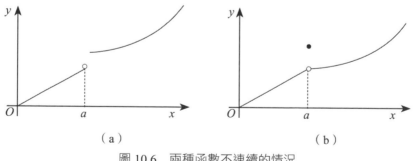

圖 10.6　兩種函數不連續的情況

❶ 函數的連續性

什麼樣的函數是連續的呢？通俗地說，如果一個函數，當變數 x 的增量 Δx 趨近於 0 時，函數 y 的增量 Δy 也趨近於 0，我們就說這個函數是連續的（如果講得更準確些，可以用到 $\varepsilon - \delta$ 的概念定義，這裡我們就省略了）。通常我們把這個意思用以下一個公式描述：

$$\lim_{x \to a} f(x) = f(a) \tag{10.6}$$

例如 $y = 2x$ 這個函數就是連續的。

一個函數不連續的情況有兩種，一種是如圖 10.6（a）所示的跳躍狀態，另一種情況則是在一個區間內都是連續的，除了一個點之外，如圖 10.6（b）所示的情況。在第二種不連續的情況中，那個不連續的點被稱為奇點，它是從英語 singular（單數的）這個詞翻譯過來的。我們常常說的奇點臨近，就是指出現了這種不連續的情況。無論是哪一種情況 $\lim\limits_{x \to a} f(x)$ 都不等於 $f(a)$。

接下來的問題是，如果一個函數是連續的，是否一定可導呢？也不是，例如圖 10.7（a）中所示的函數，每個點都是連續的，但是在 a 點就不可導，因為從 a 的左邊計算，它的導數是 0.5；從右邊計算，它的導數是 0，如圖 10.7（b）所示。顯然，一個點不可能得到兩個導數，因此只能說該函數在 a 點也不可導。

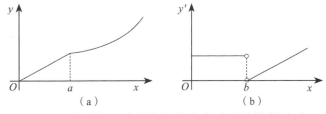

圖 10.7　連續但不光滑的函數（a）和它的導數（b）

那麼，什麼函數是可導的呢？直到柯西那個年代，數學家們還沒有完全搞明白這個問題，他們覺得一個函數只要連續，除了有個特別尖尖的地方，絕大

部分區域都應該是可導的。後來維爾斯特拉斯給出了一個反例,他設計了一種

函數(表達式是 $f(x) = \sum_{m=0}^{\infty} a^n \cos(b^n \pi x)$,其中,$ab > 1 + \dfrac{3}{2}\pi$),處處連

續,卻處處不可導,如圖 10.8 所示,人們這才明白連續和可導是兩回事。

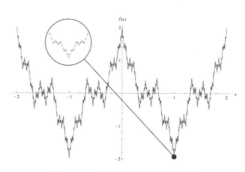

圖 10.8　維爾斯特拉斯函數

　　關於函數的可導性,大家記住下面這個簡單的結論就可以了:**如果一條曲線在某一個點處是連續的,「光滑的」,該曲線在這個點就可導**。所謂「光滑」,就是指一條曲線從某一點的左邊和右邊分別做切線,這兩條切線相同,這就避免了函數在那個點出現一個尖尖的情況。如果該函數在一個區間內每一個點都可導,則在整個區間可導。例如 $y = x^2$ 在〔0,1〕這個區間內就處處可導。今天人們也常常用可導性本身衡量一條曲線是否光滑、有多麼光滑。

❷ 函數可導的用處

　　知道一個函數是否可導有什麼用呢?簡單講可導函數的曲線是光滑的,曲線變化不會太突然,這是我們看重的一個性質。不妨來看一個實際的例子。

　　假如你管理著一家幾千人的大公司,你肯定希望它的收入增長曲線是光滑的,這樣凡事可預期、好掌控。相反地,如果收入增長曲線不光滑,如圖 10.9 所示,就會帶來很大的麻煩。

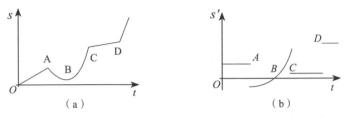

圖 10.9　不光滑的營收函數曲線（a）和函數的導數（b）

在這個公司裡，銷售額 S 一開始是隨著時間 t 線性增加，也就是一條直線。在這段時間裡，公司的發展完全可以預測，管理層知道該如何擴大生產和招聘人員。由於擴大生產和銷售須提前備貨、備料、招聘人員，因此企業會按照以往的節奏做好這些準備。

但是，這種穩定增長只是一個時期的表現。當這家企業到達 A 點時，就遇到了麻煩。企業原本是依照一個直線上升的速率擴張，誰知業務此時逐漸開始萎縮，因此之前為業務擴展做的準備，例如為生產提前準備的原料、提前招聘的人員，都白費了。於是，企業可能不得不裁撤掉一些多餘的人員，備貨也得廉價出售以回收資金。

到了第二個不可導點 C 點，情況也是如此。原本估計企業會不斷加速發展，誰知又一下子變成均速增長了，而且速率還比較低。企業此時雖然不至於裁員清倉，但可能也要花很長時間消化快速擴張的後遺症。

圖 10.9（a）中的曲線還有第三個不可導的地方，就是 D 點。從這個時間點開始，公司的銷售是突然加速上升的。很多人會覺得這應該是「喜出望外」的好事，其實這可能是空歡喜。因為我們前面講了，企業生產和銷售的擴張須提前做準備，突然的加速會讓企業措手不及。

為了說明這一點，我和大家分享一個我親身經歷的商業案例。

二〇〇八年汶川地震後，很多企業都慷慨捐助，其中就包括知名的飲料公司王老吉。由於它捐助了上億元（包括產品），並且配合這次慈善行動進行了大強度的市場推廣，「怕上火喝王老吉」的口號一時之間家喻戶曉，市場反應

非常好。我和一位朋友一起到一個二線城市,在一家不算太小的飯館裡吃飯時,朋友提議就喝王老吉,誰知服務員說幾天前就賣完了。我問她為什麼不補貨,她說不知道,這事得問經理。我的朋友掏出 20 元請她去對面的小賣店幫我們買兩瓶,服務員跑出去不久回來說小店也沒有。我的朋友又掏出 200 元,請她再到周圍一公里內找找,幫我們買兩瓶。服務員還真去了,但回來卻說,整條街都沒得賣。我朋友當時就說,王老吉這次市場運營,「空中轟炸」做得不錯,全國都知道了,但是「地面挺進」跟不上,他們經理不補貨,肯定是連批發站都沒貨了。我們把經理叫來一問,果然如此。

透過這件事,我學到了一個行銷策略──「空中轟炸」之前,「地面挺進」要準備好。但是,一家企業的產能有限,即使增產,也有遲滯現象(hysteresis,這一點在下章積分部分會講到)。因此,遇到銷售額不可導的點時,其實對企業發展的傷害很大。如果興沖沖地要喝一種飲料而沒有喝到,你就有了「不知道什麼時候有貨」的印象。幾次下來,消費者對它就沒興趣了,企業原本預期的美好情景可能變成空歡喜。無獨有偶,二〇一七年特斯拉推出廉價的 Model 3 電動汽車後,訂單量暴漲,但是產能跟不上,一些不願意排長隊的人就開始退貨。事實上,特斯拉在過去的五年裡,業績就是這樣忽上忽下,直到產量能夠跟得上訂單增加的速度。

在股市上,如果一家公司的業績總是表現出不平滑的變化,它的股價通常好不了,因為投資人無法預期它的表現,穩妥的基金經理人會遠離這樣的股票。我們常說巴菲特選股票時會選那些市場表現平穩的股票,所謂平穩,就是業績變化的曲線是光滑的。

一名員工如果身處一家營收變化不可導的企業,就會感覺像坐過山車似的。當企業的銷售突然加速時,整個公司各個部門會有做不完的工作,搞得每個人都很忙;當那些工作完成後,企業的增長卻沒有達到預期時,大家就會人心惶惶,而且有些人就要考慮換工作了。這樣的企業,大家都不會願意去。

如果一個企業的營收變化有起伏,但是是可導的,情況會怎麼樣呢?就像

圖 10.9（a）曲線中的 B 點。答案是這種情況可能會造成一些麻煩，但是不會對企業造成傷害。我們把銷售函數的導數也畫出來，大家就一目瞭然了。

從圖 10.9（a）中的曲線形狀來看，它被分為了四段；對應的導數曲線也是四段，如圖 10.9（b）所示。導數曲線第一段是一個大於 0 的常數，說明銷售在按照固定的速率上漲，這表現為圖 10.9（a）中銷售直線上升。但是在第一階段結束時，銷售突然從上升到下降，因此 A 點不可導，反映在導數曲線上，就是導數曲線不連續，從 A 點左邊的正值，一下子變成了右邊的負值。導數曲線第二段一開始處於負值區間，因為對應的銷售在不斷下滑。但是在這個階段，銷售負增長的速率在逐漸放緩，體現在導數曲線上，就是從負值區間逐漸向 0 靠近。在導數等於 0 那個時刻，銷售下降的趨勢停止了。再往後，導數大於零 0，代表銷售情況開始好轉，而且增幅不斷變大。在第二階段，所有的趨勢是可以預測的，銷售雖然出現過下降，但是下降的速率在放緩，直到下降趨勢停止，並開始進入增長區間。如果你是這家公司的老闆，就會有信心，並且會在銷售下降趨勢快停止時，開始招人準備新一輪的擴張。

回顧一下圖 10.6 和圖 10.7 中的曲線，我們可以總結出函數光滑性（即可導）和連續性之間的關係。如果一個函數的導數存在，也就是說它的曲線看上去是光滑的，這個函數一定是連續的，但是反過來卻未必正確。當一個函數在某個點不可導時，它不是在那個點出現不連續情況，就是那是一個尖點，從左右兩邊做切線，得到的結果不一致。因此，導數不僅能反映出函數變化的趨勢，而且能反映出它變化的連續性和光滑程度。

這兩個性質讓我們能夠預期未來，或者說對未來有信心。我們經常會聽到這樣兩句話：一個是「人要向前看」，另一個是「根據歷史預知未來」。這兩句話的成立有一個先決條件，就是變化是連續光滑的，或者說可導的。例如一個國家的經濟增長是連續變化的，且變化是光滑的，我們自然對它有信心。如果是像圖 10.9 中那樣，時而從很高降到很低，即所謂的硬著陸，時而突然加速，即經濟過熱，我們就無法預知未來會發生什麼情況，對於未來當然也無法

做好準備。

世界上有不少國家，不是因為經濟結構單一，就是因為政局不穩，經濟時而欣欣向榮，時而陷入危機。即便很多時候經濟增速或許不慢，但是國內生產毛額的走勢完全是不可導的曲線。

不僅國家如此，企業也常常如此。什麼樣的公司營收容易出現不光滑的波動，也就是不可導的情況呢？簡單地說，如果一家公司的營收過於單一，或者主營業務的生命週期過短，一旦有點風吹草動，收入就會大幅波動。因此，如果兩家上市公司的收入都是 10 億元，利潤也差不多，但第一家公司的收入來自很多顧客，而第二家公司的主要來自兩個大客戶，在這種情況下，第一家公司的估值會比第二家高很多。類似地，一家公司做得是長久的生意，另一家是投機當前的熱點，哪家的營收曲線可導，大家也就不難判斷出來了。

雖然我們絕大部分人一輩子都不會去計算函數的導數，但是學習導數的相關知識依然非常有必要：理解了函數「光滑」和可導的性質，對於該追求什麼樣的目標，我們就更容易做出判斷了。

本節思考題

坐標系上的一個球看上去是光滑而連續，它是否是可導的？如果不是，原因出在了哪裡？如果我們換一個坐標系，它是否就變成了可導的呢？

本章小結

相比於初等數學，微積分更關注函數的動態變化規律，特別是它在某一個瞬間的變化情況，而不是平均的變化快慢。為了研究瞬間的變化，極限的思想就會出現了。有了極限的概念，我們就能準確地描述一個函數的瞬間變化率了，這個變化率我們稱之為導數。導數反映出一個函數變化的快慢。從導數出發，我們又得到了微分的概念，微分反映出函數在某個位置變化的具體數值。

也就是說導數和微分它們一個表示變化率，一個表示變化具體的數值，因此它們是相關的。

　　有了導數和微分的概念，我們可以動態地描述一個函數的性質。例如當一個函數的曲線是連續變化，而且這條曲線看上去是光滑的，那麼它的導數就存在，我們就說這個曲線可導。在現實生活中，我們總是喜歡那種連續光滑的變化，也就是可導的變化，這樣我們容易掌握這一類變化的規律。我們不太喜歡跳躍、尖凸的變化，也就是不可導的變化，因為那樣的變化難以預測。

積分：
從微觀變化了解宏觀趨勢

如果說微分是透過宏觀了解微觀，那麼積分作為微分的逆運算，就是透過微觀細節變化的積累，獲得對宏觀趨勢的了解。

11.1　積分：微分的逆運算

❶ 積分的含義

我們先來算一道簡單的算術題。

假如你在路上按照每小時 36,000 公尺的速度前進，道路的限速是每小時 72,000 公尺（雖然每小時 70,000 公尺的限速更常見，但是為了方便計算，我假設是 72,000 公尺）。當你離紅綠燈還有 70 公尺時，變黃燈了，黃燈持續 4 秒後會變紅燈。這時你的前面沒有車，或者前面的車正在加速，不會成為你加速的障礙，那麼你是迅速加速闖過去，還是乾脆減速停下來等綠燈？

對於這個問題，我們首先計算一下在限速的情況下，是否能在 4 秒以內行駛完 70 公尺？每小時 36,000 公尺的速度換算後就是每秒 10 公尺，這大約是百米運動員的衝刺速度。類似地，每小時 72,000 公尺，就等同於每秒 20 公尺。如果我們不加速，4 秒只能走過 40 公尺，在變紅燈之前一定是過不去了。如果我們能瞬間提速到每小時 72,000 公尺，那麼 4 秒可以走完 80 公尺，就能在變紅燈之前通過路口。接下來的問題是，我們須加速多快才能保證在紅燈亮起之前通過路口？

假定我們是均勻加速，加速度為 $a = $ m/s^2，也就是說 1 秒後速度能夠從 10m/s 提升到（$10 + a$）m/s。由於最終的速度要達到 20m/s，因此加速的時間是 $10/a$ 秒。我們可以把時間和速度的關係用圖 11.1 表示。

圖 11.1 中折線是速度函數，速度由時間決定，我們用 $v(t)$ 表示。在開始加速的一瞬間，速度是 10m/s，加速到 20m/s 需要 $10/a$ 秒，之後是等速運動。

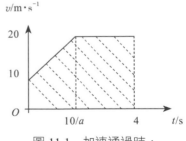

圖 11.1　加速通過時，時間和速度的函數關係

在這樣變速的行進過程中，4 秒能走過多長的距離呢？就是圖 11.1 中陰影部分多邊形的面積等於 $80 - \dfrac{50}{a}$（圖中左邊梯形的面積為 $(10+20) \times \dfrac{10}{a} \div 2 = \dfrac{150}{a}$，右邊矩形的面積為 $20 \times (4 - \dfrac{10}{a}) = 80 - \dfrac{200}{a}$。兩部分相加後得到 $80 - \dfrac{50}{a}$）。如果我們想要 $80 - \dfrac{50}{a} > 70$，那麼就要讓加速度 $a > 5\mathrm{m/s^2}$。這大約是 $0.5g$（g 是地球上自由落體的加速度）的加速度，非常高，今天性能好的汽車可以做到這一點，但並不是所有的汽車都能做到。因此，在紅綠燈前搶最後的幾秒是很危險的事情。

由此，我們就可以引出積分的概念：**給定一個曲線，求它下方到 x 軸之間的面積，就是積分**。對於一般的速度曲線，它下方的面積代表的就是按照這個速度走過的距離。因此，我們可以講距離是速度的積分。此前我們講過速度是距離變化的微分，由此可見，微分和積分是互為逆運算。

❷ 積分的計算方法

那麼積分怎麼計算呢？通常有三種方法。

第一種方法是，把曲線分得非常細，用很多直方圖加在一起近似曲線下方的面積，如圖 11.2 所示。

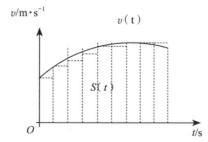

圖 11.2　透過多個矩形的面積相加計算積分

在圖 11.2 中，我們假定弧形的函數曲線代表速度，它和橫軸之間的面積就是距離。我們把曲線分成為很多段，每一段用一個長方形近似它的面積，再把這些長方形的面積加起來就是積分。

具體來講，假如要計算曲線 $f(x)$ 和 x 軸之間從 a 到 b 的面積，我們可以沿著橫坐標，從 a 到 b 分成 n 份，每一份在水平方向的起止坐標是 $\langle x_0$，$x_1 \rangle$，$\langle x_1，x_2 \rangle$，…，$\langle x_i，x_{i+1} \rangle$，…，$\langle x_{n-1}，x_n \rangle$，它們的長度都是 Δx，即：

$$\Delta x = (b-a)/n \tag{11.1}$$

第 i 個長方形的高度則近似為 $f(x_i)$，這個長方形的面積就是 $f(x_i) \cdot \Delta x$。如果我們把所有這些長方形都加起來，總面積就是

$$S = \sum_{i=0}^{n-1} f(x_i) \cdot \Delta x \tag{11.2}$$

當然，這麼計算一定有誤差，不過沒有關係，當我們把每一份分得非常非常小，到無窮小，那麼這個誤差就趨近於 0 了。這時，Δx 變成了 dx，每一個 $f(x_i)$ 就是連續變化了，我們就把它寫成積分的形式 $\int f(x) dx$。積分符號其實就是求和這個單詞「Sum」中拉長的 S，因此我們可以理解為對無窮多個小長方形求和。為了表明上述積分是從 $x=a$ 一直累積到 $x=b$，我們把起始點 a 和終點 b 分別寫到積分符號的下方和上方，於是就可以得到這樣一個公式：

$$\int_a^b f(x) dx = \lim_{n \to \infty} \sum_{i=0}^{n-1} f(x_i) \cdot \Delta x \tag{11.3}$$

也就是說，一個函數 $f(x)$ 和 x 軸之間，從 a 點到 b 點的面積，就是這個函數在這兩個點之間的積分，它可以用無限劃分小區域計算長方形面積的方式得到，這樣得到的積分也被稱為黎曼積分。注意，黎曼積分對區域的劃分是按照變數 x 的值進行。

了解了積分的計算，對於任意曲線，我們就可以計算出它下方的面積。當然，計算面積並非發明積分的主要目的。積分在數學上、物理上和認知上都有重要的意義。

積分的另外兩種計算方法參見附錄 5。

本節思考題

一個跳傘運動員從 1,500 公尺的高空跳傘。在前 10 秒鐘,他沒有打開傘包,成自由落體下降,其速度 $v=gt$;其中 g 是重力加速度(為了簡單起見,假定 $g=10\text{m/s}^2$),t 為這個運動員離開飛機的時間。

假定在第 10 秒鐘,他打開降落傘,下落的速度每秒減少 5m/s^2(也就是說此後的加速度為 $a=-10\text{m/s}^2$),直到速度降至 10m/s。這個運動員安全著陸的速度時 10m/s,

(a)請問 $t=10$ 秒時,他下降了多少公尺?

(b)請寫出在整個過程中速度 v 隨時間 t 變化的函數(提示:這個函數分幾個不同的階段);

(c)請問他能否安全著陸?

(d)從離開飛機跳傘到著陸,一共需要多少時間?

(e)請寫出下降距離 s 和隨時間 t 變化的函數;

(f)將 v、s 和 t 的關係用曲線表示在笛卡兒坐標系中。

11.2 積分的意義:從細節了解全局

❶ 積分的認知意義

積分在數學上的意義很清晰。作為微分的逆運算,它可以透過細節了解全局,用通俗的話講就是「整體等於部分之和」。這從積分的定義就可以看出

來。

在物理學上，積分反映出很多物理量之間的關係，例如距離是速度的積分，速度是加速度的積分，體積是面積的積分等等。在積分被提出之前，我們只能用簡單的乘除粗略描述物理概念之間的關係。例如我們想要知道在某一段時間內走過的距離，只能大致假設運動是等速的，也就是說把速度看作是常數。但是，如果我們走得忽快忽慢，就不好計算距離了。有了積分這個工具後，我們可以根據速度的動態變化在一段時間內的累積效應，算出距離。

積分的上述這些意義，大學的課程中都會講。不過，無論是數學課或物理課，通常都會忽略積分在生活中和認知方面的意義。

在生活中，積分思想的本質就是要從動態變化看累積效應。為了說明這一點，讓我們來看一個例子。假設有兩家上市公司，上市時利潤差不多，假定兩家公司都是每季 1 億元。接下來，第一家公司的盈利每季增加 0.2 億，即依照 1.2 億、1.4 億、1.6 億、1.8 億……的方式增長。我們把它們寫成一個公式，就是 $1 \times (1+0.2N)$ 億，其中 N 是代表時間，單位是季度。第二家公司接下來的季盈利情況是每一季環比增長率 10%，即依照 1.1 億、1.21 億、1.331 億……的方式增長，寫成公式就是 1×1.1^N 億。接下來我們就來算算哪家企業 5 年內賺的錢多。

很多人會覺得第一個企業的利潤是線性增長，5 年後一季不過是 5 億元，第二個企業的利潤呈指數增長，5 年後一季是 6.7 億元，而它們起步都差不多，因此一定是第二家企業 5 年累積得多。

這個想法非常合乎直覺，但是對不對呢？我們必須透過計算驗證。

我們可以把利潤理解為速度，那麼利潤隨著時間的累積就是距離，因此利潤的累積實際上是利潤函數的積分。我把這兩家企業的利潤函數畫在了圖 11.3。

對上述兩個企業的利潤函數分別求積分，我們可以得到，第一個函數到第 20 季時的積分大約是 62 億，第二個函數的積分大約是 63 億。稍微多一點

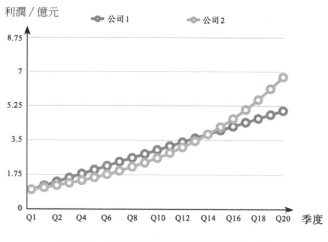

圖 11.3　兩家公司每季利潤增長率對比

的，但差距遠不像很多人想像得那麼大。事實上，如果我們把題目稍微改一點，對比到第 19 季，反而是第一家公司累積的利潤多，雖然該季第二家公司的利潤已經高達 6.12，而同季第一家只有 4.8，差距明顯。為什麼會是這樣的結果呢？這和指數增長快過線性增長的結論是否矛盾呢？其實一點也不矛盾，因為指數增長的優勢顯現得會比較晚。在這個例子中，第二家公司的利潤在第 14 季才趕上第一家，雖然隨後利潤增長越來越快，但是畢竟它的利潤超過前者的時間比較短，在前三分之二的時間裡，都是第一家公司利潤更高。

❷ 積分的滯後效應

從這個例子中我們得到一個非常重要的結論，就是遲滯效應，它包含兩個要點：

（1）凡是須透過積分獲得的數量，它的結果會遲滯於瞬間變化，有時還要經過相當長的時間延遲才能看到。

（2）這種由積分獲得的數量，一旦大到被大家都觀察到之後，要逆轉這個趨勢是非常難的。

我們有時也把這種效應稱為飛輪效應（flywheel effect），因為如果我們在飛輪上均勻用力，根據牛頓第二定律，它的加速度也是恆定的。而速度是加速度的積分，是一個須累積才能看到的量，因此具有遲滯效應。

以下我們不妨用積分的原理，量化分析一下飛輪加速為什麼很緩慢。

假設飛輪的質量是 100 kg，飛輪質量的中心大約在離軸 0.32 m 處，轉動的手柄也安裝在這個位置，這樣轉一圈相當於是 2 m。我們用 200 N 的力轉動飛輪，這是一個不算太小的力，根據牛頓第二定律，飛輪會有一個恆定的線性加速度，即 2m/s²。如果轉化成角加速度，就是 1r/s²（r 代表周），或者我們可以說 1 秒間把飛輪的角速度從 0 提升到 1r/s，再過 1 秒，達到 2r/s……。

接下來，我們分析一下加速度、速度和轉動距離（圈數）的關係。只要開始用力，瞬間就獲得了加速度，是 1m/s²。接下來，經過 1 秒鐘的加速，飛輪的轉速達到 1r/s，但這時已經過了 1 秒鐘，這就是積分的遲滯效應。這時再看它剛轉過的距離，是 0.5 圈，這也是遲滯效應引起的。事實上，它轉完一圈的時間大約是 1.4 秒。也就是說，速度比加速度遲滯，距離比速度遲滯。接下來，在第 2 秒，飛輪的速度達到 2r/s，這時飛輪恰好轉過兩圈。此後飛輪會越轉越快，累積轉過的圈數會以更快的速率提升。這三者的關係反映在圖 11.4。

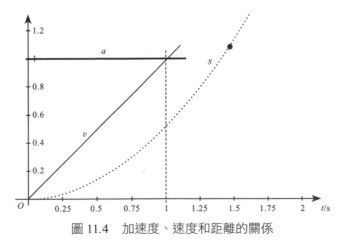

圖 11.4　加速度、速度和距離的關係

圖中的粗線是加速度，它沒有延時；細線是速度，它有遲滯效應，但是不大；點線是距離，是加速度兩次積分的結果，遲滯效應很大。但是一旦飛輪飛快地轉動，如果有一個人想往相反方向用力，讓它減速並扭轉轉動方向，也是非常困難的。因為飛輪速度需要一段時間才能降為 0，再經過一段時間，飛輪才能改變轉動方向，並抵消掉一開始轉過的圈數。

在生活和工作中，我們的努力就如同用力。今天晚上努力了，你自己是知道的，但是想要有所收穫，需要一段時間努力的累積，這就是做積分。累積了一段時間，我們的能力就會有明顯提升。再過一段時間，我們才能逐漸樹立起在大家心中的好印象，因為在那段遲滯的時間裡，我們透過不斷提升的能力，做了一件又一件漂亮的事。簡單地講，能力是努力的積分，成績是能力的積分，好形象是成績的積分。

反之，當我們覺得自己了不起，開始飄飄然了，停止努力了，其實我們自己馬上可以知道，但是能力隨時間下降卻是一個漫長的過程。過一段時間，身邊的人可能會有所察覺，但除非他們四處宣揚，否則並不會被更多人知曉。當我們沒有做好一些事情，幾次累積下來，闖了禍，大家就都知道了，而這時再要扭轉局面，為時已晚。

人的一個很大的弱點就在於，他在開始努力的一瞬間，就指望能力馬上得到提升，周圍的人馬上能肯定自己，而忘記了累積效應。如果得不到別人的肯定，就覺得世界對他不公平。當他開始鬆懈下來時，也不會在一開始就出問題，問題是逐漸顯露的。但大部分人只會想到自己某件事情沒有做好，而不會反思其實很早以前就埋下了問題的種子。

我們講積分，不僅是為了學那一點數學知識，更是希望透過積分效應，提升我們的知識程度，同時能用一些工具分析和理解生活中的現象。

本節思考題

某座封閉的城市裡有 100 萬人，出現了一種傳染病，最初有 10 名感染者。每 1 名感染者每天會接觸到 2 人，接觸者如果之前沒有感染過該疾病，有 10% 的機率染病。這種疾病會在 10 天後自動痊癒，患者不再具有傳染性。患者被感染後及痊癒後也不會再被感染上該疾病。

當這座城市裡同時出現 500 名感染者時，公眾會知道這件事。當患者人數小於 1 時，可以認為疫情結束了。

請問：

1. 大眾發覺此事時，離疾病最早出現過去了多少天？

2. 在什麼時候，每天新感染的人數達到頂點？

3. 在什麼時候，患者人數達到頂點？

4. 疫情結束需要多少天？

5. 當該疾病消失的時候，有多少人沒有被感染上疾病？

11.3 最佳化問題：用變化的眼光觀看最大值和最小值

❶ 尋找函數最大值的方法

微積分的重要意義之一，在於提供我們動態、精確看待世界的視角。這一節，我們就用微積分的主要應用之一說明，也就是最佳化問題。

今天世界上的很多問題，都可以轉化為最佳化問題，例如炙手可熱的機器學習，其實就是對一個目標函數實現最佳化的過程。此外，金融領域的結構化

投資產品、商業領域的賽局理論，以及企業管理中的各種規畫，其實也都是不同形式的最佳化。究竟什麼是最佳化？其實它最簡單的形態大家都不陌生，就是求一個函數的最大值或最小值。由於這兩個問題是對稱的，因此我們就以求最大值為例說明。

對於一個有限的集合，求最大值是一件很容易的事，例如在電腦學科中就有很多尋找最大值的算法。這些算法的共同核心思想之一，就是比較。一個元素在直接或間接地和其他的元素對比後，如果它比誰都多，它就是最大值。這是一種尋找最大值的概念，但在一個有無限可能性的函數中，這種思想就不大靈光了，因為你不可能窮盡所有的可能性。那怎麼辦呢？國、高中裡我們就開始學習解題技巧了。

最著名的解題技巧就是計算拋物線的最大值。例如拋物線 $y = -x^2 + 4x$，它的最大值是多少？

直覺上，我們可以猜出這個函數存在最大值，至少有兩個理由：（1）無論 x 是一個什麼樣的有限數，y 都不可能是正的無窮大，而是一個有限的數；（2）當 x 趨於正無窮或負無窮時，y 都是負無窮大。因此，這個函數的值應該是兩端小、中間大，而且中間存在最大值。但是，真的要尋找那個最大值，卻又無從下手。

很多人會代入幾個數字試一試，例如讓 $x = 0$，$y = 0$；讓 $x = 1$，$y = 3$，y 值增加了；如果讓 $x = 2$，$y = 4$，y 值又進一步增加了。但是再往後，$x = 3$ 時，$y = 3$，此時 y 就開始往下走了。那麼，我們能說 y 的最大值就是 4 嗎？如果把這個函數對應的曲線畫在坐標上（圖 11.5），能看出最大值就是 4 附近。

但是，我們在數學領域不能以測量得到結論，而是須透過證明。怎麼

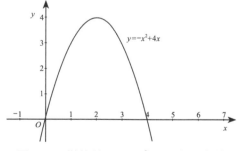

圖 11.5　拋物線 $y = -x^2 + 4x$ 有最大值

證明呢？在中學裡，老師會講這樣一個技巧。

（1）重新組織 $y = -x^2 + 4x$，就得到 $y = -(x-2)^2 + 4$。

（2）在上述等式中，$(x-2)^2 \geq 0$，因此 $-(x-2)^2 \leq 0$。4 是常數，不隨 x 改變。

（3）因此，當 $-(x-2)^2 = 0$ 時，y 的值最大，此時 $y = 4$。

這個技巧能解決一批同類的拋物線問題，但是遇到其他函數的問題，這種技巧還是無能為力。例如問函數 $y = x^3 - 12x^2 + 4x + 8$ 在〔0，15〕的區間有沒有最大值或最小值，上面的方法就不靈驗了。事實上，在〔0，15〕的範圍內，它的最大值和最小值都存在，如圖 11.6 所示，但是我們幾乎無法找到什麼針對這個問題的解題技巧。

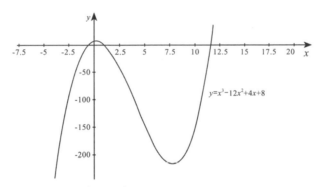

圖 11.6　三次曲線 $y = x^3 - 12x^2 + 4x + 8$ 在特定的區間內有最大值和最小值

因此，發現或掌握了某個解題技巧並考了高分，並不值得沾沾自喜，因為那種經驗很難延伸用來解決一般性問題。

❷ 牛頓尋找函數最大值和最小值的方法

在伽利略和克卜勒之前，人類其實沒有太多最佳化問題要解決。但是到了伽利略和克卜勒的年代，人們在物理學和天文學遇到了很多最佳化問題。例如計算行星運動的近日點和遠日點距離、彈道的距離、透鏡曲率和放大倍數的關

係等。這時就須系統地解決最佳化問題，而不能單靠一些技巧。這個難題就留給了牛頓。

牛頓如何思考這個問題呢？他的偉大之處在於，他不像前人那樣，將最佳化問題看成是若干數量比較大小的問題，而看成是研究函數動態變化趨勢的問題。我們還是從前面那個求拋物線最高點的問題講起。

我們在前面講到曲線瞬間變化的速率就是那一點切線的斜率，也就是它的導數。為了方便大家看清楚曲線變化的細節，我特意將圖 11.5 的橫軸拉長了 1 倍，放大拋物線，並把最高點附近的斜率變化畫了出來，如圖 11.7 所示。圖中各條直線就是一些點的切線。

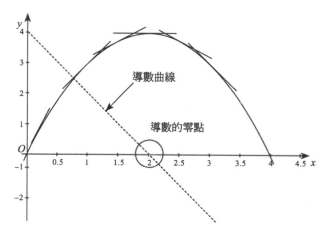

圖 11.7　拋物線在最大值附近切線斜率（即導數）的變化

從圖中可以看出，從左到右，拋物線的走勢變化是先上升，到趨於平緩，再到下降。而這些切線也是由陡峭變得平緩，在最高點變成了水平線，然後就又往下走了。如果量化它們，在 $x = 0$ 這個點，切線的斜率（或者說導數）是 4，到 $x = 0.5$ 時，斜率（或導數）變成了 3，隨 x 取值的變化，導數分別變成了 2，1，0，－1，－2，……。我把導數函數也畫在了圖 11.7，就是那條虛線。

對比拋物線和它的導數（虛線），我們發現，拋物線最高點的位置，就是切線變成水平的位置，或者說導數為 0 的位置。這種現象是巧合嗎？不是！如

果我們回到最大值的定義，對應導數的定義，就很容易理解這兩件事的一致性。

最大值的含義是說某個點 a 的函數值 $f(a)$ 比周圍點的數值都大，因此，如果從最大值的點往四周走一點點距離，會發現那些點的函數值都要比它小一點。在二維圖上，就是和左右的點比較。左邊點的函數值比它小，代表左邊點變化的趨勢是向上的，導數大於 0；右邊點的函數值也比它小，代表右邊的點變化趨勢是向下的，導數小於 0。從大於 0 的數變成小於 0 的數，中間經過導數為 0 的點，就是最大值所在。

於是，尋找一個函數 $f(x)$ 的最大值，就變成了尋找該函數的導數 $f'(x)$ 的零點，而這個過程其實就是解方程，比直接尋找函數的最大值容易。

這種思路，就是牛頓在尋找最大值方面和前人不同的地方。他不是直接解決那些很難的問題，而是把比較數大小的問題，變成了尋找函數變化反折點的問題，後者要比前者好解決。但是，要將尋找函數的最大值和尋找函數的變化點相等，就須用到導數這個工具了，這也是牛頓發明導數的原因之一。這是一種全新的方法，其好處在於，它適用於任何函數，而不像一些解題技巧只適合個別問題。從此，人們不再須針對特定函數的最佳化問題尋找特定的技巧了。這也是為什麼微積分是一種很強大數學工具的原因。

❸ 牛頓方法的漏洞

當然，每一個新的方法剛被發明出來的時候，總免不了有一些破綻和漏洞，用導數求最大值的方法也是如此。例如一個立方函數 $f(x) = x^3$，它的導數是 $f'(x) = 3x^2$。顯然當 $x = 0$ 時，它的導數變為了零，如圖 11.8 所示。但是 $x = 0$ 這一點顯然不是 x^3 最大值的點，因為函數 $f(x) = x^3$ 的最大值最後是趨近於無窮大。

為什麼上述方法對於立方函數不管用了呢？從圖中你會發現，立方函數一開始上升的斜率很大，然後逐漸變小並且變為 0，但是，在變為 0 以後，它沒

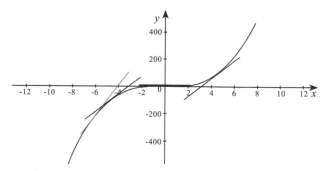

圖 11.8　函數 $y=x^3$，當 $x=0$ 的時候，導數為 0，但該點不是函數最大或最小值的點

有再進一步變小進入負數的區間，而是又逐漸變大了。原因找到了，問題就好補救。我們只要在找到導數等於 0 那個點之後，再看看它前後的點，是否發生了導數符號從正到負反轉。如果發生了，導數等於 0 的那個點就是最大值的點，否則就不是。類似地，如果在導數等於 0 的那個點附近，導數符號由負轉正，就說明這個點是函數最小值的點。

　　其實，用導數求最大值的方法還有其他漏洞，如圖 11.9 所示，圖中函數的 A、B 兩個點都滿足導數等於 0 的條件，而且也都滿足導數由正變成 0，再變成負這個條件，但是函數的最大值只能有一個。由於 A 點比 B 點要高一些，因此 A 點是函數真正的最大值，B 點的最大值是假的。

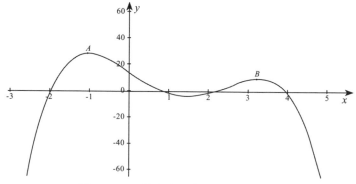

圖 11.9　函數有多個極大值點的情況

遇到這種情況怎麼辦？首先，數學家們要更準確地定義什麼是最大值。他們把最大值分成了兩種：第一種被稱為極大值，或稱為局部最大值，就是說只要一個點的函數值比周圍都高就可以了；第二種才是我們一般理解的整個函數的最大值。因此，一個函數可以有多個極大值，但是只能有一個最大值。如此一來，在誰是函數最大值的定義上就沒有矛盾了。

接下來，數學家們必須給出在有很多局部極大值中找到最大值的方法。但是很遺憾，到目前為止依然沒有系統性解決這個問題的好方法，只能一個個比較。事實上，這也是今天電腦進行機器學習時遇到的一個尚未解決的大問題。因為在很多時候，我們覺得經過電腦長期的訓練，找到了最大值，但是後來發現所找到的不過是很多局部極大值之一而已。這一點認知，後來為企業管理和創新帶來了很多思考和啟發。這個內容我們在最後一篇裡會講到。

在過去，找最大值就是一個個地比較數字的大小，這就把數字變化看成是孤立的事件了，因此很難找到求最大值的通用方法。牛頓等人透過考察函數的變化趨勢，發明了一種以跟蹤函數從上升到平穩，最後再到下降的變化來求最大值的方法。這就讓人類對事物的理解從靜態發展到動態了。這種方法的好處是它是通用的，而不是針對具體問題的技巧。當然，這種方法有一些漏洞，以後須一一補上。

本節思考題

1. 求函數 $y = x^3 - 2.5x^2 + x$ 在〔0，2〕區間內的最大值或最小值。

2. 一個函數 $f(x)$ 在某個區間〔a，b〕之間連續，能否用它在這個區間的最大值 M 和最小值 m，估算該函數在該區間的積分。

11.4 發明權之爭：牛頓和萊布尼茲各自的貢獻

微積分是從初等數學到高等數學的界碑，那麼是誰先發明了微積分呢？今天人們會講，牛頓和萊布尼茲各自獨立發明了微積分，但是這個含糊其詞的說法並沒有回答問題。在牛頓和萊布尼茲的時代，他們有很多來往，後者還專門到英國訪問了很長時間，了解了牛頓有關微積分的思想。因此，他們的工作並不獨立，這也是後來牛頓說對方剽竊了他微積分成果的主要依據。

接下來，我們就從微積分發明和完善的過程，看看不同人從不同視角如何看待同一個問題，以及一個學科體系是如何建立起來。了解了這些，今後如果要參與一件前無古人的事件中，我們就清楚該如何確立自己的定位和角色了。

❶ 牛頓和萊布尼茲各自在微積分方面的工作

先說說牛頓的工作。大約在一六六〇年代時，牛頓就有了微積分的最初想法，那時他才二十出頭。一六六九年，也就是牛頓接替他的老師巴羅（Isaac Barrow）擔任劍橋大學盧卡斯數學講座教授（Lucasian Chair of Mathematics）的這一年，他就寫出了題為《論以無限項方程進行分析》（*De analysi per aequationes numero terminorum infinitas*）的長篇手稿，系統地總結了他過去關於流數（導數）的工作，這是微積分發展早期的重要文獻。同年六月，他把這篇論文手稿提交給了他的老師巴羅，巴羅把它轉給了當時的另一位數學家——當時皇家學院圖書館的負責人約翰·柯林斯（John Collins）。柯林斯盛讚這是一個偉大的發現，並將牛頓的手稿又轉給了歐洲的許多朋友，這在後來就留下了一樁數學史上的謎案，即萊布尼茲是否看過柯林斯轉來的手稿。當時，巴羅和柯林斯建議牛頓將這篇手稿作為巴羅《光學講義》（*Lectiones Opticae*）的附件發表，但是牛頓覺得手稿還不成熟，還須進行修改和補充。牛頓雖然不斷地完善他的理論，並且之後也寫了一些關於微積分的論文，例如《流數法與無窮級數》（*Methodus Fluxionum et Serierum Infinitarum*）等，卻一直不公開發表他在微積分方面的核心成就，萊布尼茲因

此搶在了前面。否則，也就沒有後來的微積分發明權之爭了。

接下來說說萊布尼茲的工作。一六七三年他拜訪了倫敦，和英國的數學同儕進行了交談，隨後也一直書信來往。特別是他在與皇家學院秘書亨利・奧登伯格（Henry Oldenburg）的來往信件中，了解了牛頓流數法的細節及部分應用。而萊布尼茲在給奧登伯格的信中，也表明他可能從牛頓那裡受到啟發。萊布尼茲是這樣說的：

貴國了不起的牛頓提出了一個表示各種形狀面積、曲線（所包圍）的面積及其旋轉體（body of revolution）的體積和重心的求解方法。這是用逼近的過程求出，而這也正是我要推導的。 此方法如果能簡化並推廣，是非常了不起的貢獻，這無疑將證明他是天才的發明者。

當然這段對牛頓的大力稱讚也可能只是萊布尼茲的謙辭。次年萊布尼茲完成微分和積分的新表示法。牛頓得知此事後，寫信給奧登伯格，說明自己的方法，以便讓他轉給萊布尼茲。萊布尼茲看到牛頓的來信後要求進一步說明細節，牛頓後來又給萊布尼茲寫了信，系統地闡述了二項式定理、無窮級數展開法、用流數求一般曲線的面積等原理，並且比較全面地介紹了自己的微積分理論。

一六七六年，萊布尼茲第二次拜訪倫敦時，經過柯林斯同意，抄錄了牛頓的手稿《論以無限項方程進行分析》以及牛頓的級數展開方法、相關的例子和一些補充說明，他也因此對牛頓的工作有了全面的了解。

萊布尼茲的微分和積分原理論文分別在一六八四和一六八六年發表，比牛頓的《流數法與無窮級數》的成稿晚了十五年，而且其中並未提及牛頓。牛頓將微積分論著全部發表則是一六九三年的事了，在萊布尼茲之後。當然他在著名的《自然哲學的數學原理》一書中已經用了微積分，因此沒有人會覺得牛頓是抄萊布尼茲的研究成果，而認為他是獨自發明微積分。大家所關心的是，萊布尼茲關於微積分的想法，是完全受到牛頓的啟發，還是說有大量的獨立思考而部分受到牛頓的啟發而已。

在牛頓那個時代，一致的意見是前者，因為牛頓掌握了當時世上最具權威的學術組織——英國皇家學院，於是就由皇家學院出面聲討萊布尼茲的抄襲行為。但是，平心而論，在和牛頓交流以前，萊布尼茲也對微積分有了初步想法，尤其是他看待微積分的角度和牛頓不同，這一點不可能抄襲牛頓。因此，今天數學界認為他和牛頓共同發明了微積分，各自有自己的貢獻。

❷ 牛頓和萊布尼茲各自在微積分領域的貢獻

我們先說說牛頓的貢獻。牛頓除了是數學家，也是物理學家。他研究微積分，很大部分緣於為了解決力學問題，特別是以下三個問題。第一個問題是加速度、速度和距離的關係。這三者的關係只能透過微積分描述。也就是說，加速度是速度的導數，速度又是距離的導數。第二個是動量（momentum）、動能及力的關係。動量是動能的導數，力是動量的導數。第三個是天體運行的向心加速度問題，它是速度的導數，而萬有引力則是向心加速度的來源。由此可以看出，牛頓最初關於微積分的想法，特別是導數的部分，是直接為物理學服務的，雖然後來他也將微積分普遍化，但是他採用的符號還有導數的痕跡，無法好好表達微積分的特點，因此今天我們已經不用那些符號了。對於微積分的一些概念，他講得也不是很清晰。

萊布尼茲則不同，他除了是數學家，還是一位哲學家和邏輯學家。他的哲學思想和邏輯思想概括起來有兩點：

第一，我們所有的概念都是由非常小、簡單的概念符號複合而成，它們如同字母或數字，形成了人類思維的基本單位。這反映在他在微積分上提出了微分 dx、dy 這樣無窮小的概念。

第二，簡單的概念複合成複雜概念的過程是計算。例如在計算曲線和坐標軸之間的面積時，萊布尼茲的思想是把不規則形狀拆分成很小的單元，然後透過加法計算把它們組合起來。

基於這樣的哲學思想，萊布尼茲把微積分看成是一種純數學的工具——這

個工具把宏觀的數量拆解為微觀的單元,再把微觀的單元合併成宏觀的累積。因此,可說他是從另一個角度解讀微積分。我們今天使用的微積分符號,大部分是萊布尼茲留下的。在數學上,萊布尼茲不僅致力於微積分的研究,而且還發明了二進制,為人類貢獻了另一套便於計算的進制。此外,他還致力於改進機械電腦。從他一生所做的諸多和數學相關的工作來看,他實際上是把計算看成是由簡單世界到複雜世界的必經之路。正是因為在哲學層面對數學的探索,使得萊布尼茲的微積分比牛頓的更嚴謹一些。很多時候,對於一項發明,簡單追溯最早的發明人是沒有意義的,而要看誰做出了具體的貢獻。在這方面,萊布尼茲當之無愧是微積分的發明人之一。

至於他為什麼沒有提到牛頓的貢獻,這除了有他個人作風和習慣方面的原因,還因為在宗教觀點上的分歧使得他不認可牛頓在物理學的很多理論。

牛頓雖然也信教,但整體而言屬於自然神論者,這些人認為上帝創造了世界,然後就什麼都不管了。但萊布尼茲是神學家,虔誠的上帝維護者,因此在萊布尼茲看來,牛頓的很多研究成果是大逆不道。例如他對牛頓的工作有這樣一些評價:

(1)唯物主義的原理和方法的謬誤是對上帝不虔誠。《自然哲學的數學原理》的作者與唯物主義者是一樣錯誤的。

(2)(牛頓等人)承認原子和虛空,等於在說上帝創造的世界不完美。

(3)(牛頓等人)認為時間和空間是絕對的,這就將時空和上帝劃上等號了。在上帝之外是不可能有其他絕對和永恆的東西。

(4)不可能有萬有引力,因為沒有媒介的作用力,是超自然的,只有上帝才能做到,不可能存在於自然界。

萊布尼茲針對牛頓的萬有引力學說還發表了《神義論》(*Théodicée*)一書,反對牛頓的引力理論。

不過,萊布尼茲私下裡對牛頓的評價極高。一七〇一年,也就是在雙方就微積分的發明權開始論戰後,當普魯士國王腓特烈大帝詢問對牛頓的看法時,

萊布尼茲說：「在從世界開始到牛頓生活時代的全部數學中，牛頓的貢獻超過了一半。」這可謂是高得無以復加的評價。

聽到這些觀點，你可能會問萊布尼茲如此愚昧，但為什麼在數學上又有這麼大的貢獻？事實上萊布尼茲不是自然科學家，他的自然觀基本上都是憑直覺產生，用今天的話說有點反科學。但是，這並不妨礙他從邏輯出發，發明數學上最偉大的工具。從這裡你可以看出，自然科學可以給數學以啟發，但並不是完全必須，數學暫時離開了自然科學也能發展，只要從正確的前提出發，根據邏輯就能構建起一個體系的大廈。

當然，對於微積分來講，體系的構建不僅在牛頓和萊布尼茲手裡沒有完成，在我們前面講到的柯西和維爾斯特拉斯手裡也沒有完全得到完善，後來再經由黎曼和勒貝格等人的工作，才算將微積分的大廈基本構建完成，這離牛頓和萊布尼茲的時代已經過去兩個多世紀了。至於柯西等人有什麼貢獻，有興趣的讀者可以繼續閱讀下節延伸閱讀部分的內容，它也是全書中最有挑戰性的內容。

本節思考題

平心而論，我們應該承認牛頓和萊布尼茲獨立發明了微積分，這說明那個時代發明微積分的條件已經具備。思考一下發明微積分需要什麼數學和自然科學的先決條件。

*11.5 體系的完善：微積分公理化的過程

本章節為延伸閱讀內容。

我們在基礎篇的最後留下了一個問題，就是 0.9999999…是否等於 1？要

回答這個問題，就要講到實數體系的公理化過程，它也是微積分公理化的基礎。這部分內容稍微有點深奧，因此只推薦給對數學特別有興趣，而且有一些數學基礎的讀者閱讀，省略這部分內容不影響後面其他內容的閱讀。

前面我們講到微積分從發明到完善的過程中，柯西和維爾斯特拉斯的貢獻很大，除了準確地描述了極限的概念外，他們還一同完成了對微積分進行公理化的艱鉅任務。為什麼要把微積分構建成一個公理化的體系呢？因為無論是牛頓從經驗出發發明的微積分，還是萊布尼茲使用了大量主觀假設的微積分，在數學上都缺乏嚴密性。例如我們在前面講到使用導數的方法求最大值或最小值時，前提假設之一便是，數軸上的數必須是「稠密沒有間隙的」。過去在數學上並沒有證明這件事，只是我們覺得數字之間的距離可以無限小罷了。但是，不能因為我們覺得無限小，就得到數字之間沒有間隙的結論。如果我們把 $\sqrt{2}$ 從數軸上「扣掉」，它左右的兩個點就有間隙了。事實上，從畢達哥拉斯開始，雖然人們知道有理數之外還有無理數存在，但是一直難以理解這種無限不循環的小數，說不清楚它們到底是什麼，才會給它起了「無理數」這個看似不講道理的名字。直到柯西等人把極限的概念搞清楚了，才準確地定義了實數（即有理數和無理數的合集）是什麼。在此基礎上，才建立起非常嚴格的微積分。

柯西是用無限逼近的辦法描述實數。例如我們想知道 $\sqrt{2}$ 到底應該等於多少，柯西就構造一個朝著 $\sqrt{2}$ 無限逼近的序列，最後證明序列的極限就是 $\sqrt{2}$ 這個點。這在數學上被稱為柯西收斂準則（Cauchy Convergence Criterion）。但是，與柯西同時代的數學家們，卻從很多不同角度回答實數是什麼。所幸，雖然他們對實數的描述方法不同，但講的意思都是等價的。例如，維爾斯特拉斯證明在一個小範圍內，有一個能夠不斷接近的聚點，這個聚點就是實數。而康托則用範圍不斷縮小的區間來「套」出一個實數。

就這樣，數學家們一共提出了七種描述實數和其性質的理論，後來證明它們其實都是等價的。如果我們能夠證明其中一個是正確的，就能推導出剩下的

六個了。但第一個怎麼證明就遇到了麻煩，因此可行的方法就是將其中的一條當作公理。而把實數描述得最清楚的，是十九世紀末到二十世紀初的德國數學家戴德金。現在人們通常把他的理論作為公理，然後以此導出其他數學家所提出的七個理論。當然，對於戴德金的理論，文獻中「理論」、「公理」和「定理」的表述都存在。

戴德金的理論之所以「更好」，或者說更嚴密，因為他是站在另一個維度俯視實數這件事。他不是把一個實數看成一個點，而是看成兩種反方向趨勢的分割線。我們來看看戴德金如何思考這個問題。

首先，我們假定有理數的含義很清晰，因為它們就是兩個整數的比值，給定一個有理數，很容易用圓規和直尺在數軸上畫出來。但是，並非數軸上所有的點都可能找到有理數的對應，例如 $\sqrt{2}$ 就不可以。因此，我們如果在數軸上某一個位置切一刀（被稱為戴德金分割），數軸上的有理數就分成了向前（也就是正無窮大）和向後（也就是負無窮大）的兩個集合，前面的有理數集合我們不妨稱為 A，後面的稱為 A'。顯然，A 和 A' 都滿足四個基本條件：

（1）非空，也就是說它們都包含一些有理數；

（2）不等於全部有理數，也就是說 $A \neq Q$、$A' \neq Q$；

（3）零交集，即 $A \cap A' = \varnothing$；

（4）互補，即這兩個集合的聯集為有理數集本身 $Q = A \cup A'$，而且 A 中任意一個元素大於 A' 中每一個元素。

由於切割的位置不同，A 和 A' 會有三種情況：

（1）A 有最小的元素，而 A' 沒有最大的元素。例如這一刀正好切在 1 這個位置，而且 1 被劃給了集合 A，於是 1 就是集合 A 中最小的元素，但是這樣一來 A' 就沒有最大的元素了。因為根據前面說的切割的設定，A' 裡的元素都比 1 小，但是如果在 A' 中任意給定一個小於 1 的元素 e，我只要讓 $e_1 = (e+1)/2$，它就大於 e，而且也在 A' 中。

（2）A 無最小的元素，但是 A' 有最大的元素。這個情況和前一種情況正

好相反，如果在 1 處切一刀，而且把 1 劃給 A'，就是這種情形。

（3）A 沒有最小的元素，A' 也沒有最大的元素。例如我們這樣定義 A 和 A'，其實就是把分割線畫在了 $\sqrt{2}$ 的位置。

$A = \{ q \mid q > 0，且 q^2 > 2 \}$

$A' = \{ q \mid q < 0，或 q^2 < 2 \}$。

為了直觀起見，我們把這兩個集合畫在了數軸上，如圖 11.10 所示，右邊的部分是集合 A，左邊的是集合 A'。

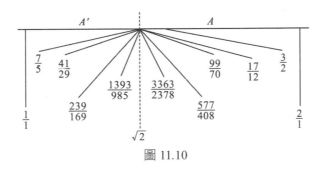

圖 11.10

在 A 集合中，給定一個有理數，我們總是能找到更小的有理數，滿足其條件。如圖 11.10，從 2 開始，3/2、17/12、99/70、577/408、3363/2378……，我們可以不斷找到更小的有理數。類似地，在 A' 中我們可以不斷找到更大的有理數。這兩件事採用前面說到的 $\varepsilon - \Delta$ 方法可以嚴格證明，由於篇幅的原因，我們就省略了。

第三種分割顯然是存在的，這個分割的邊界就被定義為一個無理數。也正是因為它既不在集合 A 中，也不在集合 A' 中，因此它不是有理數。

看到這三種組合可能有人會問，是否會出現第四種組合，即 A 有最小的元素，同時 A' 也有最大的元素。這種情況是不可能的，很容易以反證法證明。

我們可以假設 q_1 是 A 中最小的元素，q_2 是 A' 中最大的元素，根據戴德金分割的定義，$q_1 > q_2$。那麼 $(q_1 + q_2)/2$ 顯然也是一個有理數。

　　由於（q_1+q_2）/2＜q_1，因此它不在 A 中，同時由於（q_1+q_2）/2＞q_2，因此它也不在 A' 中。這就違背了 A 和 A' 的聯集等於有理數集全集的假設。因此這種情況不會出現。

　　戴德金分割把每一個有理數對應了一種在數軸上的切割方式，有理數中間的空隙就被定義成了無理數，有理數和無理數共同構成了實數這個集合。大家可能已經看出，上述這樣的定義方法很像歐基里德定義幾何學概念的方法，從一個最簡單的定義出發，推導出一大堆新知識。至於前面關於有理數的定義，其實只要有整數的定義，就能透過乘法的逆運算定義出有理數，而整數的定義則是依賴於集合論。也就是從集合論出發，最後到戴德金分割，數學家們就將數這種看似「自然而然存在」的概念，變成了嚴密的公理化體系。最終完成這個任務的是著名數學家希爾伯特，他以三類公理（即域公理、序公理和完備性公理）描述了整個實數系統，包括它們的性質和運算，在此之上微積分的微分部分（包括導數和極限），就變得非常嚴格而富有邏輯了。

　　戴德金分割在整個實數理論占有最重要的位置。它在有理數之間補足了無理數，讓整個數軸變得連續了，也就是任何兩個「很靠近」的實數 r_1 和 r_2 之間，還有無數個實數。這個結論很容易證明，因為 $r_3=$（r_1+r_2）/2 就是它們中間的一個實數，而 $r_4=$（r_2+r_3）/2 又是它們之間的另一個實數，這個過程可以無限重複下去。當我們把戴德金分割從有理數的範圍擴展到實數的範圍，A 和 A' 只會出現兩種情況，也就是 A 有最小的元素，A' 沒有最大的元素，或者反過來。不會出現有理數條件下出現過的第三種情況。如此一來，在實數軸上的一個戴德金分割（A，A'），都唯一地確定一個實數 r。這個性質通常被表述為戴德金實數完備性（連續性）公理。

　　接下來我們就可以用戴德金分割，來證明 $0.999999\cdots=1$ 了。

　　由於 $0.999999\cdots$ 是一個循環小數，因此它是一個有理數，也因此我們就在有理數域的範圍內，對所有的有理數做戴德金分割。

　　根據我們前面的描述，兩個有理數 q_1 和 q_2 要相等，充分和必要條件就是

它們對應的分割 C_1 和 C_2 要相等。我們假定 C_1 把有理數分割成 A_1 和 A_1'，C_2 把有理數分割成 A_2 和 A_2'，那麼我們只要證明 $A_1=A_2$（當然同時自然就會有 $A_1'=A_2'$），就證明了分割 C_1 和 C_2 相同，進而證明了 q_1 和 q_2 相等。

我們令：

$A_1=$｛所有小於 1 的有理數集合｝

$A_2=$｛所有小於 0.999999… 的有理數集合｝

顯然，A_1 包含 A_2，即 $A_1 \supseteq A_2$，因為小於 0.999999… 的數一定小於 1。接下來我們只要證明 $A_1 \subseteq A_2$ 即可。

對於 A_1 中任何一個元素 $q=m/n$（其中 m 和 n 為整數），都滿足 $q<1$，即 $m<n$。因此存在一個整數 d，使得 $d \leq n-m$，即 $q=m/n \leq 1-d/n$。我們選取一個正整數 k，使得 $10^{-k}<d/n$，顯然 10^{-k} 也是一個有理數。這樣就有：

$q \leq 1-d/n<1-10^{-k}=0.999…99$（一共 k 個 9）

顯然 0.999…99（一共 k 個 9）要比 0.999999…（無限個 9）要小。因此 q 在 A_2 當中，即 $q \in A_2$。

由於 q 是 A_1 中任意一個元素，這也就是說，A_1 中每一個元素都屬於 A_2，於是 $A_1 \subseteq A_2$。再結合 $A_1 \supseteq A_2$，就知道這兩個集合相等，即 $A_1=A_2$。於是相應的分割 C_1、C_2 也相等，和它們分別對應的有理數 1 和 0.999999… 也相等。因此，0.999999… 並不僅僅是無限趨近 1，而是就等於 1。

上述結論還可以用柯西序列、康托集合等其他的工具證明。這其實也從另一個角度說明，其他數學家對實數的描述其實都等價於戴德金的理論。透過了解戴德金的理論，我們可以體會如何從左右兩個趨勢看待靜態的數，進而養成動態看問題的習慣。

講完了微分部分的公理化，大家肯定會想，在積分方面是否有什麼漏洞須要補上呢？確實有！

我們前面講的積分有一個隱含的條件是，就是被積分的函數基本上必須是連續的。所謂「基本上」連續，是指在被積分的區間內，只有有限個不連續的

地方。例如圖 11.11 實線所示的函數 $f(x)$，它在 b、c 兩個點不連續，但除此之外都是連續。如果我們要計算從 a 到 d 的積分 $\int_a^b f(x)\,dx$，我們可以將它分為從 a 到 b，從 b 到 c，再從 c 到 d 三段積分，即

$$\int_a^d f(x)\,dx = \int_a^d f(x)\,dx + \int_a^d f(x)\,dx + \int_a^d f(x)\,dx \tag{11.4}$$

圖 11.11 的點線是 $f(x)$ 的原函數 $F(x)$，我們根據牛頓—萊布尼茲定理知道，$F(d)-F(a)$ 就是上述積分。

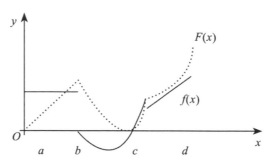

圖 11.11　分段連續的函數依然可以做積分

但是，如果從 a 到 d 之間，每一個點都是不連續的怎麼辦？前面講到的積分的辦法就沒有用了。例如下面這個狄利克雷函數（Dirichlet function）：

$$f(x) = \begin{cases} 1，當 x 是有理數 \\ 0，當 x 是無理數 \end{cases} \tag{11.5}$$

這個函數由於每一個點都不連續，其實無法在坐標系畫出它的圖像，我們只能用虛線顯示一個大意，如圖 11.12 所示，上面的部分表示 x 是有理數的情況，下面的部分表示 x 是無理數的情況。

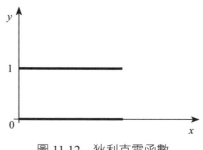

圖 11.12　狄利克雷函數

如果我們按照原來積分的定義，無論將區間 $\varDelta x$ 取得多麼小，也算不出這一個區間（例如〔0,1〕區間）的面積，因為如果相應的 x_i 是有理數，$f(x_i)=1$，這

個區間的面積就是 Δx。如果每一個區間都這麼取，將這個函數從 0 到 1 積分，就得到 $\int_0^1 f(x)\,dx=1$。但是，如果每次取到的 x_i 是無理數，$f(x_i)=0$，算出來的積分就是 0，即 $\int_0^1 f(x)\,dx=0$。這顯然是矛盾的，因此我們說這樣的函數積分不存在。

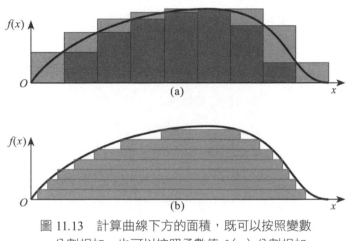

圖 11.13　計算曲線下方的面積，既可以按照變數
x 分割相加，也可以按照函數值 $f(x)$ 分割相加

不過，如果我們換一個角度思考狄利克雷函數的積分問題，它還是有解的。用黎曼的方法對函數積分時，是把一個函數垂直地劃分為很多區域，然後計算每一個區域的面積，如圖 11.13（a）所示。不過，我們也可以水平劃分區域，然後計算每一個區域的面積再相加，如圖 11.13（b）所示。

對於狄利克雷函數，我們按照函數值劃分之後，只有包括 $f(x)=1$ 的區域和 $f(x)=0$ 的區域有對應的變數，或者說它們的寬度可能不為 0，其餘的都是 0，如圖 11.14 所示。因此在〔0，1〕區間內對這個函數求積分，只要把值等於 0 的點（所有無理數）的總長度 l_0 乘以函數值 0，再把這個區間內函數值等於 1 的點（所有有理數）的總長度 l_1 乘以函數值 1，然後相加就可以了，即

$\int_0^1 f(x)\,dx=0 \cdot l_0+1 \cdot l_1$。

接下來的問題只剩下，在 0 和 1 之間，無理數放到一起的長度 l_0 是多少，有理數的總長度 l_1 又是多少。對於這個問題，法國數學家勒貝格（Henri Lebesgue）給出了一個度量的方法，他把這種滿足條件的數字放在一起的「長度」稱為測度（measure）。

具體到 0 和 1 之間的實數，它們的總長度當然是 1，其中無理數的數量是有理數的無窮多倍，因此，無理數的測度 $l_0=1$，有理數的測度 $l_1=0$。因此，狄利克雷函數的積分就是 $0\times 1+1\times 0=0$。

上述這種依照水平區域劃分曲線面積，然後求積分的方法，被稱為勒貝格積分。可以證明，如果一個函數的黎曼積分（垂直劃分）存在，那麼勒貝格積分一定存在，但是反過來卻不一定，狄利克雷函數就是一個很好的例子。

勒貝格對於微積分的貢獻在於，他發明了抽象測度的概念，用這個純粹的數學概念取代了我們生活中熟知，但是不那麼嚴密的長度概念。有了測度的概念，很多其他的數學分支，就可以進一步完善了，例如機率論。建立實數理論和測度概念基礎上的微積分，也被稱為實分析，這是今天在實數定義域中最為嚴格的微積分體系。至此，微積分的公理化體系才算構建完成。

從微積分的建立過程，我們可以看出很多事是水到渠成的結果，牛頓從力學出發，萊布尼茲從哲學出發，幾乎同時都發明了類似的工具。因此，缺了他們中的一人，微積分依然會在那個時代出現。其實在任何重大發明的過程中，時間的早晚可能遠沒有我們想像地重要。具體到微積分，最原始的思想，牛頓的老師巴羅就已經考慮過，但是那不能算是微積分，至於埃及、希臘、中國、印度、伊拉克、波斯和日本今天都聲稱自己的國家更

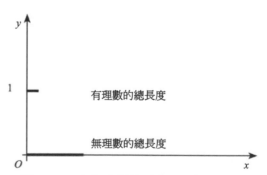

圖 11.14　水平分割狄利克雷函數後，把〔0，1〕之間所有的有理數「擠到」一處，所有的無理數「擠到」一處

早發明了微積分的雛形，你當笑話聽聽就好了。我們在這一個模組中，從牛頓的視角引入微積分，因為它比較直觀，但是它和今天教科書裡的內容已經相去甚遠。今天的微積分和萊布尼茲的版本有更多繼承關係，但是我們今天學的依然不是他的版本，而是後來柯西等人完善的版本。很多人都醉心於從 0 到 1 的發現，但是真正偉大的發明須走完從 0 到 N 的全過程，這中間有很長的路，任何時候進入相關領域都不晚。

本節思考題

從黎曼積分到勒貝格積分，簡而言之就是由豎著劃分區域變成橫著劃分，為什麼轉了 90 度的劃分方式，原來不可以積分的函數就變成了可積分的呢？

本章小結

積分是微分的逆運算，它可以透過細節了解全局。積分看中的是累積效應，但是累積的效果需要一個過程才能看到。當一個函數開始變化時，它的累積效果不會很快顯現出來，須經過一些時間的累積才能顯現。我們經常講飛輪效應，其實飛輪的速度就是對加速度的積分。當我們對飛輪施加作用力後，其實它的加速度已經開始出現，但是一開始速度依然很慢，一段時間之後，我們才能看到它飛快地轉動。同樣地，當我們想制止一件事的時候，雖然我們已經採取了措施，但是原先事物變化的軌跡不會因為我們改採取的措施馬上改變，還須有耐心堅持一段時間，才能看到改變。

結束語

微積分讓很多人望而生畏。其實它是一種非常強大的數學工具，特別是對於那些難以用初等數學方法解決的問題。理解了它的基本原理後，使用類似 Mathmatica 之類的工具使用即可。對於不須使用微積分的人而言，它是一種思維，包括透過宏觀變化的速率了解微觀的細節，以及透過微觀變化的累積了解宏觀趨勢。理解了這兩點，我們的認知就得到了升級。

微積分，通常是和它的發明者牛頓和萊布尼茲的英名聯繫在一起。但是，在它被稱為真正嚴格數學分支的過程中，柯西、維爾斯特拉斯、黎曼、戴德金和勒貝格等人同樣做出了重大的貢獻，這才讓微積分這個數學工具變成了今天邏輯最為嚴密、最重要的高等數學分支。其中，將微積分置於公理化的框架之下，是這個改造過程的核心，透過對這個過程的了解，我們能夠加深對數學本質的認識。

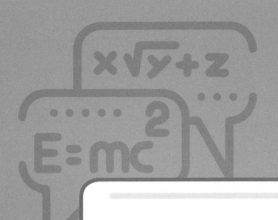

機率和數理統計篇

數學發展的大致過程，是從不確定到確定，再到不確定。但是後者的不確定和前者並不相同。

最初，人類數不清數，後來發明了計數方法，這就是從不確定到確定。再後來，人們掌握了丈量土地的方法，能夠計算時間，能夠解方程，這就越來越具有確定性了。特別是在代數學中，透過變數和函數，確定性從個案上升到了規律。利用微積分，人們對確定性的理解從宏觀進入到微觀，當然也能反過來，透過對事物的細微觀察，了解宏觀規律。微積分的出現，使得人類有了空前的自信，連如此細微、短暫的規律（如瞬時速度）都能掌握，還有什麼是不能掌握的呢？

到了英國物理學家馬克士威（James Clerk Maxwell）的時代，他以幾個非常確定的方程，把看不見、摸不著的電磁場描繪得清清楚楚。如此一來，世界上似乎就不存在不確定的事了，最多是我們暫時還沒有找到答案而已。

一八七九年馬克士威去世時，正好是大物理學家普朗克（Max K.E.L. Planck）選擇大學專業之時，他一度考慮是否要學習物理以外的學科，因為那個時代的科學家們覺得物理規律都被發現完了，剩下的只是修修補補的工作。但是後來，普朗克恰恰成為帶有不確定性的物理學——量子力學的開山鼻祖。與此同時，數學的發展也開始注重對不確定性的研究了。有關不確定性的理論基礎——機率論，是數學的一個分支。

12

隨機性和機率論：
如何看待不確定性？

最早從數學的角度研究不確定性，尋找隨機性背後規律的既不是數學家，也不是古代掌握知識的祭司們，而是賭徒。他們經常須了解賭局中什麼情況更可能出現，以便於下注贏錢。因此，機率可說是由利益驅動發展起來的學問。

12.1 機率論：一門來自賭徒的學問

賭徒們之所以要研究機率，是因為打牌或進行其他賭博時，真實的獲勝率和人們的想像經常是相反的。我在年輕的時候一度痴迷於橋牌，打橋牌就要算牌，算算某張牌可能在誰的手裡。我們知道一個花色有 13 張牌，假如你和你的搭檔有 9 張黑桃，對方兩人有 4 張，最大的兩張牌 A 和 K 都在你手裡，但是第三大的 Q 在對方手裡。這時你要做一個判斷，對方手中的 4 張黑桃，每人各有兩張（即 2－2 分布）分布的可能性有多大。如果超過 50%，你直接打出 A 和 K，將對方手裡的 Q 砸死即可。但如果 1－3 分布的可能性很大，而 Q 恰好在有 3 張黑桃的那個人手裡，你就不能這麼打了。事實上，在上述情況之下，1－3 分布要比 2－2 分布的機率大不少，這就和我們的常識相悖。打橋牌的人要背下來主要牌型分布的機率，在打牌時是靠機率取勝，而不是靠運氣。當然，在沒有機率論之前，算清楚牌型的機率並不容易，絕大多數玩家只能憑直覺或經驗判斷出牌，因此犯錯誤是常事。莊家雖然也算不清楚牌，但是因為長期設賭局經驗多，不知不覺能統計出一些機率分布，因此通常會贏到玩家的錢。

在歷史上有明確記載的最早研究隨機性的數學家是帕斯卡（Blaise Pascal）和費馬。帕斯卡就是最早發明機械電腦的那位數學家，他並不是賭徒，但是他有一些賭徒朋友。那些人常常玩一種擲骰子遊戲，遊戲規則是由玩家連續擲 4 次骰子，如果其中沒有 6 點出現，玩家贏，如果出現一次 6 點，則莊家贏。在這個賭局中，由於雙方的贏面差不多，不是大家能夠憑直覺判斷準的，因此玩家並不覺得吃虧，甚至還覺得贏面大一些。但是，只要時間一長，莊家總是贏家，玩家注定是輸家。一六五四年一位賭徒朋友就向帕斯卡請教，是否能證明莊家的贏面就是大。帕斯卡經過計算，發現莊家的贏面還真是稍微大一點，大約是 52% 比 48%。大家不要小看莊家多出來的這 4 個百分點，累積起來，能聚斂很多財富。

在研究賭局機率的過程中，帕斯卡和費馬有許多書信往來，今天一般認為他們二人創立了機率論。他們二人的研究顯示，雖然無法為各種不確定性問題找到一個確定的答案，但是背後依然是有規律可循。

到了十八世紀啟蒙時代，法國政府債臺高築，不得不經常發一些彩券補貼財政。但是，由於當時人們的數學程度普遍不高，發彩券的人其實也搞不清該如何獎勵中彩者。著名的啟蒙學者伏爾泰是當時最精通數學的人之一（牛頓受到蘋果啟發發現萬有引力定律的說法就是由他傳出去的），他算出了法國政府彩券發行的漏洞，找到了一些只賺不賠的買彩票方法，賺到了一輩子也花不完的錢。伏爾泰一生沒有擔任任何公職，也沒有做生意，但是從來沒有為錢發過愁。這讓他能夠專心寫作，研究學問。

從十八世紀末到十九世紀，數學家們對機率論產生了濃厚的興趣，像法國的白努利（Jacob Bernoulli）、拉普拉斯（Pierre-Simon Laplace）和卜松（Siméon Denis Poisson）等人，德國的高斯，以及俄羅斯的柴比雪夫（Pafnuty Chebyshev）和馬可夫（Andrey Markov）等人，都對機率論的發展有著很大的貢獻。經過他們共同的努力，機率論的基礎理論逐漸建立起來了，很多實際的問題也得到了解決。在這些人中，劃時代的人物是拉普拉斯，他給出了古典機率的定義。

本節思考題

有三個均勻的骰子，同時擲出後，點數超過 15 點的機率有多少？

12.2 古典機率：拉普拉斯對機率的系統性論述

在過去的兩百多年裡，機率的定義不斷被修正，這個過程其實反映出人類認知進步的過程。

❶ 拉普拉斯關於機率的定義

最初給出機率定義的是法國數學家拉普拉斯。拉普拉斯是一位了不起的科學家，他除了在機率的貢獻之外，在數學和科學上還有很多貢獻，例如他發明了拉普拉斯轉換，完善了康德關於宇宙誕生的星雲說（nebular theory）等。不過，拉普拉斯卻又熱衷於當官，可能是因為那時當官的收益要比當科學家來得高。幸運的是，他有一位很著名的學生——拿破崙。後者在軍校學習時，教授數學的便是拉普拉斯。靠著這層關係拉普拉斯後來真當上了政府的部長，不過，他的政績不太好，因此他的學生拿破崙說，他是一位偉大的數學家，但卻不是一個稱職的部長。拋開拉普拉斯在科學上的諸多貢獻，讓我們聚焦在他對於機率的定義上。

在拉普拉斯的時代，大家已經開始關心機率論的問題了，但是卻沒有一個關於機率的正規定義，也就更不用提如何準確計算機率了。當時人們對「有可能」和「機率大」是分不清的。直到今天，問一些人買彩券中彩的機率是多少，他依然會說 50%，因為在他看來只有中獎和不中獎兩種情況。

拉普拉斯是如何定義機率的呢？他先定義了一種可能性相同的基本隨機事件，也稱為基本事件（elementary event）或原子事件（atomic event）。例如我們同時擲兩個骰子，兩個骰子的點數加起來可以是從 2 到 12 之間的任何正數。那麼，這些數出現的機率相等嗎？很多人會認為相等，因為從 2 到 12 一共有 11 種情況，每一種情況的機率就是 1/11。但是，這 11 種情況並非是基本隨機事件，而是可以拆分為更小的基本事件。我們不妨挑兩種情況，拆分成基本事件，這裡面的道理便一目瞭然了。

假定我們希望兩個骰子加起來是 5 點，有四種基本事件可以得到這個結果，即第一個骰子的點數分別是 1、2、3、4，同時第二個的點數是 4、3、2、1。如果希望兩個骰子加起來 12 點，只有一種基本事件能得到這樣的結果，即兩個骰子都是 6 點。因此，我們知道得到 5 點的機率和得到 12 點的不同。類似地，中獎的機率和不中獎的也不同，因為它們所包含的基本事件數量

不同。

基於基本事件的概念，拉普拉斯定義了古典機率，即一個隨機事件 A 的機率 $P(A)$ 可以按照下面的公式計算：

$$P(A) = \frac{\text{隨機事件 A 所包含的基本事件數量}}{\text{隨機變量空間裡的基本事件數量}} \qquad (12.1)$$

在上面擲骰子的問題中，隨機變數空間就是兩個骰子點數的各種組合，它有 36 種基本事件，即第一個骰子是 1 點時，第二個骰子為 1～6 點的 6 種情況；第一個骰子是 2 點時，第二個骰子為 1～6 點的 6 種情況等等，加起來一共是 36 種。每一種基本事件不可再分。基本事件的機率稱為原子機率（atomic probability），在這個例子中，原子機率是 1/36。如果我們要計算兩個骰子加起來為 5 點的情況，只要數數裡面包括了多少基本事件，其中是 4 個，然後我們用 4 除以總數 36 即可。這樣算下來，兩個骰子加起來 5 點的機率是 1/9。用這種方法我們會發現 2 點和 12 點的機率最小，是 1/36，中間 7 點的機率最大，是 1/6。這 11 種情況的機率並不相等，它們的機率可以用下面這張直方圖表示（圖 12.1），中間最大，兩端最小。

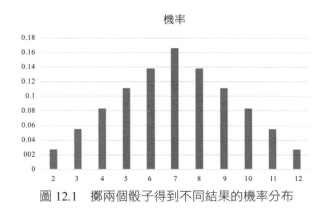

圖 12.1　擲兩個骰子得到不同結果的機率分布

根據拉普拉斯對機率的定義，所有可能發生的情況放在一起，構成了一個隨機事件總集合（今天我們也稱為機率空間）。任何一個隨機事件，都是隨機

事件總集合裡的一個子集。例如擲兩個骰子，隨機事件總集合就包含 36 種情況。而某個隨機事件，例如「兩個骰子總點數大於 10」，就是其中的一個子集，這個子集包含三個基本事件，即第一個骰子 5 點、第二個骰子 6 點，以及反過來，或者兩個骰子都是 6 點。

如果一個隨機事件，包含了隨機事件空間中所有基本事件，那麼這個事件必然會發生，它被稱為必然事件，機率就是 1。另一方面，如果一個隨機事件不包括隨機事件空間中任何一個基本事件（對應數學上的空集∅），它就不可能發生，被稱為不可能事件，機率為 0。剩下來的隨機事件，機率都在 0～1 之間，其中包含的基本事件越多，機率就越大，以白話而言，就是發生的可能性越大。

❷ 拉普拉斯古典機率定義的漏洞

拉普拉斯是第一個系統論述機率的人，但是他對於機率論的描述其實有不少漏洞。例如在現實中是否存在著可能性完全相等的基本事件，這本身就是一個大問號。我們知道，沒有骰子是完美對稱的，因此和骰子相關的機率問題似乎就不存在基本事件了。當然，這還不是拉普拉斯定義中最大的缺陷，他給出的定義本身有循環定義的嫌疑。拉普拉斯為了一個隨機事件 A 的機率，用了等可能性的基本事件這個說法。但是，在沒有機率定義之前，又從何談起等可能性。此外，根據拉普拉斯的定義，須先已知隨機事件空間，或說各種可能性的總集合，例如擲骰子我們須知道一個骰子只有 6 種結果。但是對於未來的預測，常常無法把各種隨機性都列舉出來。例如醫療保險公司無法確定一名 60 歲的人在接下來的 3 年裡罹患大病的機率，因為無法知道所有可能發生的意外。不過，由於拉普拉斯這種定義大家都能理解，也就暫時不追究其嚴密性了。

就在拉普拉斯試圖從數學上定義機率的同時，不少人從其他角度思考隨機性的問題，那就是經驗主義。我們知道，數學是能從經驗中獲得啟發，但是不

能建立在經驗之上，而是要建立在公理和邏輯之上。今天的機率論便是如此，不過，對於隨機性的各種實驗，還是為人們發現機率論的各種定理提供了幫助。這就是我們接下來要講的內容。

本節思考題

一把長度為一公尺的尺，每一寸都有一個刻度，包括左右兩端。一枚直徑為 0.5 寸的硬幣隨機地放在尺上，它正好壓在刻度上的機率是多少？

12.3 白努利試驗：隨機性到底意味著什麼？

當人們發現隨機性其實也是有規律可循的時候，就試圖尋找它們的規律性，並且透過試驗證實。透過實驗，人們發現隨機性反映出的很多規律，其實和我們直覺想像不一樣，以至於大部分人在生活中誤讀了機率。例如，我們知道拋硬幣正反兩面朝上的機率各一半，但實際拋了 10 次硬幣，真的有 5 次正面朝上嗎？其實這種可能性只有 25% 左右，這顯然和大多數人的直覺完全不同了。再例如，有人設了一個賭局，贏面是 10%，是否玩 10 次就能保證贏一次呢？如果不能，需要多少次才有很大的把握贏一次呢？這個結果是 26 次，這可能也顛覆了大家的認知。在後面你還會看到，大部人對隨機性的理解都是錯的。而我們了解機率論的重要目的之一，就是正本清源。

① 白努利試驗

在十八世紀和十九世紀初時，數學家和一些愛動腦筋的賭徒們就想搞清楚為什麼人們對隨機性的想像和現實存在矛盾。他們一方面開始做更多的隨機試驗，試圖找出有關隨機性的規律；另一方面，希望枚舉出各種可能性，先用數學的方法「算出」機率，然後再以試驗驗證。當然，很多時候，他們算出的機

率和試驗結果根本對不上，這又促使很多人絞盡腦汁想辦法找到兩者不一致的原因。例如，我們擲 10 次硬幣，看看正面朝上的次數是不是 5 次左右（包括 4 或 6 次）。但是，大部分時候都不可能得到 5 次正面朝上的結果，甚至有一小半的時候也落不到 4～6 次之間。這時我們是否該得出硬幣兩面不均勻的結論，還是說這個結果是因為偶然造成的呢？如果我們做其他隨機試驗，可能也會遇到類似的情況。於是，法國數學家白努利等人為了回答這個問題，就開始做了大量的隨機試驗，其中最為簡單的一種就是以其名字命名的白努利試驗。

白努利試驗簡單到只有兩種結果，非 A 即 B，沒有第三種狀態。A 和 B 發生的可能性無須相同，但是在同樣條件下重複試驗，A 和 B 各自發生的機率須一致。例如一個口袋裡有一個白球、三個紅球，它們大小重量都相同，我們從口袋摸出來一個，看完顏色再放回去。拿到白球是事件 A，拿到紅球是事件 B。我們進行這個試驗，每次摸到白球的機率應該是一致的。這就是一個典型的白努利試驗。前面講的擲硬幣試驗也是一種白努利試驗，只是事件 A 和事件 B 出現的機率相同。但是，如果我們看看今天的天氣，下雨是事件 A，不下雨是事件 B，每天這兩個事件出現的機率無法保持一致，因此它就不是白努利試驗。

白努利從這種最簡單、可重複的試驗入手研究隨機性，是非常有道理的。因為可重複，才可能有規律可言，因為簡單，規律才好尋找。如果發現試驗的結果和理論分析得不一樣，也好尋找原因。以下我們就以拋硬幣為例，說明為什麼我們推測出的結論會和試驗結果不一致。

❷ 為什麼理論和試驗的結果不一致？

照理說，如果一枚硬幣是兩面均勻，拋一次，正面朝上和背面朝上的可能性相等。我們擲 10 次硬幣，正面朝上的次數應該是 5 次。但是，如果真的拿一枚硬幣嘗試，會發現可能只有 3 次正面朝上，也有可能是 4 次正面朝上，甚至會出現沒有 1 次正面朝上的情況。事實上最後一種情況，即沒有 1 次正

面朝上的情況出現的機率是 1/1024，也並不算太小。如果我們把從 0 次正面朝上，也就是說全部是背面朝上，到 10 次全是正面朝上的可能性都算出來，畫成一個折線圖，就是圖 12.2。從圖中可以看出，雖然 5 次正面朝上的可能性最大，但是只有 1/4 左右。如果我們把條件放寬一點，把 4 次和 6 次正面朝上的情況都近似為機率相等，那麼也不過是 60% 左右，剩下 40% 左右的情況和 5 次正面朝上的情況相差就比較大了。這時我們似乎得不到「正面朝上的機率為一半」的結論。

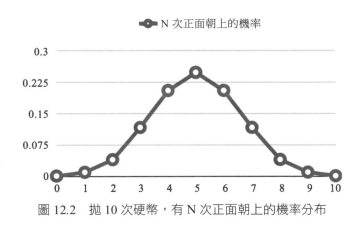

圖 12.2　拋 10 次硬幣，有 N 次正面朝上的機率分布

　　造成試驗結果和理論值不一致的原因，並不是硬幣本身有問題，或者我們拋硬幣的手法有問題，而在於隨機性本身。具體而言，就是試驗 10 次數量太少，統計的規律性被試驗的隨機性掩蓋了。如果我們做更多隨機試驗，規律性是否會更清晰一點呢？例如我們統計 100 次拋硬幣的結果，然後反覆做這個隨機試驗，你會發現，正面朝上出現 40～60 次的結果，會占到實驗次數的 80% 以上。也就是說，拋 100 次硬幣得到的結果，比拋 10 次更接近機率相等的分布。如果我們繼續增加試驗的次數，例如增加到 10,000 次，你會發現正面朝上的次數基本上就在一半左右浮動，不太可能出現極端的情況（即大量正面朝上或大量正面朝下的情況）。事實上，我們只要做 1,000 次試驗，正面朝上的次數在 400～600 之間的可能性在 99.9% 左右。即使我們把浮動的範圍縮

小到 450～550，也有 99.7% 的可能性正面朝上的次數落在這個範圍內。

在一般的白努利試驗中，假設事件 A 發生的機率是 p，那麼事件 B 發生的機率就是 $1-p$。如果進行 N 次獨立的試驗（所謂獨立的試驗，是指第二次試驗的結果和第一次的結果無關，例如拋硬幣就是獨立的試驗），那麼事件 A 會發生多少次呢？我們感覺應該是 N 次乘以每次發生的機率 p，即 $N \cdot p$。例如我們把 52 張撲克牌洗一遍，你從中抽一張，事件 A 是你抽到黑桃，它的可能性應該是 1/4。然後我們把抽出來的牌再放回去，洗牌後再抽出一張，這樣重複 500 次，大家感覺應該有 $N \cdot p = 125$ 次抽到黑桃。但是，實際上抽到黑桃（即事件 A 發生）多少次都是有可能的，只不過發生 125 次的可能性最大，接下來在 $N \cdot p$ 周圍即發生 124 次或 126 次的可能性次之，然後向兩端逐漸遞減。如果將出現各個次數的可能性畫成一條曲線，就是中間高、兩端低的曲線，如圖 12.3 所示。

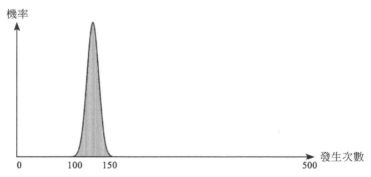

圖 12.3　單次機率為 1/4 的白努利試驗進行 500 次後的機率分布

在這個曲線中，每一個點就是出現相應次數的機率，這條曲線對應的函數，就被稱為 500 次白努利試驗的機率分布函數。對於一般的情況，如果每一次白努利試驗時事件 A 發生的機率為 p，進行 N 次試驗後，恰好發生了 k 次，這個機率可以用以下的公式計算：

$$P(N，k，p) = \binom{N}{k} p^k \cdot (1-p)^{N-k} \qquad (12.2)$$

其中 $\begin{pmatrix} N \\ k \end{pmatrix}$ 是從 N 個物品中挑選出 k 個的組合數，它等於 $\dfrac{N!}{k!\,(N-k)!}$。

公式（12.2）的推導過程比較複雜，我這裡就省略了。大家如果有興趣，可以驗證兩件事。

第一，k 取不同值時的機率，在 $k=N\cdot p$ 附近達到最大。例如 $N=20$、$p=0.3$、$k=6$ 時機率達到最大值 0.19 左右，$k=5$ 的時候則降為了 0.18，而 $k=10$ 時只有 0.03。

第二，如果 N 比較大，k 在遠離 $N\cdot p$ 之後，機率下降得很快；如果 N 比較小，機率下降得很較慢。

由於白努利試驗只有兩個結果，因此得到的機率分布也被稱為兩點分布（或白努利分布）。從圖 12.3 可以看出，試驗 500 次後，事件 A 發生次數少於 100 次，或大於 150 次的可能性極小。因此，雖然大部分時候試驗結果很難和計算出來的數值一致，不可能正好是 125 次，但是「整體而言」，它會落在以 125 為中心，左右誤差「不太大」的範圍內。後面我們會講到，這個「整體而言」的說法，在機率和統計中有一個專門的量化度量方式，被稱為統計的信賴水準（confidence level），「不太大」則可以用變異數（variance）或標準差（standard deviation）準確刻畫。如果試驗的次數 N 不斷增加，從 500 增加到 5,000、50,000 甚至更多，二項式分布的曲線畫出來會顯得更窄，逐漸變成一條高聳的線，直到 N 趨近於無窮大時，二項式分布的曲線看起來就是一條直線。這條直線所在的位置，和用公式計算出的位置 $N\cdot p$ 完全一致。當然，如果 N 比較小，曲線的就會顯得比較平，如圖 12.4。

從二項式分布的特點，我們可以得到這樣兩個結論。首先，有關不確定性的規律是存在的，例如它總是呈現中間大、兩端小的情形，不會任意亂來，而且不同的人做同樣的試驗，只要滿足同樣的試驗條件，雖然結果的細節很難重複，但是大家得到的大致輪廓差不多。這個特性很重要，正是因為大量的隨機試驗，結果具有可重複性，我們研究它的規律才有意義。其次，只有在進行大

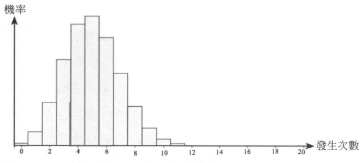

圖 12.4　單次機率為 1/4 的白努利試驗進行 20 次後的機率分布圖

量的隨機試驗時，規律性才會顯現出來，當試驗的次數不足時，它則顯現出偶然性和隨機性。

　　當然，在數學上我們不用「曲線比較突出」或「比較平緩」之類不嚴格的語言描述一種規律。我們須使用兩個非常準確的概念定量描述「突出」和「平緩」的差別。

本節思考題

有一枚硬幣，擲了 10 次，有 8 次正面朝上。以下兩種情況哪一種可能性更大？

1.　這個硬幣兩面是均勻的；

2.　這個硬幣有問題，正面朝上的機率是 70%。

12.4 平均數與變異數：理想與現實的差距

❶ 平均數與變異數的含義及關係

　　在機率論中，用於描述一個隨機事件或隨機變數性質的重要概念，就是平

均數或叫作數學期望值（簡稱期望值）， 我們常常用 μ 表示。數學期望值（平均數）講的是在同樣的條件下，多次重複某個隨機試驗，所得到結果的平均數。例如擲骰子，結果可能是 1～6 點，如果我們重複 10,000 次，把每一次的點數加起來，平均數就是 3.5，這就是擲骰子結果的數學期望值。當然，很多時候無法大量重複試驗，因此我們可以透過將每一個可能的結果按照其發生的機率加權平均得到數學期望值。例如一個做了手腳的骰子，5 點朝上的可能性為 1/3、2 點朝上的可能性為 0，其餘各點朝上的可能性為 1/6，於是它的數學期望值就是：

$$1\times\frac{1}{6}+2\times 0+3\times\frac{1}{6}+4\times\frac{1}{6}+5\times\frac{1}{3}+6\times\frac{1}{6}=4$$

雖然數學期望值是理想狀態下得到的試驗結果平均數，和實際做試驗得到的平均數可能有偏差，但是人們經常把它們當成一回事來講。

數學期望值只能反映一個隨機變數平均的情況，不能反映它的浮動範圍，也不能反映進行一次隨機試驗，結果是否在平均數的附近。例如我們有兩個骰子，一個骰子是普通的骰子，各點朝上的可能性相同，另一個被做了手腳，3 點和 4 點朝上的機率分別是 1/2，其他各點出現的機率為 0。這兩個骰子擲出來，數學期望值都是 3.5，但是第一個骰子可能有各種結果，隨機性非常大，第二個骰子的結果只集中在 3、4 兩點上。如果我們把它們的分布情況畫出來，就是下圖 12.5（a）（b）兩個不同的形狀。

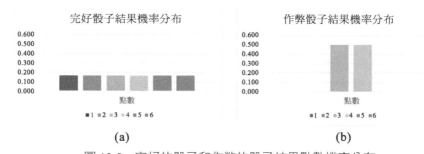

圖 12.5　完好的骰子和作弊的骰子結果點數機率分布

　　雖然這兩個骰子擲出來的結果的數學期望值相同，但是顯然它們的機率分布函數形態完全不同，為了描述它們的區別，我們就須要引入另一個重要的概念——變異數了。

　　變異數（或稱為差平方）是指每一個隨機試驗的結果 a_i 和數學期望值 μ 差異的平方 $(a_i-\mu)^2$，依照機率加權平均。我們通常把變異數寫成 σ^2。例如在擲骰子的例子中，完好的骰子的變異數為：

$$\sigma^2 = (1-3.5)^2 \times \frac{1}{6} + (2-3.5)^2 \times \frac{1}{6} + (3-3.5)^2 \times \frac{1}{6} + (4-3.5)^2$$

$$\times \frac{1}{6} + (5-3.5)^2 \times \frac{1}{6} + (6-3.5)^2 \times \frac{1}{6} \approx 2.92$$

　　而做了弊的骰子變異數則為：

$$\sigma^2 = (1-3.5)^2 \times 0 + (2-3.5)^2 \times 0 + (3-3.5)^2 \times \frac{1}{2} + (4-3.5)^2$$

$$\times \frac{1}{2} + (5-3.5)^2 \times 0 + (6-3.5)^2 \times 0 = 0.25$$

　　可見，做了弊的骰子擲出去之後變異數小得多。整體而言，**隨機變數的機率分布曲線越平，變異數越大；越向中間集中，變異數越小**。我們還可以這樣理解變異數，隨機性越大，變異數越大，反之亦然。當然，我們這裡所說的變異數大和小，是相對平均數而言，因為平均數越大，變異數難免隨之變大，但這並不意味著隨機性的增加。例如我們將骰子上面的數字寫成 10，20，…，60，它擲出來結果的變異數肯定比以前的大，但是對於同樣增加的平均數，它的變異數相對（平均數）大小沒有變化。

　　由於變異數的單位是數學期望值單位的平方，兩者不能直接比較，人們有時會用變異數的平方根 σ 衡量一個機率分布的隨機性，稱之為標準差。從數學上講，它和方差是等價的。標準差的好處在於可以直接和數學期望值做對比，例如上述兩個骰子的標準差分別為 1.7 和 0.5 左右，它們大致相當於平均數的

一半和 1/7 左右。如果我們將骰子上的數字放大 10 倍，平均數和標準差也會放大 10 倍，這樣標準差和平均數的比例會維持不變。

對於上一節提到的白努利試驗，它只有兩個結果，A 事件發生我們用 1 量化表示，其機率為 p，不發生我們用 0 量化表示，其機率為 $1-p$，於是它的數學期望值（平均數）就是 $\mu=1 \cdot p+0(1-p)=p$。而它的變異數就是 p $(1-p)$。[6] 我們不難發現，當 $p=\dfrac{1}{2}$ 時，它的變異數最大。也就是說，對於非 A 即 B 的白努利試驗，如果兩種情況出現的機率均等，隨機性最大，這和我們的常識是一致的。

對於二項式分布，它就是把白努利試驗重複 N 次的機率分布，它平均發生的次數，也就是發生次數的期望值則是 $N \cdot p$，變異數計算出來是：

$$\sigma^2=Np(1-p) \tag{12.3}$$

如果我們注意一下標準差和平均數的比值 $\dfrac{\sigma}{\mu}=\sqrt{\dfrac{1-p}{pN}}$ 會發現兩個現象。

首先，它實際上是隨著試驗次數 N 的增加而減少，這就解釋了為什麼試驗次數越多，機率分布的曲線越接近平均數。以拋硬幣為例，如果硬幣兩面均勻（即正面朝上的機率 $p=0.5$），我們進行 100 次試驗，帶入式（12.3），算出來的標準差 σ 是 5 次，相比平均數 50，是 10%。但是如果我們做 10,000 次試驗，標準差大約是 50，和平均數 5,000 相比，降到了 1% 左右。如果我們將 N 繼續擴大到無窮大，標準差和平均數的比例就近乎為 0 了。也就是說，隨機性對規律的影響可以忽略不計。我們平時在工作和學習中，都希望找到規律性，降低隨機性的影響，做到這一點最直接的辦法就是增加試驗的次數。這也是為什麼我們在大數據的應用強調數據量的原因，因為只有數據量大，得到的才是規律性，而不是巧合。

6　$\sigma^2=(1-p)^2p+(0-p)^2(1-p)=(1-p)p[(1-p)+p]=p(1-p)$。

其次，如果 p 是一個較大的值，接近於 1，那麼標準差相對平均數是很小的。反過來，如果 p 是一個很小的值，接近 0，標準差和平均數之比就非常大。這說明，越是小機率的事件，發生的可能性就越難以預測。

❷ 理想和現實的差距

我們也可以用變異數（標準差）的工具，定量分析一下「理想」和現實的差距，以及其中的原因。

什麼是理想呢？我們進行 N 次白努利試驗，每一次事件 A 發生的機率為 p，N 次下來發生了 $N \cdot p$ 次，這就是理想。那麼，什麼是現實呢？由於標準差的影響，使得實際發生的次數嚴重偏離 $N \cdot p$，這就是現實。例如，在生活中，很多人覺得某件事有 $1/N$ 發生的機率，只要他做 N 次，就會有一次發生，這只是理想。事實上，越是小機率事件，理想和現實的差距越大。例如一件事發生的機率為 1%，雖然進行 100 次試驗後它的數學期望值達到了 1，但是這時它的標準差大約也是 1（將 $N = 100$ 和 $p = 0.01$ 代入式（12.3）），也就是誤差（標準差）和平均數的比例 σ/μ 高達 100%。因此試了 100 次下來，可能一次也沒有成功。如果想確保獲得一次成功該怎麼辦？你大約要做 260 左右的試驗，而不是 100 次。當然，我們這裡所說的 260 次是依照 95%「把握」計算得到的，並非 100% 的把握。在機率中，通常不會有 100% 把握的事情發生。關於這個「把握」，在機率中也有一個專門的概念準確地描述，那就是我們在後面會介紹到的信賴水準。

根據式（12.3），我們還能看出，越是小機率事件，你如果想確保它發生，須試驗的次數比理想的次數多得多。例如買彩券這種事情。中獎的機率是一百萬分之一，你如果想要確保有一次成功，大約要買 260 萬次彩票。這時即使中一回大獎，花的錢要遠比獲得的多得多。當然，有人覺得萬一那百萬分之一的好運氣就落在自己頭上了，也未可知，要知道這比大家每天出門被車撞死的機率還要低好幾個數量級。如果不相信自己會遇到那樣倒楣的小機率事

件，憑什麼相信自己在更小機率的事情上能有好運氣。中國有句古話叫利令智昏，講的就是這個道理。

很多人在做事情時免不了有賭徒心理，覺得自己多嘗試幾次就能成功。這種想法對不對呢？我們還是用上面介紹的知識定量分析一下。

假如我們做一件事情有 50% 成功的可能性，基本上要嘗試 4 次，才能確保成功一次（還是以 95% 的把握為準），相比理想狀況下的兩次，只多做了 100% 的工作。如果我們多花點心思，將成功率提高到 75%，大約兩次就可以了，只要多做 60% 的工作。但是，如果想省點事，做得快一點、多試幾次，是否能省些努力呢？我們假設這樣只有 5% 的成功可能性，大約需要 50 次才能確保成功一次，而不是理想中的 20 次，也就是說，我們要多做 150% 的工作。很多人喜歡賭小機率事件，覺得它成本低，大不了多試幾次，其實由於誤差的作用，要確保小機率事件發生，付出的成本要比確保大機率事件發生高得多。

關於隨機性，我們從數學上得到的結論，常常和大家的直覺不相符。這一點和確定性的數學有很大的不同。很多人會問，如果自己算不清楚各自和機率相關的事情怎麼辦？最簡單、其實也是最好的方法，就是凡事留夠冗餘。

本節思考題

1. 某個賭場裡有一個骰子，連擲了 10 次之後，有 6 次是 1 點朝上。請問出現這種現象是因為這個骰子是被做了手腳，或只是因為隨機性導致多次出現了 1 點朝上？

2. 一個兩面完全均勻的硬幣，拋 10 次之後出現 10 次正面朝上的機率和 5 次正面朝上、5 次反面朝上的機率相比，差多少倍？

══ **本章小結** ══

　　雖然機率源於賭徒們對錢的追求，卻在數學家們好奇心的驅使下，發展成了一門非常實用的學科。機率的概念本身並不難理解，就是一個隨機事件發生的可能性。但這個可能性的大小，常常和我們的想像並不一致。我們通常會高估我們喜歡之事發生的機率，低估我們厭惡之事發生的機率。因此，學一些機率的基本理論，有助於我們做出理性的判斷。

小機率和大機率：
如何資源共享和消除不確定性？

了解了隨機事件的不確定性，我們就可以想辦法進行防範。對於不常發生的小機率事件，我們可以利用「小機率」的特點，設計出最佳的資源共享方案，大幅度降低成本。對於必須確保發生的大機率事件，我們須消除不確定性，保證它的成功，同時還要有效控制成本。為了做到這兩點，我們就須進一步了解大機率和小機率。

13.1 卜松分布：為什麼保險公司必須擁有龐大客戶群？

我們可以透過卜松分布這種常見的機率分布，理解小機率事件。卜松分布是我們在前一章所講的二項分布的特例之一。在白努利試驗中，如果隨機事件 A 發生的機率通常很小，但是試驗的次數 N 很大，這種分布被稱為卜松分布，發生車禍的情況便是如此。當然，為了更貼切地說明問題，我們用一個不算太小的機率舉例，這樣比較好理解。

❶ 準備資源時，為什麼要多備一些冗餘？

例 13.1：假如某公司門口有 10 個停車位，該公司有 100 名員工上班，每名員工早上 8 點鐘之前開車來上班的機率是 10%。當然，他們每天什麼時候來公司不僅是隨機，而且彼此無關，不存在兩個人商量之後一起到的情況，而且也不存在前一天來晚了沒搶到停車位，第二天早到的可能性。現在，你是這家公司的新員工，早上 8 點整開車到了公司，請問停車場還有車位的機率是多大？

我們知道，如果當時停車場裡汽車的數量小於或等於 9 輛，那麼就有車位可以使用，因此我們就要計算出這個機率，它可以直接用卜松分布計算。

卜松分布是這樣定義的：如果隨機事件 A 發生的機率是 p，進行 n 次獨立的試驗，恰巧發生了 k 次，則相應的機率可以用公式（13.1）計算：

$$p\,(X=k) = e^{-\lambda} \cdot \frac{\lambda^k}{k!} \tag{13.1}$$

這個公式的推導過程大家不必關心。在這個公式中，λ 是試驗次數 n 乘以每次試驗出現情況的可能性 p 的乘積，即 $\lambda = n \cdot p$。在上述停車場的例子中，$\lambda = 100 \times 10\% = 10$。如果停車場恰好有 2 輛車，那麼，

$$P\,(X=2) = \frac{e^{-\lambda}\lambda^2}{2!} = 0.23\% \tag{13.2}$$

接下來，我們就用這個公式計算在上面的例子能夠搶到車位的機率。在揭曉答案之前，大家不妨思考一下，至少猜一下這個機率大概是多少。這個問題

我問過一些不了解卜松分布的人，他們給我的答案通常有兩種，一種是 10% 左右，一種是 90% 左右。哪個答案是對的？

首先我們用上面的公式，計算一下 k 小於或等於 10 的機率。我們需要把 $k = 0$，1，2，…，10 全部代入公式中，一個個計算。非常遺憾沒有更好的方法。我把 k 等於 0 到 10 的情況計算出來，放到了表 13.1。

表 13.1　8 點之前到達停車場車輛為不同數量的機率，以及累積機率

k	0	1	2	3	4	5	6	7	8	9	10
機率	0.00005	0.00045	0.0023	0.00757	0.01894	0.03787	0.06312	0.09017	0.11272	0.12524	0.12524
累積機率	0.00005	0.0005	0.0028	0.01037	0.02931	0.06718	0.1303	0.22047	0.33319	0.45843	0.58367

從表 13.1 可以看出，機率是隨著 k 的增加而逐漸增大。也就是說，8 點以前，停車場有 1 輛車的機率比沒有車大，有 2 輛車的機率比有 1 輛車來得大。但是在 $k = 9$ 和 $k = 10$ 這兩個點，機率達到峰值，如果 k 再增加，超過 λ 時，機率其實要往下走。這種現象對任何 λ 都是成立的。由於表格畫得太

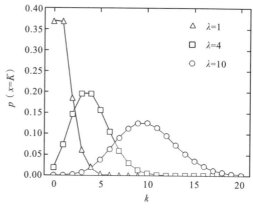

圖 13.1　不同 λ 條件下，卜松分布的曲線

大，大家不方便查看，我們就用曲線示意 k 一直到 20 的機率情況。上述例子的情況對應的就是圖 13.1 平緩的灰色曲線。

好了，算完了 k 等於不同值的機率，把表 13.1 中 k 從 0 到 9 的各個機率加起來，就得到了 k 小於等於 9 的總機率，我們稱之為累積機率（cumulative probability），放在了第三行。在這個問題中它是 0.46 左右，也就是說有將近一半的可能性獲得車位。從表 13.1 的第三行累積機率的變化可以看出，它一

開始增長很慢，在 k 接近λ時就增長較快，再往後其實增長也很慢。

對於 0.46 這樣一個機率，其實很少有人能猜到。前面說的那些回答 10% 的人是這樣想的：既然有 10 個車位，有 100 個員工，大家也是根據 10% 的機率占車位，因此 8 點左右應該正好把車位填滿，我 8 點到，估計只能占到最後一個位子，也就是說占到了停車場最後的 10%，機率就是 10%。而認為可能性是 90% 的人是這樣想的：100 個員工的 10% 就是 10，因此 8 點到的人應該是人人有車位，我現在準時到了，就有九成的把握拿到一個車位。這兩種想法都來自直覺，它們和真實情況相去甚遠。很多人投資總是失敗，判定一件事發生的可能性總是有很大的誤差，重要原因之一就是靠直覺和有嚴重漏洞的邏輯，而不是靠嚴密的數學邏輯和推導。

接下來，我們再從這個例子出發，看看公司員工數量為不同數值時的情況，這樣你對卜松分布就有感性的認識了。

例 13.2：我們假設公司的人數降到了 40 人（除你之外），每個人 8 點之前開車到公司的可能性依然是 10%，但是公司的車位也減少到了 4 個，請問你找到停車位的可能性還一樣大嗎？

雖然從感覺上講，8 點整時有 4 輛車到達的情況和前一種情況下有 10 輛車到達的可能性差不多，但是這時你找到車位的可能性只剩下 40% 左右了，和之前比降低了。如果公司再縮減到 10 個人，只有 1 個車位，這時 8 點到公司，得到車位的可能性只剩 1/3 左右。相反地，如果公司擴大到 200 人，有 20 個車位，其他情況不變，你得到車位的可能性會增加到 50% 左右。也就是說，如果我們的「池子」變大，隨機事件出現的機率不變，那麼得到車位的可能性會增加，但是 50% 是一個上限。如果想保證 8 點到的員工能有車位要怎麼辦呢？那就必須增加一點冗餘了，也就是多準備幾個車位。

在例 13.1，即公司有 100 個人的情況下，如果準備 13 個車位，就能保證 8 點到公司時，大約有 85% 的可能性獲得車位。我們可以把增加的這 3 個車位（30%）看成是冗餘，增加的數量並不是很多，卻能解決大問題。

在現實中，電話公司通常要多準備一些線路，以免大家打電話時總是占線。根據前面的分析我們可以得知，如果電話公司準備的線路數量正好是λ，也就是打電話人數的平均數，那麼大家在打電話時有一半的時間會遇到占線的情況。這個比例非常高，如果真的有一半時間打不通電話，用戶們肯定抱怨不已。如果電話公司多準備 20% 的線路容量，占線的機率可能就會下降到 25%，甚至更低；如果多準備 50% 的線路，占線的機率就會降到 5% 以下。事實上，電話公司為了應付節假日或其他高峰情況，通常都要準備好幾倍的線路容量。了解了隨機性的這個特點，我們就知道，在準備資源時做到平均數還是不夠的，必須多準備一些冗餘。

❷ 保險公司如何計算保費？

冗餘（redundancy）在工程上非常重要，但是既能保證平時不出問題，又不至於成本過高的冗餘應該多大？這就必須使用卜松分布計算了。在舉例子之前，我可以先給出一個結論，就是資源的池子越大，越能有效抵消隨機性帶來的偏差。我們不妨用保險業的數學基礎說明冗餘的必要性，以及它和資源池大小的關係。

保險是針對出事機率不太大、但是一旦出事損失可能很大的事情所設置。由於出事的機率不高，每一個人放一點錢到一個池子中，誰不幸出了事，就由保險公司從這個池子拿出錢來進行理賠。這就是設立保險的初衷。但是，對於每個人放多少錢在保險公司的池子裡的問題，大部分人的理解都是錯的。例如，每一次理賠的金額是 10,000 元，每年出事的機率是 10%，有 200 人投保。請問每一個投保的人應該繳納多少錢？很多人就會算了，200 個人的 10% 是 20 人次，20 人次出事，每個人獲賠 10,000 元，需要 20 萬元，攤到這 200 人身上，如果不考慮管理費，每個人出 1,000 元即可。

上述計算看似正確，但基於不存在隨機性的前提之下。根據前面的分析我們知道，由於出事是隨機的，總是存在超過 20 個人出事的可能性。如果這一

年張三非常不幸,等他申請賠償時,前面已經賠過 20 人了,他就得不到賠償了。事實上,如果按照上述方式設計保險產品,即使投保了,獲得賠償的可能性也只有一半左右。大家如果有興趣,可以用上面的卜松分布驗算一下。如果保險公司這麼辦,恐怕就沒有人有投保的意願了。

那麼,保險公司該怎麼辦呢?我們前面講了,就是每個人多交點保費,例如每個人交 1,500 元,這樣獲得賠償的可能性就增加到 98% 了。但是,如此一來很多人就會覺得不合算,因為他們覺得自己多交了 50%,於是就選擇不買保險。為了解決這個問題,即在保證 98% 的情況下能夠付得出賠償金,又不至於多收投保人太多的保費,保險公司就必須把池子搞得更大。例如把投保的人數增加到 2,000 人,這樣只要稍微多繳 15% 的錢,即 1,150 元,就能保證 98% 的情況能獲得賠償。當池子特別大時,每個人只要繳比 1,000 元多一點點就可以了。這樣,大家就有投保的意願了。

從這個例子我們可以看出,在管理水準和效率相當的情況下,保險這個行業是池子越大風險越小。因此,對於個人來講,應該優先考慮尋找大型保險公司投保。很多人覺得小型保險公司服務好,而且承諾同樣的賠償,但事實上真的遇到索賠時,很多小保險公司是賠不出來的。

此外,根據我們前面計算的結果,即使大保險公司也有很小的可能性賠不出來。那怎麼辦呢?顯然不可能把池子做到無限大。於是在保險行業,就出現了再保險或保險公司之間互相保險的情況。這其實就是許多保險公司聯合,把幾個已經很大的池子,合併成一個超級規模的池子。這樣,除非遇到二〇〇八年金融危機的情況,一般不會出現支付不起賠償金的情況。

透過介紹卜松分布,大家可能已經體會到了真實世界的隨機性和我們的想像得很不一樣。為了預防不測,我們必須留有一些冗餘。想要有效防範小機率事件所帶來的災難,大家不妨聯合起來,把應付不測的資源放到一起。

理解了小機率事件,我們再來看看在什麼條件下,我們期望的大機率事件一定會發生。

本節思考題

如果一家汽車保險公司有 1 萬名客戶，另一家有 10 萬名客戶。假如這些客戶每年出事的機率都是 10%，每次償付的金額大約是 1 萬元，為了保證在 98 % 的情況下有錢支付賠償金，這兩家公司每年分別須向客戶收多少保費？

13.2　高斯分布：大機率事件意味著什麼？

卜松分布顯示的是諸多小機率事件發生的統計規律。如果一個事件 A 發生的機率非常大，等於或接近 1/2（當 p 大於 1/2 時，$1-p$ 小於 1/2，我們把 p 和 $1-p$ 互換，依然只要研究 p 小於 1/2 的情況），同時試驗次數 n 也非常大，會是什麼結果呢？我們還是回到二項分布，假定事件 A 發生的機率正好是 1/2，經過 n 次試驗後，它發生了 k 次，我們把它的機率分布圖畫一下，就得到了圖 13.2 的一個對稱圖形，圖中的數字我後面會解釋。

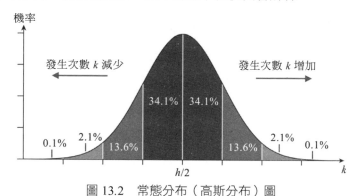

圖 13.2　常態分布（高斯分布）圖

在圖 13.2 中，橫坐標是隨機事件發生的次數 k，縱坐標是不同次數的機率分布，從它的形狀是中間大、兩端小，也就是說發生次數是 $\dfrac{n}{2}$ 時，機率最

大。但是，這並不意味著發生次數較少或較多的情況不會出現，只是機率較小而已。

❶ 高斯分布

十八世紀，數學家棣美弗（Abraham De Moivre）和拉普拉斯首先發現了這種機率分布，並且把它稱為常態分布（normal distribution），拉丁文的原意是「正常的分布」的意思，因為它和我們日常看到的各種情況相符。例如穩定社會裡，太富有和太窮的人都是少數，中間不富裕也不貧窮的是大多數；一個班上，成績特別突出和特別差的都是少數，中等成績是大多數；一群人中，個子特別高和特別矮的是少數，中等身高的是大多數。

不過，常態分布今天沒有被稱為棣莫弗分布或拉普拉斯分布，而被稱為了高斯分布，因為後者從數學上對常態分布進行了更嚴格的描述。在科技史上，發明和發現的榮譽常常是授予最後一個發明者或發現者，高斯分布也是如此，因為是高斯為這項發現畫了句號。

那麼，高斯是如何定義常態分布呢？他和棣莫弗、拉普拉斯等人一樣，也注意到常態分布中間大、兩端小的特性，不過他發現符合這種機率分布的隨機變數，取值在某一個範圍內的機率，和這個隨機變數的變異數（或標準差）有關。例如，我們做 n 次拋硬幣這種機率相等的隨機試驗，平均的結果應該是 $\dfrac{n}{2}$ 次正面朝上，它的標準差是 σ，那麼正面朝上的試驗結果超過 $\dfrac{n}{2}-\sigma$ 次，同時小於等於 $\dfrac{n}{2}$ 次的機率是多少呢？它就是圖 13.2 中間往左第一個區域的面積，即全部面積的 34.1%。同樣地，正面朝上的試驗結果超過 $\dfrac{n}{2}$ 次，同時小於等於 $\dfrac{n}{2}+\sigma$ 次的機率也是 34.1%。此外，正面朝上的試驗結果屬於 $\left[\dfrac{n}{2}-\right.$

315

$2\sigma,\dfrac{n}{2}-\sigma\Big]$ 這個區間的機率則是 13.6%。如此,高斯就把一個隨機變數 X 的

機率分布和它平均值 μ、變異數 σ^2 彼此連結了,然後把平均數和變異數滿足

如下規律的機率分布稱為常態分布:

$$N(\mu,\sigma^2)=\frac{e^{-\frac{(X-\mu)^2}{2\sigma^2}}}{\sqrt{2\pi}\sigma}\qquad\qquad(13.3)$$

　　人類對於常態分布的理解,便因此就從經驗上升到了理性。高斯對常態分布的這種描述不僅具有更普遍的意義和指導性,而且在數學上使用起來更加方便。畢竟我們總不能講,某一種隨機變數的機率分布和多次拋硬幣差不多,這不符合數學的語言。

　　由於高斯分布反映了很多隨機事件共同的規律,因此人們花了很多時間研究它,對它的了解比較透徹。在很多場合,即便有些隨機變數的機率分布不是嚴格意義上的高斯分布,諸如發音時某個音振動頻率的範圍,或者某個地區居民的收入,我們也可以設法用高斯分布做近似。例如圖 13.3 的

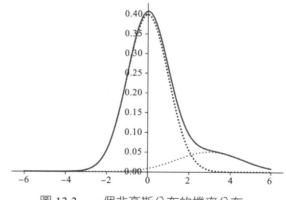

圖 13.3　一個非高斯分布的機率分布,
可以用多個高斯分布的線性組合近似

機率分布,看起來既有高斯分布中間高、兩邊低的特點,又不像高斯分布般地對稱,它可以用兩個高斯分布的線性組合近似,中間是一個權重較大的高斯分布,右邊還有一個權重很小的,它們的線性組合就得到這樣的分布圖。

❷ 如何判斷哪個班級的成績更好?

　　在有關高斯分布的規律中,我們最須了解的是平均數 μ、標準差 σ 和發生

機率 p 三者之間的關係。

我用一個日常生活的例子說明它們的關係。

例 13.3：假如在某次期末考試中，一班的平均成績為 80 分，二班的為 85 分。我們假定這兩班考試時平均成績的標準差都是 5 分，可以說二班的學習成績比一班好嗎？

如果簡單地以一次考試論輸贏，似乎可以得出上述結論。但是問題顯然沒有那麼簡單。

我們都知道，考試成績的偶然程度很高，全班的成績分布通常符合常態分布──平均分數附近的人比較多，特別好或特別差的很少，同時班上的平均成績，也是在一定範圍內浮動。這一次一班的平均成績是 80 分，它有可能是 85 分向下浮動的結果；二班平均成績是 85 分，也可能是 80 分向上浮動的結果，如果這兩件事同時發生了，就不能代表二班學習成績比一班好。根據這個例子所給出的已知條件，我們並不能確定哪個班學得更好，因為一班比二班好，或二班比一班好的可能性都存在，不過，我們可以根據已知條件大致估算出二班比一班好的機率。

我們把兩個班成績的分布按照常態分布畫在圖 13.4。

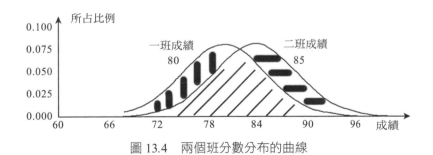

圖 13.4　兩個班分數分布的曲線

圖 13.4 左邊的曲線（80 分）是一班的成績，右邊的曲線（85 分）是二班的。從這兩條曲線可以看出，一班的成績浮動到 90 分以上的可能性很小，同樣小於 70 分的可能性也不大。我們可以大致認為它在 70～90 分之間浮動，

這個機率就是一班成績分布曲線從 70～90 之間的面積。類似地，二班雖然這次的平均分數是 85 分，也可能是因為隨機性讓它從其他的分數偏差到 85 分，但是它浮動的範圍應該在 85 分左右，超過 95 分或低於 75 分的可能性也不大。

那麼，我們有多大把握說平均分數 85 分的二班一定比 80 分的一班強呢？這就要看兩班成績分布的曲線了。從圖 13.4 可以看出，雖然兩班的成績都在浮動，但是右邊陰影的區域，二班的成績總是在一班的「右邊」，也就是大的一邊，代表在這塊區域，二班的成績確實比一班好。這塊區域，其實代表二班發揮好的情況。類似地，左邊陰影的區域，一班的成績總是在二班的左邊，也就是成績差的一邊。因此，在這個區域二班的成績也比一班好，這個區域其實代表一班發揮差的情況。但是，中間斜線的區域，我們就無法判斷哪個班成績更好，這個區域其實代表了一班發揮不太差，而二班發揮不太好的情況。這個區域面積，就是我們無法作出判斷的機率。相反地，左邊和右邊區域面積，是我們能確定二班成績更好的機率。具體在這個問題中，中間斜線區域的面積占了兩條曲線所覆蓋面積的 65%。也就是說，有 65% 的可能性，我們無法判斷哪一個班的成績好。同時，我們有大約 35% 的信心，證明二班的成績比一班好。這種信心通常被稱為信賴水準。

從這個例子我們可以看出，如果兩班平均分數比較接近（差 5 分），而標準差相比兩班平均分數的差異比較大的時候，我們沒有足夠的證據說明哪個班更好。但是，如果兩班平均分數的差異很大，或者各自機率分布的標準差 σ 很小，我們就有更大的信心說二班比一班好了。例如當標準差降低到 1 時，這兩班的平均分數還分別是 80 分和 85 分，這時它們成績的機率分布如圖 13.5 所示，重疊的部分只占面積的 5%。這時我們大約有 95% 的信心說二班的成績比一班好。

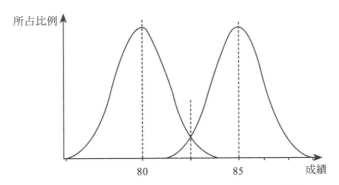

圖 13.5　當兩班平均成績的標準差較小時，我們
就有很大把握説一個班的成績比另一個班更好

　　如何才能減小標準差呢？從上一章的內容可以看出，如果同學們的成績分
布情況不變，提高統計的人次就可以了。對於高斯分布，如果能夠將人次數提
高到先前的 25 倍，標準差就會從 5 降低到 1 左右。當然，學校裡兩班的人數
不可能增加 25 倍，唯一的辦法就是多考幾次試，如果在 25 次考試中，二班
總是比一班的成績好 5 分，我們就有足夠的信心說二班學得更好。

❸ 3σ 原則的運用

　　在現實中，增加試驗次數或增加具有同樣分布的樣本數量，是降低標準差
找到規律性最常用的方法。二〇一九年十月醫學界發生了一件轟動世界之事。
美國百健公司（Biogen）宣布研製治療阿茲海默症的藥品「Aducanumab」在
大規模臨床試驗中被證明有效，全世界都為此歡慶。但是，僅僅在半年前，他
們進行的小規模實驗的結果卻是藥效不明顯。這又是怎麼一回事呢？其實是因
為半年前的試驗樣本數量比較少，巨大的標準差掩蓋了藥物相比安慰劑在療效
上的差異。而當樣本數量增加後，變異數降低了，藥效就看出來了。在圖
13.6 中，實線是參照組，另外三條點線分別對應的是小樣本試驗、中等樣本
試驗和大樣本試驗的結果。大家可以看出樣本數大了，結果曲線和參照組的重
合度就減少了，效果就得到了驗證。

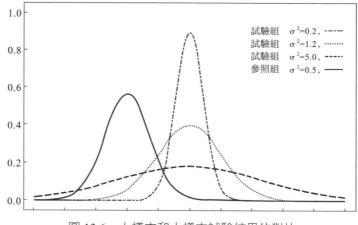

圖 13.6　大樣本和小樣本試驗結果的對比

　　當然，如果那款藥沒有效果，藥效的平均值和安慰劑差不多，再多樣本得到的結果也不會比對照組好。

　　理解了平均數、標準差 σ 和信賴水準之間的關係，我們就能體會如何排除隨機性的干擾，找到規律性。在應用中，為了便於核實隨機性（體現於標準差 σ）結果對信賴水準的影響，我們通常把高斯分布標準差和信賴水準的關係總結成下面的 3σ 原則，如圖 13.7 所示。

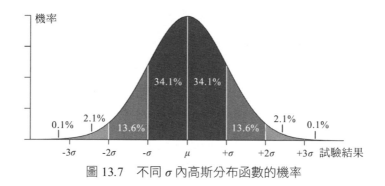

圖 13.7　不同 σ 內高斯分布函數的機率

從圖中可以看出，一個高斯分布：

（1）有大約 68% 的可能性，動態範圍不超過平均值±σ。換句話說，在一個標準差之內，我們對平均數的信賴水準為 68%。例如在上述例子中，一班的平均成績為 80 分，如果標準差為 5 分，我們就有 68% 的信賴水準說，考慮到隨機性的影響，這個班的平均成績應該落在 75～85 分之間，而不是之外。

（2）有大約 95% 的可能性，動態範圍不超過平均數±2σ，即兩個 σ 的信賴水準是 95%。做科學實驗時，通常需要 95% 的信賴水準，才能得到大家認可的結論。

（3）如果我們進一步擴大誤差範圍到±3σ，那麼信賴水準就提高到 99.7%。在要求極高的實驗中，我們甚至會要求達到 99.7% 的信賴水準，甚至更高。

上述結論適合於任何高斯分布，甚至是一些近似於高斯分布的隨機事件。因此，3σ 原則是大家平時最常使用的統計原則，也被稱為 68—95—99.7 原則，因為它們是在 1、2 和 3 個 σ 的動態範圍內相應的信賴水準。通常，我們如果想給出隨機性質的結論，須有 95% 的信賴水準。

了解了標準差和信賴水準的關係，我們就拿它分析一個股票投資的例子，我們以美國的股市為例說明。

在過去的半個世紀裡，標普 500 指數（S&P 500 Index）的增長率大約是每年 7～8%，但是大家知道它的標準差有多大嗎？高達 16% 左右。在圖 13.8，每一個直條對應一年股票的漲跌。從

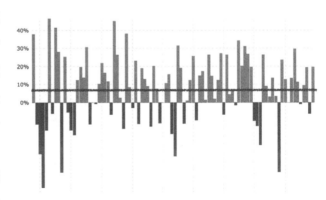

圖 13.8　一九五○年之後，標普 500 指數每年的報酬率

圖中可以看出，股市的波動性特別大，每年 7～8% 的平均報酬率完全被淹沒在巨大的正負誤差波動中了。通常，金融領域的人會將這種標準差直接稱為風險。

這個事實說明，其實我們對於大機率事件，往往是視而不見，而風險其實就存在其間，有三點結論須詳細說明：

首先，股市的風險要遠遠高出大部分人的想像，這不用多說了，一張圖勝過千言萬語。美國的標普 500 指數，是世界上風險最低、報酬最高的投資工具，而且 500 種表現很好的股票平均數、收益和風險之比尚且如此，其他投資的風險就更高得多了。因此，大家在投資時如何小心都不為過。

其次，由於任何一種投資都有標準差（風險），因此對比投資報酬時要把它考慮進來，不能只考慮報酬不考慮風險。例如投資 A 報酬率是 10%，風險是 20%；投資 B 報酬率是 5%，風險是 3%。不能光看到 10% 比 5% 高，就認定投資 A 比 B 好，要在相同風險條件下進行對比。事實上在做投資時，A、B 兩種投資恰恰是具有互補性的良好工具。

再者，如果有一支股票連續三年的報酬率是 10%，另一支是 5%，我們能說第一支比第二支好嗎？不能，因為 5% 的差異，要遠比 16% 的標準差小很多，其實個股的變異數比股指更大。換句話說，這 5% 的差異更可能是市場浮動的隨機性所造成。事實上，美國每年漲幅最好的 10 支股票、10 個基金到了第二年表現都會跌出前十名。因此，任何人都不要因為幾年投資報酬超過了股市大盤，就認為自己是股神了，其實更有可能是隨機性帶來的結果。

有了信賴水準的概念，我們會想，如果機率真實存在（到目前為止我們還沒能極為準確地定義機率本身），是否重複實驗的次數足夠多，我們就可以獲得 100% 的信賴水準呢？這就必須在理論上對機率有更深入的認識，然後讓各種試驗、統計能夠和理論相吻合。

本節思考題

股票或基金浮動的變異數被稱為它們的風險。美國道瓊指數有三十支股票，都是大公司。標普 500 指數有 500 家公司，它們包含了道瓊斯指數的成分股公司，也包括了其他大公司和一些中型公司。標普 500 指數的風險是否會比道瓊更小？

*13.3 機率公理化：理論和現實的統一

我們已經介紹了機率概念和許多應用，但是到目前為止大多數結論都依賴經驗和不算嚴格的定義，這和數學不能建立在經驗之上是矛盾的。事實上，這也是早期機率論面臨的尷尬局面。一方面，白努利、拉普拉斯和高斯等人在機率論方面有了很多成就，這些成就已經被證明正確有效；但另一方面，很多數學家則拒絕承認機率論是數學的一部分，因為它缺乏嚴格的邏輯性。今天，某些大學數學系中，依然能讓我感到他們對機率論的鄙視。例如學純數學的會說，「他們是搞機率統計的，我們是研究數學的」，言外之意，機率論算不上是嚴格意義的數學。因此，研究機率的人似乎比研究其他數學課題的人低一個檔次。

這些當然是對機率論的偏見，因為今天的機率論，早已不是那種基於經驗、缺乏邏輯的理論，而是建立在公理之上、非常嚴格的數學分支了。這樣的發展須大大感謝蘇聯偉大的數學家柯爾莫哥洛夫（Kolmogorov），是他完成了機率論的公理化過程。因此，許多數學家認為他是二十世紀最偉大的數學家，我覺得這種讚譽並不為過。要理解柯爾莫哥洛夫的偉大之處，就要先說說之前數學家在機率論欠缺的地方。

❶ 早期機率論的欠缺

我們在前面講到，早期的機率論是建立在拉普拉斯古典機率的定義之上，這種定義帶有比較強的主觀色彩，因為它須要主觀假設存在可能性相等的基本事件，而且從邏輯上講，犯了循環定義錯誤。因此，即使建立在古典機率基礎之上的結論正確，也並不能說明邏輯就是嚴密的。在柯爾莫哥洛夫之前，另一種對機率的定義雖然克服了主觀的色彩，卻帶有強烈的經驗主義色彩，那就是英國的邏輯學家維恩（John Venn）和奧地利數學家米塞斯（Richard von Mises）等人所提出，建立在統計基礎上的統計機率。

維恩和米塞斯的想法就是我們前面已經講到的，用相對頻率極限值定義機率。例如，要確認一個骰子 6 點朝上的機率是否為 1/6，就須進行大量的獨立的試驗，共 n 次。最後 6 點朝上的次數是 m 次，它和試驗次數的比值 m/n 就是相對頻率（通常用 f 表示），我們看看它是否無限趨近於 1/6。由於擲骰子的結果具有隨機性，只試驗幾次肯定不行，我們在前面講了，少量試驗可能會得到各種結果，並不能保證每 6 次，就有一次 6 點朝上。所幸，當我們不斷把骰子擲下去，6 點朝上的次數和試驗次數的比值，雖然會上下浮動，但最終會趨近於 1/6（當然，前提是這個骰子絕對對稱，而且不會因為試驗次數過多而有所磨損）。如果我們將這個想法推廣到任一隨機事件，如果它的出現真的存在一個確定的機率，那麼隨著試驗次數的增加，出現次數和試驗次數的比值應該會趨近於某個極限值。這個極限值就被定義為統計意義上的機率。這就是維恩等人對機率的定義。這種定義在邏輯上合理，而且因為無須假設機率相等的基本事件機率，因此沒有出現循環定義的問題。

不過，有兩個問題維恩等人沒有回答。

首先，他們沒有證明（拉普拉斯的）古典機率的定義和基於統計（或者說隨機試驗）的機率的定義，在數學上是同一回事。如果這個問題的答案是否定的，我們做再多的試驗也沒有用，因為兩者之間可能總有一個無法彌補的誤

差。這就如同 $1 + \dfrac{1}{2} + \dfrac{1}{4} + \dfrac{1}{8} + \cdots$，不斷加下去，會和 2 越來越接近，但它

和 2 之間永遠有一個很小的誤差無法彌補，因為它們根本不是同一回事。

　　其次，即使一個隨機事件多次試驗後，相對頻率的極限就是它發生的機率，我們也須找到相對頻率和機率之間的誤差，是如何隨著試驗次數的增加而縮小。不能籠統地講，只要試驗次數足夠多誤差就非常小，而是須明確知道做多少次試驗就能保證結果一定在某個給定的誤差範圍之內。這就如同我們前面在介紹高斯分布時所說，當樣本數達到什麼程度後，我們有百分之多少的信賴水準，保證統計結果在平均數的某個標準差（σ）之內。

　　由於維恩等人的定義用到了極限的思想，我們須回顧一下在前面講到使用 $\varepsilon - N$ 和 $\varepsilon - \delta$ 的方法給出的極限定義。一個序列，要想說明它最終會趨近於一個極限，就要找到一個 N，使 N 項之後的每一項，和極限的誤差都小於給定的誤差 ε。類似地，我們要證明一個函數在某個點附近的值趨向於一個極限，就要對任意給定的 ε，找到一個區間範圍 δ，讓這個範圍內的函數值和極限的誤差小於 ε。類似地，當我們說統計得到的結果收斂於它的機率時，也須保證，任意給定一個誤差 ε，我們能夠確定在 n 次試驗之後，統計的結果，會落在機率附近，誤差不超過 ε。

　　最早回答上述問題的是白努利。他證明了，假如一件事的機率 p 真的存在，進行 n 次試驗，每次試驗的條件完全相同，那麼當 n 趨近於無窮時，A 發生的相對頻率，和它真實的機率 p 之間的誤差是無窮小。這就是我們常說的「大數法則」（law of large numbers）的白努利版本。這個版本在數學上並不嚴格，因為它只是一個定性的描述，而且在無形中引入了一個假設前提，就是機率 p 本身是存在的。

　　十九世紀中期，俄羅斯著名的數學家柴比雪夫和辛欽（Aleksandr Yakovlevich Khinchin）提出了大數法則比較嚴格的版本。柴比雪夫證明，一

個隨機事件 X，只要在進行了大量的隨機試驗之後，結果的平均數和變異數都趨近於各自的極限，那麼這個隨機事件多次試驗後發生的相對頻率，就可以被看作該隨機事件發生的機率。也就是說，我們無須事先定義機率的存在，只要大量試驗得到的相對頻率收斂於某個數值，它就可以被定義為機率。這樣一來，拉普拉斯所說的機率和維恩等人所說的就是同一回事了。柴比雪夫還以一個不等式（即柴比雪夫不等式），揭示了隨機試驗的次數和試驗結果誤差之間的關係。在此基礎之上，辛欽給出了大數法則的嚴格描述。有了這些理論依據，維恩等人對機率的定義就站得住腳了，而大數法則也是今天我們採用大數據方法解決問題的理論基礎。關於大數法則的部分細節，我們在附錄 6 詳細討論。

應該講，機率論發展到十九世紀末，已經比較嚴格了。但是，它在形式上依然不漂亮，完全沒有數學本身的美感。如果我們回顧一下幾何學和公理化的微積分，就會發現它們都很漂亮，因為只要定義幾個公理、幾個基本概念，就能構成一個完整的數學分支。機率論講來講去，總是讓人覺得有點彆扭，很多道理要用自然語言，而不是數學的語言解釋，這有點像牛頓與萊布尼茲時代的微積分。因此今天我們把二十世紀之前的機率論稱為初等機率論，或者早期機率論。

❷ 現代機率論：公理化機率論的建立

和初等機率論對應的則是現代機率論，它建立在公理和我們前面提到的「測度」概念之上。完成現代機率論大廈建造的主要是柯爾莫哥洛夫，是他讓機率論有了今天崇高的地位。

柯爾莫哥洛夫和牛頓、高斯、歐拉等人一樣，是歷史上少有的全能型的數學家，而且也是少年得志。柯爾莫哥洛夫在二十二歲時（一九二五年）就發表了機率論領域的第一篇論文，三十歲時出版了《機率論基礎》（*Grundbegriffe der Wahrscheinlichkeitsrechnung*）一書，將機率論建立在了嚴格的公理基礎

上，從此機率論正式成為一個嚴格的數學分支。同年，柯爾莫哥洛夫發表了在統計學和隨機過程方面具有劃時代意義的論文《機率論的分析方法》（*Uber die analytische Methoden in der ahrscheinlichkeitsrechnung*），它奠定了馬可夫隨機過程的理論基礎，從此，馬可夫隨機過程成為後來資訊論、人工智慧和機器學習等強有力的科學工具。沒有柯爾莫哥洛夫奠定的這些數學基礎，今天的人工智慧能就缺乏理論依據。柯爾莫哥洛夫一生在數學之外的貢獻也極大，如果要將他的成果列出來，一張紙都寫不下。當然，他最大的貢獻還是在機率論方面。接下來我們就講講柯爾莫哥洛夫的公理化機率論。

首先，我們須定義一個樣本空間 Ω，它包含我們要討論的隨機事件所有可能的結果。例如拋硬幣的樣本空間就包括正面朝上和背面朝上兩種情況 $\Omega = \{$正面，背面$\}$，擲骰子有 6 種情況，於是 $\Omega = \{1,2,3,4,5,6\}$。這個樣本空間不一定是有限的，也可以是無限的，例如高斯分布的樣本空間就是從負無窮到正無窮所有的實數，這時 $\Omega = R$。

接下來，我們須定義一個集合 F，它被稱為隨機事件空間，裡面包含我們所要討論的所有隨機事件，例如擲骰子不超過 4 點的情況是一個隨機事件，它可以表示成 $A_1 = \{1,2,3,4\}$，擲骰子結果為偶數點的隨機事件可以表示成 $A_2 = \{2,4,6\}$，或得到 5 點的情況可以表示成 $A_3 = \{5\}$，所有隨機事件自然可以構成一個集合。對於無限機率空間裡的隨機事件，它可以是一個範圍。例如一個感測器接收到的電子訊號，可能是 0～5V 之間的任何電壓，它有無數種情況，但是我們可以劃定它的範圍，如在 0～1V 之間或 4.5～5V 之間。

最後，我們須定義一個函數（也被稱為測度）P，它將集合中的任何一個隨機事件對應一個數值，也就是說 $P: F \to R$。只要這個函數 P 滿足以下三個公理，它就被稱為機率函數。

公理一：任何事件的機率是在 0 和 1 之間（包含 0 與 1）的一個實數，也就是說 $P: F \to [0,1]$。

公理二：樣本空間的機率為 1，即 $P(\Omega)=1$。例如擲骰子，從 1 點朝上到 6 點朝上加在一起構成樣本空間，所有這 6 種情況放到一起的機率為 1。

公理三：如果兩個隨機事件 A 和 B 互斥，也就是說 A 發生的話，B 一定不會發生，那麼 A 發生或 B 發生的機率，就是 A 單獨發生的機率，加上 B 單獨發生的機率。我們把這條公理寫成「如果 $A \cap B = \varnothing$，那麼 $P(A \cup B) = P(A) + P(B)$」。這也被稱為互斥事件的加法法則。

這點很好理解，例如擲骰子 1 點朝上和 2 點朝上顯然是互斥事件，1 點或 2 點任意一種情況發生的機率，就等於只有 1 點朝上的機率，加上只有 2 點朝上的機率。

基於這樣三個公理，整個機率論所有的定理，包括我們前面討論的所有內容，都可以推導出來。

可以看出，這三個公理非常簡單，符合我們的經驗，而且不難理解。你可能會猜想，在這麼簡單的基礎上就能構造出機率論？確實如此，我們不妨看幾個最基本的機率論定理，是如何從這三個公理推導出來。

定理一：互補事件的機率之和等於 1。

所謂互補事件，就是 A 發生和 A 不發生（寫作 $\overline{A}$）。例如，整個樣本空間是 S，A 發生之外的全部可能就是 A 不發生，如圖 13.9 所示。

由公理二和公理三，很容易證明這個結論。具體做法如下：

（1）首先，A 發生則 $\overline{A}$ 不會發生，因此它們是互斥事件，因此：

$$P(A \cup \overline{A}) = P(A) + P(\overline{A})$$

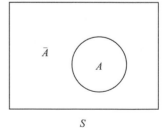

圖 13.9　互補事件

（2）根據互補事件的定義，A 和 $\overline{A}$ 的聯集就是全集，即 $A \cup \overline{A} = S$，而 P $(S) = 1$。

根據上述兩點，我們得知：

$P(A) + P(\overline{A}) = P(A \cup \overline{A}) = P(S) = 1$。

定理二：不可能事件的機率為 0。

從上一個定理可以得知，兩個互補事件合在一起就是必然事件，因此必然事件的機率為 1。而必然事件和不可能事件形成互補，於是不可能事件的機率必須為 0。

類似地，我們可以證明拉普拉斯對機率的定義方法，其實可以由這三個公理推導出來。根據拉普拉斯的描述，那些基本事件的機率相等，而且互斥。我們假定有 n 種這樣的基本事件，基本事件的機率均為 p，所有 n 個這樣的事件的聯集構成整個機率空間的全集。根據公理二，我們知道其機率總和為 1。再根據第三公理，我們知道機率總和為 $n \cdot p$。由於 $n \cdot p = 1$，故每一個基本事件的機率均為 $p = \dfrac{1}{n}$。

對於拋硬幣，$n = 2$，正、反面的機率各一半；對於擲骰子，$n = 6$，每一個面朝上的機率為 1/6。

有了機率的公理和嚴格的定義，機率論才從一個根據經驗總結出來的應用工具，變成了一個在邏輯上非常嚴密的數學分支。它的三個公理非常直觀，而且和我們的現實世界完全吻合。

我們透過講述機率論發展的過程，揭示了數學家們修補一個理論漏洞的過程和思考方法。只有建立在公理化基礎上的機率論，才站得住腳，而之前的理論，不過是在公理化系統中的一個知識。

本節思考題

利用機率公理，推導 $p\,(A\cup B)=p\,(A)+p\,(B)-p\,(A\cap B)$。

本章小結

　　機率論的某些結論和我們在生活中根據直覺得來的結論常常不一樣。例如我們通常以為如果出事的機率為 10%，我們在買保險時只要支付賠償金的 10% 就夠了，但真實的情況卻是不夠。再例如，我們常常以為小機率事件都不會發生，但實際上小機率不等於不可能，只不過它出現的情況比大機率事件少一些罷了。反過來講，我們常常認定的一些結論，例如張三考得比李四好就代表張三學習狀態好，這其實不過是在一定的信賴水準範圍內成立的結論，並非必然的結論。因此，我們須使用機率論，把許多生活常識更新，同時將來在遇到這類問題時，能夠用機率論的頭腦想問題。

chapter

14

先決條件：
度量隨機性的新方法

到目前為止，我們提到和機率有關的隨機試驗都是獨立的，即前後不相關，但是世界上很多隨機事件的發生彼此相關，例如今天的天氣就和昨天的天氣有關；在一句話中，某個詞是否出現，和上一個詞不僅相關，而且關係極大。同樣一個隨機事件，在不同條件下發生的機率，差異是巨大的，因此我們必須用一種度量隨機性的新方法，將隨機事件發生的條件也加以考慮。

14.1 先決條件：條件對隨機性的影響

一個機率確定的隨機事件，在不同條件下發生的可能性常常會有巨大的變化，我們不妨先來看一個真實的例子，體會一下條件對機率的影響。

❶ 被哈佛大學錄取的機率問題

和中國的大學完全看分數錄取不同，美國頂級私立大學的錄取的隨意性很高，因為平時成績（從九到十二年級第一學期的平均分數）和標準考試成績，只不過是被考察的十多個維度中的兩個維度而已，其他維度有一大半是主觀的，例如學生性格可能對其他學生帶來的益處，這完全依照審核者的主觀判斷。在中國，像清華、北大等名校錄取時有很大的確定性——少一分也不行，但是在美國，像哈佛的大學，能否錄取幾乎就是一個隨機事件。美國甚至有這樣的笑話，說哈佛負責錄取的工作人員前一天晚上把該錄取學生的資料放成一疊，把該拒絕學生的資料放在了另一疊，但是沒有做標識，到了第二天，他完全分不清哪一疊是該錄取學生的資料了。這雖然是一個笑話，但展現了錄取過程的隨機性。那麼，被哈佛錄取這個隨機事件發生的機率是多少呢？二〇〇九到二〇一九年的十年間，這個機率在 5～6% 浮動——每年錄取的人數基本上是常數，但是分母，也就是申請者人數變化較大。

接下來的問題是，一所一流高中（類似中國的重點高中）裡的某個學生申請哈佛，是否有 5% 左右的機會被錄取呢？或是說有 100 名學生申請哈佛，是否會有 5 名左右的學生被錄取呢？答案是看條件而定。各種影響錄取結果的條件，至少可以分為三個維度。

首先，要看 100 名學生是提前申請還是正常申請。

美國絕大部分名校允許學生報一所提前申請的大學（稱為 EA 或 ED，通常在十一月底之前要完成申請）。例如，你可以提前申請哈佛或耶魯，但是不能同時申請這兩所。當然，對於正常申請（簡稱 RA）則沒有限制，你愛申請

多少所就申請多少。二〇一年哈佛一共錄取了 1,950 名學生，錄取率只有 4.5%（43,330 人申請），這是它的歷史最低。但是，提前申請的人，錄取率則高達 13.4%（6,958 名提前申請者的 935 人錄取），顯然要高得多。在 36,372 名正常申請者中，只錄取了 1,015 人，錄取率只有 2.8%。也就是說，如果提前申請，被錄取的機率要比正常申請高將近 4 倍。為什麼美國大學喜歡招收提前申請者呢？因為在美國，每一位學生可能會同時被很多所大學錄取，而他只能接受一所大學的錄取，剩下的全部作廢，這樣就白白浪費了大學寶貴的錄取名額。而提前申請，一旦被錄取後，大部分學生會接受錄取通知書（有些大學會要求學生必須接受，並且自動終止其他大學的申請過程），放棄申請其他大學，這樣學校能保證錄取一人來一人。因此，美國所有的名校，提前申請者的錄取率都要比正常申請者的高得多。

如果把被（哈佛）錄取這個隨機事件用 A 表示，提前申請這件事用 B 表示，當然，正常申請對應的就是 $\bar{B}$，我們現在已知 A 發生的機率 $P（A）=$ 4.5%，提前申請者錄取的機率，就是在 B 這個條件下，事件 A 發生的機率等於 13.4%，我們把它寫成 $P（A｜B）=13.4\%$。類似地，在 B 不發生的條件下，事件 A 發生的機率等於 2.8%，即 $P（A｜\bar{B}）=2.8\%$。

回到前面的問題，如果那所中學 100 名申請者都是提前申請，應該會有 5 名以上的學生被哈佛錄取。但如果是正常申請，通常被錄取的人會少於 5 人，甚至可能一名都沒錄取。從這個例子可以看出，在不同條件下，一個隨機事件發生與否，機率會差很大。

其次，要看「是否為特定校友的孩子」。

條件機率的條件可以有很多種，例如哈佛等大學一直會照顧特定校友（被稱為繼承者，是指對學校有實質貢獻的校友）的子女，根據美國公共廣播電臺（NPR）的報導，這群學生被錄取的機率接近 34%（二〇〇九～二〇一五年），而同時期總錄取機率只有 5.9%，差了 5 倍左右。我們假設這個條件為 C，根據美國公共廣播電臺的說法，我們可以得到這樣的結論：$P（A｜C）\approx$

$5P（A\mid\overline{C}）$。也就是說，如果我們前面說的高中有學生的父母都是哈佛畢業生，那麼 100 名申請者錄取 5 名是非常有可能的，否則，可能性其實很小。事實上，矽谷地區有一所高中，很多學生都是史丹佛校友的孩子，這所高中的學生每年被史丹佛錄取的人非常多，是被其他名校錄取人數的好幾倍。

再次，要看學校的地理位置，這個條件我們後面再分析。

透過對上述兩個條件的分析，我們已經看出要想對一個隨機事件發生的機率作出準確的估計，就須考慮它發生的各種條件。今天我們大部分人說到機率時，都是泛泛地談可能性，而沒有細緻考慮各種條件，以至於自己的感覺和結果會相差甚遠。很多人甚至會覺得明明是大機率的事件卻沒有發生，小機率的事件卻經常發生。這其實是忽略了條件的結果。

❷ 條件機率的計算公式

既然條件機率很重要，那麼該如何計算條件機率呢？我們不妨回顧上一章所講到對機率估算的方法，即用一個隨機事件 A 發生的次數 $\#（A）$，除以總試驗次數 $\#$。根據大數法則，當 $\#$ 夠大時，$\#（A）/\# \to P（A）$。在統計中，通常會將 $\#（A）/\#$ 稱為隨機事件 A 發生的相對頻率，記做 $f（A）$。我們通常會認為 $P（A）\approx f（A）$。當 $\#$ 夠大之後，我們有時也簡單地寫成：

$$P（A）=f（A）=\#（A）/\# \tag{14.1}$$

在計算條件機率 $P（A\mid B）$ 時，我們要考慮當條件 B 發生了 $\#（B）$ 之後，隨機事件 A 在 B 發生的條件下發生了多少次，我們假定它為 $\#（A，B）$ 次。於是，我們可以把 $\#（A，B）/\#（B）$ 定義成，條件 B 下 A 發生的相對頻率 $f（A\mid B）$。當 $\#（A，B）$ 夠大時，就有：

$$P（A\mid B）=f（A\mid B）=\#（A，B）/\#（B） \tag{14.2}$$

在前面的例子中，被哈佛提前錄取的人數 935 就是 $\#（A，B）$，而提前申請的人數 6,958，就是 $\#（B）$，它們的比值，就是條件機率 $P（A\mid B）$。$\#（A）$、$\#（B）$、$\#（A，B）$ 和總數 $\#$ 的關係，我們可以用圖 14.1 表示。

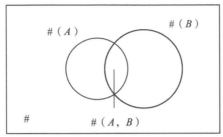

圖 14.1　樣本總數 #、隨機事件發生的次數 #（A）、條件發生的次數 #（B），
　　　　以及條件和隨機事件同時發生的次數 #（A，B）之間的關係

如果我們把式（14.2）的右邊分子和分母同時除以樣本總數，就得到下面的等式：

$$P（A｜B）= \frac{\#（A，B）/\#}{\#（B）/\#} \tag{14.3}$$

分母 #（B）/#，B 本身的機率 P（B），而分子 #（A，B）/# 則是一種新的機率——隨機事件 A 和條件 B 和同時出現的機率 P（A，B），我們稱之為 A 和 B 的聯合機率分布。於是，式（14.2）就可以重寫成：

$$P（A｜B）= \frac{P（A，B）}{P（B）} \tag{14.4}$$

這個公式其實才是條件機率原本的計算公式，只是它不如式（14.2）具象，不容易理解，因此從（14.2）推導出（14.4）。

現在，對於一個隨機事件 A，我們有了三種機率：沒有任何限制條件一般意義上的機率 P（A），它在條件 B 發生後才發生的條件機率 P（A｜B），以及它和 B 一同出現的聯合機率 P（A，B）。這三種機率彼此是有連結，我們通常可以其中兩種得到第三種，例如我們將式（14.4）換一種方式表述，就得到下面的公式：

$$P（A，B）= P（A｜B）\cdot P（B）。 \tag{14.5}$$

利用這個公式，我們可以從條件機率 P（A｜B）和條件本身發生的機率 P

（B）計算出聯合機率 $P（A，B）$；當然，也可以從聯合機率 $P（A，B）$ 和條件機率 $P（A \mid B）$，倒推出一般的沒有條件的機率 $P（A）$。

我們不妨透過圖 14.2 看看聯合機率 $P（A，B）$ 和機率 $P（A）$ 之間的關係。

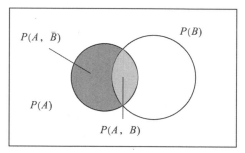

圖 14.2　機率 $P（A）$，條件的機率 $P（A \mid B）$，
以及聯合機率 $P（A，B）$ 的關係

圖 14.2 中隨機事件 A 發生的機率 $P（A）$ 其實包含兩部分：一部分是 A 和 B 同時發生下的聯合機率 $P（A，B）$，另一部分是 A 發生了但是 B 沒有發生的機率 $P（A，\overline{B}）$。由此我們可以得到下面的等式：

$$P（A）=P（A，B）+P（A，\overline{B}）\tag{14.6}$$

這就從聯合機率分布推導出了一般的機率分布。

接下來，我們將式（14.5）和式（14.6）合併，就得到機率和條件機率之間關係式：

$$P（A）=P（A \mid B）\cdot P（B）+P（A \mid \overline{B}）\cdot P（\overline{B}）\tag{14.7}$$

上述兩個公式警示我們在使用機率時，不能將某個條件下發生的機率和一般的機率混淆，因為前者只是後者的一部分，而後者還包括條件沒有發生時的機率。在下一節，我們將透過一些實例進一步說明一般機率、條件機率和聯合機率的差異。從這些例子中大家可以看到條件對結果的影響，這樣就清楚在什麼場合該用什麼機率了。

一個人的某種生理指標 A 檢測如果呈陽性，這個人可能染上了一種疾病 B。某醫院檢測了 1,000 人，有 240 人的檢測結果呈陽性。經過進一步確認，這 1,000 人中有 160 人患了疾病 B，其中有 150 人指標 A 的檢測結果呈陽性。請問：

1. 如果某個人檢測結果為陽性，他其實沒有染病的機率是多少？

2. 如果某個人的檢測結果為陰性，他其實染病的機率是多少？

14.2 差異：機率、聯合機率和條件機率

要理解機率、條件機率和聯合機率的不同用途，我們不妨看這樣兩個例子。

❶ 機率和條件機率的差異

例 14.1：有兩支 NBA 球隊，L 隊主場的勝率是 72%，C 隊主場的勝率是 81%，哪支球隊更可能獲得預賽的冠軍？

從它們在主場的表現來看，似乎 C 隊更勝一籌，而且 9% 的差異在 NBA 比賽中並不小。很多人甚至會想，主場勝率高這麼多的球隊，客場可能也差不了。但遺憾的是，這兩支球隊在所有比賽中的勝率分別是 77% 和 67%，差了 10%。事實上，L 隊是著名的洛杉磯湖人隊，C 隊則是同城的另一支球隊快艇隊，而上述數據則是二〇一九～二〇二〇年賽季真實的數據。前後數據看似不一致的原因在於湖人隊在客場的勝率高達 82%，而快艇隊只有 54%。

在這個例子中，一開始給出的 72% 和 81% 都是條件機率，條件就是「在主場」。如果我們用機率的符號表示，就是 $P（L 勝 | 主場）$ 和 $P（C 勝 | 主$

場），而兩個隊整體的勝率 77% 和 67% 則是無條件的機率 P（L 勝）和 P（C 勝），它們是兩回事。後面兩個機率，其實除了包含了主場的勝率之外，還包含了非主場，也就是客場的勝率。事實上在那個賽季，湖人隊在客場的勝率高達 82%，而快船隊只有 54%。因此，我們不能從 P（L 勝 | 主場）$<P$（C 勝 | 主場）這個事實，得到 P（L 勝）$<P$（C 勝）這樣的結論。實際上在這個問題中，我們想從條件機率推導出一般意義上（無條件）的機率，就須使用式（14.7），等式的右邊包括條件發生和不發生兩種情況。

在現實的世界裡，影響一個隨機事件 X 發生與否的條件 Y 可能不只主場、客場兩種情況，而是有很多種情況，我們不能只考慮幾種可能的情況就輕易下結論。例如我們要研究中國女性在高考的錄取率，就不能只考慮北京周圍或華東地區各省市的情況，而須考慮中國大陸地區 34 個省級行政區全部的情況。我們可以根據各省市的情況，用下面的公式計算出全中國的情況：

$$P(A) = P(A \mid B_1) P(B_1) + P(A \mid B_2) P(B_2) + \cdots + P(A \mid B_{34}) P$$
$$(B_{34}) = \sum_{i=1}^{34} P(A \mid B_i) P(B_i) \tag{14.8}$$

其中，P（A）是女生的錄取率，P（$A \mid B_1$），P（$A \mid B_2$），$\cdots$，P（$A \mid B_{34}$）分別是女生在 34 個省級行政區各自的錄取率，它們都是條件機率，條件就是相應的地區。而 P（B_1）、P（B_2）、$\cdots$、P（B_{34}）則是女生考生在各個省級行政區的分布情況，可以看作各種條件本身發生的機率。如果我們只考慮北京周邊地區，相當於在式（14.8）中，只累計了幾種條件下的機率，漏掉了大部分情況。

對於更一般的情況，我們假定條件 Y 有 k 種，我們就用 k 代替式（14.8）中的常數 34，也就是：

$$P(A) = \sum_{i=1}^{k} P(A \mid B_i) P(B_i) \tag{14.9}$$

這裡面 B_1、B_2、$\cdots$、B_k 構成了條件 Y 的全部選項。在現實中，雖然很多人懂得機率和條件機率不是一回事，但是在使用時卻不知不覺地陷入三個誤區。

　　第一個誤區就是有意無意地漏掉了部分選項，也就是在使用式（14.9）的時候只累計了其中的幾項，而非全部。這種現象，可以解釋為什麼散戶在聽了所謂專家的建議之後，炒股的報酬率還是非常低。

　　我們經常會看到某些股票分析師在電視或其他媒體上談未來的股票走勢，很多人覺得聽從那些建議就有很高機率賺到錢，並且真的拿著真金白銀操作了。但結果怎麼樣呢？散戶們其實是很難在股市上賺到錢，聽從專家建議的散戶獲得的報酬一點都不比隨機操作的散戶更高。根據美國的統計，在過去一個多世紀裡，雖然股市的年均報酬率超過 7%，但是散戶的報酬率只有 1%，比通貨膨脹率都低。為什麼會發生這種情況呢？是那些專家的程度不好嗎？平心而論，能到媒體上發表看法的專家們，所做的分析多少是有些道理的。非常遺憾的是，他們所能考慮的，只是股市可能出現的一些情況，而不是所有情況。今天的股市早已經複雜到沒有人能夠把各種情況都考慮周全了。散戶們（包括很多專家們），根據某些情況制定的操作策略，看似有很高的賺錢機率，但其實不過是在他們的假設條件發生的前提之下的條件機率，並非整體的機率。把兩者混為一談，就如同我們把一支球隊主場的勝率，當成是它整體的勝率一樣。

　　我們回顧一下圖 14.2 的情況，假設隨機事件 A 代表在股市賺錢的機率，兩圓交叉部分 $P(A，B)$ 是專家們所預言的條件發生情況，它只占全部情況的一小部分。而剩餘的部分 $P(A，\bar{B})$，也就是專家們考慮不到的部分或考慮到了卻沒有講出來的部分，才是經常會發生的常態。事實上，幾乎沒有哪個專業的基金團隊能夠做到，連續五年投資報酬超過股市的平均值，因為即使是他們，常常也是將有限條件下的機率作為整體的機率處理了。

　　使用機率和條件機率時的第二個誤區是在窮舉了過去已經看到的全部情況後，就以為它涵蓋了未來的各種可能情況。很多使用統計方法工作的專業人士，也常常陷入這個誤區。

　　在投資領域有閱歷的人通常愛講這樣一句話：「過去的表現不能代表未來」，其實就是這個道理。今天有了電腦，我們很容易把過去的情況都列舉出

來，把在那些情況下最好的應對方式都找到。但是，過去看到的全部情況其實只是所有可能性有限的一部分，過去沒有看到的情況未來完全有可能發生。二〇〇八年金融危機時，我參加了一家著名投行召集出資人的會議，主辦方分析了當前各種情況下的對策。這時一位年邁的出資人問，如果最後真實的情況不在你們的考慮範圍內，會是什麼結果？投資銀行的負責人講，這在歷史上沒有發生過。那位老先生講，我們現在正在創造歷史，言下之意，過去沒有見過的條件，接下來即將出現。事實證明那位老先生說的是對的。

我過去在做機器學習研究時，我的導師賈里尼克（Frederik Jelinek）教授經常講，再高的統計量也不可能涵蓋所有的可能性。例如，在自然語言處理中，我們經常須計算當前面出現了 Y 這個單詞時，後面跟著單詞 X 的機率，這是典型的條件機率問題。但是，如果我們把過去各種文本都拿來分析一遍，會發現有些條件 Y 和後面單詞 X 的組合過去並沒有出現過。這些情況是否可以不考慮呢？答案是否定的，這就如同我們使用式（14.9）的時候，只對部分情況求和了一樣。今天，在網路上經常會出現語言的新用法，如果我堅持過去看到的語言現象是完備的，那麼對於新的語言現象就不知道該如何處理了。

涉及使用機率和條件機率的第三個誤區是，很多人總是不自覺地選擇對自己有利的條件做判斷，以至於高估了成功率，低估了失敗率。其中有許多是專業人士，懂得條件機率不等於機率的道理，也懂得在使用式（14.9）的時候，須枚舉出所有的條件。但是，真到了執行的時候，就會不自覺地尋找對自己最有利的條件。《自然》（*Natural*）和《科學》（*Science*）這兩份全世界最權威的雜誌，每年都會撤掉很多已經發表的論文，這倒未必是論文的作者們可能造假，而是他們為了發表論文，有意或無意地選擇了支持自己結論的有利條件。例如有十個不同的條件，他們只選擇了三個考慮，或者把這三個條件發生的機率誇大。這樣結果就會顯得很漂亮，但這種做法其實是自欺欺人。這件事其實也提醒我們學習數學基本知識的重要性，它可以讓我們在即使不知道太多專業知識的情況下，也能判斷真偽。當我們看到一個結論是從部分條件中得出

的，而不是考慮了全部條件，就應該懷疑給出結論的人的動機或能力了。

❷ 聯合機率和條件機率的差異

接下來，我們看看聯合機率和條件機率的區別。不妨來看一個例子。

例 14.2：有兩種疾病 C_1 和 C_2，它們的死亡率分別是 10% 和 3%，請問哪種疾病更危險？

很多人看到這個問題，會不假思索地回答第一種危險，因為死亡率 10% 要比 3% 高得多。但是這樣的想法忽略了一個重要的事實，就是一個人得上兩種疾病的機率。我們不妨假設它們分別是 $P(C_1)$ 和 $P(C_2)$。前面提到的死亡率其實是在染病條件下的機率，我們假定用 X 代表病死這個隨機事件，那麼根據題目給出的條件，我們知道 $P(X \mid C_1) = 10\%$，$P(X \mid C_2) = 3\%$。認為死亡率是 10% 的疾病比 3% 的疾病危險的人，對比的是條件機率，或者說已經發病條件下的危險性。但是對於這個問題，須對比的是發病（條件）和死亡（結果）的聯合機率，即 $P(C_1, X)$ 和 $P(C_2, X)$。

根據式（14.5）得知，$P(C_1, X) = P(X \mid C_1) \times P(C_1)$，$P(C_2, X) = P(X \mid C_2) \times P(C_2)$。如果 $P(C_1) = 0.1\%$，$P(C_2) = 2\%$，可以算出來第二種疾病的危險程度是第一種的 6 倍。事實上，對於很多疾病彼此之間發病率的差異遠超過 0.1% 和 2%。因此，單純看死亡率沒有什麼意義。例如狂犬病的死亡率近乎 100%，但是發病率不到一億分之一，而流感的死亡率只有千分之幾，但是發病率可能高達 10%。後者比前者危險得多。很多媒體為了吸引讀者關注，都會用死亡率誤導大眾，而很多人也會上這類媒體的當。但是，如果我們搞清楚什麼時候該使用聯合機率，什麼時候要討論條件機率，就容易判斷真偽是非了。

那麼，什麼時候該使用條件機率，而不是聯合機率呢？讓我們來看下面這個例子。

例 14.3：哈佛大學在新英格蘭地區（New England，東北部 6 個州）和中

大西洋地區（從紐約到維吉尼亞〔Virginia〕等地）的錄取人數分別占總錄取人數的 17% 和 22%，這兩個地區學生人數占美國學生人數的 4.5% 和 17%，並且兩個地區的高中教育程度相當，申請哈佛的學生的比例也大致相當。請問哪個地區的高中生申請哈佛更容易被錄取？

從絕對錄取數量來看，似乎是中大西洋地區的錄取數量更多，但是這並不反映錄取的難度，我們須用機率論做一些細緻的分析。

和本章第 1 節一樣，我們還是把一個學生是否被錄取看成一個隨機事件 X，$X=A$ 表示被錄取。這名學生所在的地區則是條件，我們用 Y 表示。在這個問題中 Y 有兩個選項，B_1 代表新英格蘭地區，B_2 代表中大西洋地區。P（A，B_1）則表示一個申請者來自新英格蘭地區，同時被錄取的機率；類似地，P（A，B_2）則表示某個學生來自中大西洋地區，同時被錄取的機率。這兩個機率有多大呢？其實它們就是 17% 和 22% 乘以一個常數 C，即 P（A，B_1）$=17\% \cdot C$，P（A，B_2）$=22\% \cdot C$。

雖然 P（A，B_2）$>P$（A，B_1），但這是由於前者的人數更多所導致。真正有意義的對比是條件機率 P（$A \mid B_1$）和 P（$A \mid B_2$）誰更大，即一個人身在新英格蘭地區，和身在中大西洋地區被錄取的機率分別是多少。上述兩個地區的學生人數在全美學生的占比分別是 4.5% 和 17%，就是條件本身的機率。根據式（14.4）可以算出：

$$P（A \mid B_1）= \frac{P（A，B_1）}{P（B_1）} = \frac{17\% \cdot C}{4.5\%} = 3.8C$$

$$P（A \mid B_2）= \frac{P（A，B_2）}{P（B_2）} = \frac{22\% \cdot C}{17\%} = 1.3C$$

也就是說，前者大約是後者 3 倍。

至於為什麼新英格蘭地區的人容易上哈佛？原因很簡單，哈佛大學在新英格蘭，會多少照顧附近的學生。類似地，在加州上史丹佛，在紐約周圍上普林斯頓和哥倫比亞，就比其他地區相對容易一些。世界各國的名牌大學都會照顧

當地人，這是不爭的事實，並非中國特有的現象。

　　透過上述幾個例子我們可以看出，針對不同的問題我們須使用不同的機率。有些問題須使用（無條件的）機率，有些則須使用條件機率或聯合機率。不過，要做到這一點並不是很容易，事實上很多專業人士在處理具體問題時也會犯錯誤。不僅是一些公開發表的文章會因為使用機率不當做了沒有意義的比較，甚至一些公司的產品和服務，在使用機率時，邏輯也是相當混亂。例如將條件機率和聯合機率混用。這樣的產品未必是失敗的，但是性能卻大受影響。為了保證我們能夠在不同場景都能正確使用機率，一方面須對幾種機率的含義有準確的了解，另一方面則須對問題本身有清晰的了解。同時，理解了上述幾種機率的區別，也能培養我們判斷是非對錯的火眼金睛。

本節思考題

1.　北京某高中名校學生考上清華大學的機率是 10%，這所高中的錄取率也是 10%。另一所普通高中考上清華大學的機率是 1%，錄取率是 80%。如果某個人只能申請一所高中，他申請哪所高中考上清華大學的機率更大？

2.　在上述問題中，某高中名校和普通高中學生考上清華大學大學的機率，依然分別是 10% 和 1%。但是這 10% 和 1% 考上清華大學的學生分別來自成績前 20% 和 5% 的學生。這些人能否上清華大學在各自的高中的機率均等。

小田如果進了高中名校，他的成績是最後 5%，當然經過三年努力，他的成績有希望提高，進入到前 20% 的可能性是 5%。小田如果進入了普通高中，他排在前 5%，只要他努力，三年後有 95% 的希望依然能維持原先的排名。在這種情況下，他去哪所高中考上清華的機率更大？

14.3 相關性：條件機率在資訊處理的應用

條件機率中的條件，本身也是一種隨機事件，它可以有不同的取值，因此條件機率在本質上為兩個隨機事件的相關性。當條件機率的條件發生變化後，和它相關的隨機變數的機率分布就會發生巨大的變化。在資訊的世界裡，資訊本身也有這樣的相關性，因此，利用條件機率，可以解決很多資訊處理的問題。為了理解這一點，我們先來看一個簡單的例子。

假如我們看到注音「ㄊㄧㄢ ㄑㄧ」，不考慮音調，能想到什麼的漢字詞語呢？通常大家能夠想到的是「天氣」這個詞。如果我們統計一下讀音為「ㄊㄧㄢ ㄑㄧ」的詞，會找出很多個，為了簡單起見，我們假定只有三個，「天氣」、「田七」和「天啟」。其中「天氣」大約在所有漢語詞出現的機率超過千分之一，而「田七」和「天啟」，不到百萬分之一。為了簡單起見，我們取個整數，假定 P（天氣）$=0.1\%$，而 P（田七）$=0.0001\%$，P（天啟）$=0.0001\%$。

接下來，我們假設「ㄊㄧㄢ ㄑㄧ」的前一個詞是「中藥」，這時後面一個詞是「田七」的可能性 P（田七｜中藥）就比後面跟著「天氣」的可能性 P（天氣｜中藥）大得多了，可能是 1% 和 0.01% 的差異；而後面是「天啟」的機率雖然不是 0，但已經小到可以忽略不計了。

從這個例子我們可以看出，考慮和不考慮上下文的條件，兩個詞出現的機率可以相差很多數量級。原本是低頻率的詞語，卻極可能發生，而原來以為是高頻率的詞，可能根本就不會出現。利用這個特點，就可以將手寫體識別、拼音輸入、語音識別和印刷體文字識別（OCR）的錯誤率降低 $80\sim95\%$。至於上述條件機率是如何得知，就須用到我們後面講的統計方法了。簡單而言，當見到的文本夠多時，我們就可以用一個詞出現的頻率除以文本的總字數，當作這個詞出現的頻率。例如，文本所有詞出現總數為 10 億次，其中天氣出現了 100 萬次，占了 0.1%，我們就認為天氣的機率 P（天氣）$=0.1\%$。類似地，

如果田七出現了 1,000 次，它的機率 P（田七）＝0.0001%。

類似地，我們還可以用這種方法，計算出在特定上下文條件下，天氣和田七兩詞的聯合機率。例如，「中藥天氣」出現了 5 次，「中藥田七」出現了 500 次，於是「中藥」和「天氣」一同出現的機率，即聯合機率為 P（中藥，天氣）$= \dfrac{5}{10^9} = 5 \times 10^{-9}$，而「中藥」和「田七」一同出現的聯合機率為

$$P（中藥，田七）= \dfrac{500}{10^9} = 5 \times 10^{-7}。$$

當然，我們也可以用統計的方法算出特定上下文條件「中藥」的機率。我們假定它出現了 5,000 次，於是它的機率就是 P（中藥）$= \dfrac{5000}{10^9} = 5 \times 10^{-5}$。

根據式（14.4），我們可以推算出「天氣」和「田七」分別在中藥條件的機率：

$$P（天氣｜中藥）= \frac{P（中藥，天氣）}{P（中藥）} = \frac{5 \times 10^{-9}}{5 \times 10^{-5}} = 0.01\%$$

$$P（天氣｜田七）= \frac{P（中藥，田七）}{P（中藥）} = \frac{5 \times 10^{-9}}{5 \times 10^{-7}} = 1\%$$

從上述條件機率的計算可以看出，在自然語言中，一個詞出現的機率，和上下文條件關係非常大。具體而言，它是否容易出現，取決於兩個因素。首先是條件本身出現的機率，上述例子就是「中藥」出現的機率，它是計算條件機率的分母；其次是上下文條件和這個詞一同出現的聯合機率，在上面的例子中，就是「中藥田七」或「中藥天氣」出現的機率。條件機率就是後者對前者的比值。

在其他的資訊處理中，類似上下文這種前後相關性也扮演著非常重要的角色。以影片圖像壓縮為例，影片中每一幀的圖像和前一幀有很大的相關性，也就是說，後一幀圖像出現前一幀中有過或相似的畫面的可能性較大，而出現一

個全新畫面的可能性較小，利用這個特性，就能夠將影片圖像壓縮幾百倍。類似地，預報天氣所用到的各種資訊，例如衛星雲圖，雖然是每時每刻隨機變化，但是今天的雲圖和昨天的有很強的相關性，也就是說前一天出現了什麼情況，能夠決定今天的變化。我們現在能夠比較準確地預報大約十天的天氣，靠的就是天氣資訊在時間和空間上的相關性。上述這些領域所用的資訊不同，但許多基礎的機率模型卻有相似之處，因為都用到了一個原理，就是一個隨機事件的機率分布受到前後條件的影響，而且這種影響是巨大的。

說到上下文的相關性，既然一個詞出現的機率會受到前一個詞的影響，那麼前一個詞出現的可能性是否也會受到後方字詞的影響呢？這個問題的答案是肯定的。我們在前面講過，數學上的因果關係，原因和結果可以互換。我們可以根據前一詞是「中藥」，推測後詞出現田七的機率比天氣要大；反過來，我們也可以因為後詞是田七、黃耆或麝香，推斷前詞出現中藥的機率比「重要」這個同音詞要大。我們甚至可以根據從中藥到田七的條件機率，倒推出後詞是田七的條件下，前面出現中藥這個詞的機率。這就要用到一個著名的公式——貝氏定理（Bayesian theorem）了。

本節思考題

據說《華爾街日報》（*The Wall Street Journal*）對紐約市天氣的預報結果可以用於炒股參考，因為每年有 70% 股市上漲發生在晴天。你覺得該不該根據天氣決定是否買入股票？

14.4　貝氏定理：機器翻譯如何運作？

我們計算田七在「中藥」這個條件下出現的機率時，是從中藥和田七的聯

合機率出發，利用式（14.4）推算出來的，即：

P（田七｜中藥）$=P$（中藥，田七）$/P$（中藥）

換一個角度來看這個問題，把條件和結果互換，計算一下如果後一詞是「田七」時，前一詞是「中藥」的機率。我們可以把式（14.4）中的條件和結果對調，得到下面的公式：

P（中藥｜田七）$=P$（中藥，田七）$/P$（田七）

將這兩個公式合併，我們可以得到下面的公式：

P（中藥｜田七）$=P$（田七｜中藥）$\times P$（中藥）$/P$（田七）

這個公式，對於任何兩個隨機變數都成立。我們把它寫成更具有普遍性的形式：

$$P\left(X \mid Y\right)=\frac{P\left(Y \mid X\right) \cdot P\left(X\right)}{P\left(Y\right)} \tag{14.10}$$

這個公式被稱為貝氏定理，它在機率論中非常重要，因為很多時候，我們很難直接計算出 $P\left(X \mid Y\right)$，但是知道 $P\left(Y \mid X\right)$，於是就可以利用貝氏定理間接計算出 $P\left(X \mid Y\right)$。

我們不妨看這樣兩個例子。

❶ 貝氏定理在自然語言方面的應用

在很多人看來，機器翻譯是一個人工智慧問題，它為什麼會和機率論特別是貝氏定理有關呢？我們不妨看看機器翻譯背後的數學模型。

假定我們要把一個英語句子 Y，翻譯成中文句子 X，從數學上講，只要在所有的中文句子 X_1、X_2、X_3、…、X_n …中，尋找一個含義最有可能和 Y 相同的句子即可，我們假定這個句子是 $\hat{X}$。也就是說，在給定英語句子 Y 的條件下，使得 $P\left(X \mid Y\right)$ 達到最大值的那個句子 $\hat{X}$，就是我們要找的中文翻譯。

假定 $P\left(X_1 \mid Y\right)$、$P\left(X_2 \mid Y\right)$、$P\left(X_3 \mid Y\right)$、…、$P\left(X_n \mid Y\right)$、…分別等於 0.1、0.3、0.2、…、0.05、…，對比一下我們發現，第二種翻譯方法 X_2

的條件機率是 0.3，是最大的，因此就認為 Y 應該被翻譯成 X_2，或者說 $\hat{X} = X_2$。

當然很多人會講，那麼多中文句子，列舉也列舉不完。對於這個問題，大家不用擔心，在自然語言處理中會有一些縮小搜尋範圍的方法。接下來還有第二個問題，就是給定兩個句子，一個中文的句子 X 和一個英文的句子 Y，如何計算條件機率 $P(X \mid Y)$？這其實是我們之前講過的最佳化的問題，大家可以由此看出數學各個分支之間的連結。

直接計算條件機率 $P(X \mid Y)$ 並不容易。根據估算條件機率的式（14.3），如果在文本看到英語句子 Y 很多次，我們記作 #（Y）次，而且知道它被翻譯成 X 有 #（X, Y）次，我們就可以用這兩個數值的比值 #（X, Y）/#（Y）近似條件機率 $P(X \mid Y)$。但非常遺憾的是，除非是一些已經翻譯好的名句，我們根本無法見到 Y 多次被翻譯成 X 的情況，因此不可能直接統計得到上述條件機率，我們只能間接處理。

有了貝氏定理，我們就可以間接估算上述條件機率了。我們將 $P(X \mid Y)$ 按照貝氏定理展開如下：

$$P(X \mid Y) = P(Y \mid X) \cdot P(X) / P(Y)$$

這個式子中有三個因子。第一個因子 $P(Y \mid X)$ 是給定中文句子 X，對應的英文句子 Y 的機率。第二個因子 $P(X)$ 是一個中文句子 X 出現的機率。第三個因子，也就是分母 $P(Y)$，則是英文句子 Y 本身的機率。看到一個機率被拆解為三個，大家可能會想，問題更複雜了。這只是表面現象，這樣拆解背後的原因是上述每個因子都是能夠計算的。

第一個因子 $P(Y \mid X)$ 可以透過一個隱藏式馬可夫模型（Hidden Markov Model）近似計算出來，大家不必關心它的細節，大家只要把它理解為每一個中文詞或詞組有哪些可能的英語翻譯即可。第二個因子可以透過一個標準的馬可夫模型計算出來，它在這裡也被稱為語言模型，大家把它理解成計算的是哪個漢語句子讀起來更通順就可以了。第三個因子 $P(Y)$ 則是一個常數，因為

一旦給出一個要翻譯的句子 Y，它就是一個確定的事，我們把它的機率想像成 1 就可以了（其實不是 1）。其中細節我省略了，有興趣的人可以去閱讀拙作《數學之美》，我在該書對機器翻譯的數學模型有更詳細的介紹。

透過貝氏定理，我們將一個原來無法直接計算的條件機率，變成了三個可以計算的機率，雖然從形式上看似變得複雜了，但是卻能夠計算了。雖然實際上計算量巨大，但這正是電腦的長處所在。

這便是機器翻譯的原理。當然，不少人可能會覺得今天的機器翻譯做得不夠好，因為某些較難的語句機器翻譯得不對。其中的原因在於，較難的語句平時見到的機會不多，對它們所建立的機率模型不太準確，甚至很不準確。大家從中可能也能體會到對於帶有不確定性的問題，我們對它們發生的機率估計存在一個信賴水準，超越了信賴水準的範圍，見到的就不再是規律性，而是隨機性了。

❷ 貝氏定理對醫療檢測的準確率和召回率問題的解決

貝氏定理不僅在自然語言處理有廣泛的應用，在各種和機率統計相關的應用中，或多或少都能看到它的影子。今天，機率和統計在醫療和生物資訊處理占據著重要的地位，我們不妨看看它在這方面的簡單應用之一。

例 14.4：假定某一種試劑能夠檢測病毒性肺炎，如果檢測結果為陽性，有 99% 的可能是感染上了肺炎。某一年，某地區肺炎的感染率是 0.5%，用這種試劑對當地隨機抽取的人群進行檢測，0.2% 的人呈陽性，請問肺炎患者能以這種方式檢測出來的機率是多少？再進一步思考一下，這種檢測方式是否有效？

我們通常希望一種疾病檢測手段能夠做到以下兩點：

第一，凡是檢測為陽性的都是染病的；

第二，凡是染病的，檢測結果都是陽性。

但實際上，任何檢測都不可能這麼準確。會有一部分染病的人檢測不出來

（他們被稱為偽陰性），就是圖中淺灰的部分，同時可能有一部分人檢測出是陽性的，但其實沒有得病（他們被稱為偽陽性），就是圖中深灰色部分。我們把染病的機率和檢查結果為陽性的機率用下方圖 14.3（a）的文氏圖（Venn diagram）表示。在圖中，整個長方形區域表示所有的人。左邊的圓圈表示染病之人數量占人口的比例，就是染病的機率。右邊的圓圈代表檢查結果為陽性之人數量占人口的比例，就是檢測結果為陽性的機率。這兩個圓圈的重疊部分（灰色），是既染了病，檢測結果又為陽性的人，他們就是被準確診斷出患病之人。左邊淺灰色的部分，是染病卻未被檢測出來的人（偽陰性），右邊深灰色的部分，則是檢測結果為陽性但其實沒有染病的人（偽陽性）。

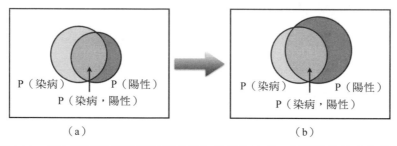

圖 14.3　增加疾病檢測的召回率會增加陽性的比率，以犧牲準確率為代價

　　在例題中，我們知道如果檢測結果為陽性，有 99% 的可能性是染病，其實這給出的是一個條件機率，即 P（X＝染病｜Y＝陽性）＝99%，這看起來很準確，也表示該檢測的偽陰性比例很低，它不太會把健康之人判斷成病人。但是，我們仍必須知道這種檢測是否能有效發現患病者，也就是說，一個人染了病之後，檢測結果是陽性的比例為P（Y＝陽性｜X＝染病）。這也是一個條件機率，但是題目沒有直接給出。不過，我們可以根據貝氏定理可以算出：

$$P（Y＝陽性｜X＝染病）＝P（X＝染病｜Y＝陽性）\cdot \frac{P（Y＝陽性）}{P（X＝染病）}$$

$$＝\frac{99\%\times 0.2\%}{0.5\%}\approx 40\%$$

也就是說，在所有染病的人群中，這種方法只能檢測出 40% 左右。由此我們可以得到兩個結論：第一，這種檢測結果若是陽性，以此為依據確診某個人染病是有效的，有效率為 99%。第二，如果用它篩檢疾病，會有大量漏網的情況，這時我們會說它的召回率（recall）太低。

在疾病的檢測中，通常準確率（precision）和召回率不可兼得，要想提高召回率，就得犧牲準確率。在圖 14.3（a）中，灰色區域和左邊的圓的比例，就是召回率，而灰色區域和右邊的圓的比例，就是準確率。如果我們放寬陽性的標準，就可以增加召回率，如圖 14.3（b）所示，能診斷出更多病人，但是同時準確率則下降了。

不僅疾病檢測如此，在很多應用中，例如資訊檢索、人臉識別等，都會出現準確率和召回率的矛盾。通常在技術條件不變的情況下，召回率和準確率直接的關係是圖 14.4 顯示的函數關係。當然，經過改進技術後，整個函數曲線會往上移。

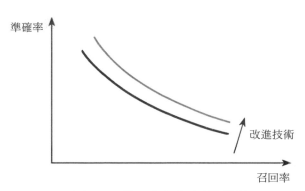

圖 14.4　召回率和準確率的關係

本節思考題

地鐵站的監視器拍到了一張照片，但是由於照片中的人戴了帽子，分不清是王五，還是徐六。通常王五戴帽子的機率是 10%，徐六戴帽子的機率是 20%。還需要什麼資訊，能大致判斷戴帽子之人是王五還是徐六？

提示：比較 P（王五 | A）與 P（徐六 | A）。

=========== **本章小結** ===========

　　雖然數學家們研究機率是從普通的無條件機率開始，但現實中的機率常常是有條件的。不同條件的存在，可以讓同一個隨機事件的機率相差很大，這從數學上驗證了凡事講究條件這個古老智慧的正確性。

　　條件機率通常是用條件和隨機事件的聯合機率與條件本身的機率相比來計算。其中涉及三個不同含義的機率，即一般意義上的機率、條件機率，以及條件和隨機事件的聯合機率。在不同的場合須採用不同的機率，但是不少人經常錯用，甚至專業人士也是如此，這一點要非常小心。

　　在數學上，條件和結果是可以互換的，而在機率中，它們的互換是透過貝氏定理。利用貝氏定理，我們可以間接解決很多難以直接解決的機率論問題。這是一種數學領域常用的解決問題的思路，它看似繞了一個彎，實則是架起了幾道橋梁，讓本來沒有直接通路的兩個點，能夠在繞幾段路後相互連結。我們在前面講到虛數的作用，其實也是繞一個彎之後，把原來不通的道路打通。這種間接解決問題的思路，不僅適用於數學，也適用於解決生活中許多難題。這也是學習數學對認知提高的幫助。

15

統計學和數據方法：
準確估算機率的前提

為了準確估算一個隨機事件的機率，常常須對大量樣本進行統計。
我們需要一套統計學的理論，來指導具體的統計工作，並且設定一
種可以得到重複性結果的過程，任何人只要遵循那個流程，就能夠
得到相似的結果。否則，不同人用不同的統計方法與不同的數據，
得到完全不同甚至矛盾的結論，就讓機率論和統計失去了意義。

15.1 定義：什麼是統計學？

今天我們談到統計學，常常會與機率論連結，因此很多人覺得它們是同一回事，或認為統計學是機率論的應用。其實，統計學是一門獨立的學科，它是關於收集、分析、解釋、陳述數據的科學，不能和機率論混為一談。統計學的數學基礎是機率論，我們在分析和解釋數據時，須大量使用機率論和其他數學工具，因此今天它成為機率論最大的用武之地。但是，統計遠不只是設計一個樣本，然後用加減乘除算算機率那麼單純，其中還有很多非數學的工作，例如如何陳述數據讓大家接受我們的結論——正是為了達成這個目的，人們才發明了各種統計圖表，因為人類對圖表的敏感度遠遠高於對數字的敏感度。統計學的專門分支之一，叫作敘述統計學（descriptive statistics），就是研究如何讓統計的結果更具說服力。除此之外，統計學還涉及許多工程問題，例如如何保存和整理數據，這些也和數學沒有太多的關係。不過，我們在本書只重點介紹統計學中和數學有關的部分。

如果說機率論最初是賭徒們所研究的雕蟲小技，登不上大雅之堂的話，那麼統計學從一開始就是高大尚的學問。統計學的英文「statistics」源於拉丁語「國會」或「國民政治家」的意思，最早是特指對國家的數據進行分析的學問。十八世紀德國的學者阿亨瓦爾（Gottfried Achenwall）發明了該詞的德語，特指「研究國家的科學」，即根據數據了解情況，制定國策。後來，這個詞被翻譯成各國的語言，但含義卻遠遠超出了原來特指研究國家科學的含義。

統計學研究的目的，通常是從大量數據中尋找規律性，特別是尋找不同因素之間的相關性，以及可能存在的因果關係。不過，因果關係通常未必能找到，這一點我們後面會詳細說明。在找到相應的規律之後，我們就可以利用它建立數學模型，預估未來數據的發展和變化。例如前面講到，我們可以統計出漢詞之間的關聯性，也就是條件機率，如此一來，遇到像「天氣」和「田七」、「北京」和「背景」等同音近音詞，就可以透過上下文，計算它們的條

件機率，從而在語音識別或拼音輸入，確定到底是哪一個詞。例如，前詞是中藥，我們就知道後面是「田七」的可能性比「天氣」大。而見到天氣這個詞，我們也就知道前面是「北京」的可能性比「背景」大。得到這樣的規律性，就可以分析和理解自然語言。因此，透過統計從大量帶有隨機性的事件中找到規律，為今後的工作指引方向，這就是統計的目的所在。

但是，並非所有的隨機事件背後都有規律可循。在統計工作中，人們容易陷入的第一個、也是最大的誤區就是非常牽強地尋找非規律的規律。很多時候兩個隨機的事件看似相關，其實只是在統計量不足情況之下的巧合。例如過去流傳著街上女生穿短裙多，股市就會上漲的說法。雖然有人舉出一些例子，證明女生穿短裙的比例和股市浮動的一致性，但是他們卻忽略了數量同樣多的反例。事實上沒有哪個基金能用這種方式賺到大錢。在今天的大數據時代，利用數據找到一點相關性並不難，但真正挖掘出有用的規律性依然不容易。就像是前面講到的利用前一詞預測後一詞（或反過來），即利用自然語言上下文直接用詞的相關性方法看似應該很容易想到，但是在語音識別誕生後的二十多年之間，科學家們並沒有想到這個辦法。當一九七〇年代資訊科學家賈里尼克想到這個方法後，其他人都有了恍然大悟的感覺。可見，找到真正具有相關性的隨機事件本身並不容易，很多時候甚至超出了科學的範疇，屬於藝術和靈感，但是它卻體現出人類的智慧。

人們在統計工作中容易陷入的第二個誤區是，忽略了做統計的主觀行為對統計結果的影響。或者說，我們的行為反過來改變了條件，而條件一變，我們看到的結果自然不反映真實的情況了。其中最知名的例子就是二十世紀初，心理學家們在美國西方電器公司（Western Electric Company）位於霍桑（Hawthorne）的工廠所進行的霍桑實驗了。

霍桑實驗最初的目的，是找到一些影響工人生產效率的因素（變數），然後加以改進，以提高生產率。心理學家考慮的因素包括薪酬、照明條件、休息時間等。他們透過大量的統計發現，這些因素似乎和勞動效率有關，於是廠家

就改善了相應的條件，例如增加照明亮度。但是，某些改進並未讓生產效率有明顯的提升，和想像得不一樣；某些改進雖然開始發揮了一定的效果，但很快又回到初始的狀況。對於這個現象，心理學家們後來進行了很多研究，例如發現當時很多試驗並不是雙盲，那些對比在今天看來沒有太多統計的意義。當試驗的設計者提高照明亮度測試生產效率時，工人似乎提高了效率，但這不是照明引起的，而是因為他們覺得自己被圍觀了，因此特別有幹勁。這類情況在早期藥品有效性的試驗中也特別明顯，只要病人從醫生口中覺察到他所服用的是真藥而不是安慰劑，效果就好，但這無法判定是藥的原因，還是心理作用。於是就有了「霍桑效應」（Hawthorne Effect）一詞，它是指當受試者知道自己成為被觀察對象而改變行為傾向的反應。

霍桑效應不僅體現於個人身上，也體現為群體的反應。例如一個國家將原本 3% 的國內生產毛額增長，按照 5% 公布於眾，民眾對經濟前景有了信心，開始增加消費和擴大生產，反而可能導致了國內生產毛額的上漲。反過來，城市道路的擁塞資訊一發布並顯示在地圖上之後，大家為了避免擁塞，都擠到地圖顯示的綠色道路中，反而造成了往哪裡走、哪裡就堵的死循環。此外，今天很多推送系統看了你讀什麼、買什麼，就繼續推薦什麼，但你一點興趣也沒有，這就是陷入了霍桑效應的陷阱。

很多人覺得統計工作很簡單，就是數數。近年來，由於數據量的劇增，一個企業要是不談大數據都不好意思，但是在談論了十年大數據之後，很多企業並沒有從數據得到什麼收益。例如對於二〇二〇年全球公共衛生事件，各種機構學者透過大數據做出的預測結論迥異。顯然，符合事實的統計結果只能有一個，剩下的沒有得到準確結論，大多是在統計方法和初始設置方面或多或少地出了問題。今天做統計工作的人，使用的數學工具通常都不會有問題，如果有問題，通常出在自己身上。那麼，如何才能做好統計工作，從隨機性中找到規律性呢？

本節思考題

在股市上，以下三個結果哪一個最可能是正確的？我們最不該相信哪一個？

1. 從過去一百二十年歷史上股市數據統計結果進行預測；

2. 根據歷史上和當前的經濟學數據進行預測；

3. 股市真實的表現。

15.2 實踐：如何做好統計？

利用統計的方法，解決實際問題，找到現象背後的規律性，必須遵循一定的章法。在統計學出現之後的兩百多年裡，人們不斷地改進統計方法，並且根據具體的應用做了很多優化。雖然不同的領域改採用的統計工作方法會有差異，例如生物資訊領域使用的數據量要比資訊領域小很多數量級，但是各個領域的統計工作還是有很多共通性，根據我自己的經驗，把統計工作總結成以下五個步驟。

第一，設立研究目標。例如，我們利用數據證實一個假說，像是某種藥比安慰劑有效，或者找到什麼樣的相關性，例如利率調整和股市漲跌的關係。有了目標，才能夠避免盲目使用數據的情況，並且能有意識地過濾數據中的噪音。通常，使用數據驅動的方法除了要準備一個待證實的假說，還要準備一個可對比的備用假說。如果我們想證實一種新藥品的有效性，備用的假說就是安慰劑同樣有效。統計的目的就是確認設定的假說，同時否定掉備用假說。例如某家線上資料探勘公司，要證明私人訊息推薦機票有效，就要證明不使用私人訊息時，推薦機票無效，而不是同樣有效。

　　第二，設計試驗，選取數據。用於統計的數據必須能夠進行量化處理。例如我們要識別圖像，就必須能將圖像資訊數位化，便於電腦處理。關於數據的選取，我們在後面還會進一步補充說明。

　　第三，根據實驗方案進行統計和實驗，分析變異數。很多人只是關注統計結果的平均數，而忽略變異數。例如，許多人關心某一種投資報酬是否比其他的更高，但是在投資時只看報酬率是不夠的，還要衡量風險，這就是變異數。

　　第四，分析和解釋統計結果，並且根據分析進一步了解數據，提出新假說。很多時候，統計得到的結果並不能證明我們的假設。這可能是因為假設本身就錯了，也可能是因為統計做錯了。不論是哪一種情況，都須重新驗證。

　　第五，使用研究結果。有些時候，我們會直接將統計的結果用於產品；有些時候，我們只是給他人提供報告。對於前者，有如何使用統計結果的問題，因為很多結果都是在特定條件下獲得的，我們必須確保使用的場景和統計的場景一致；至於後者，如何報告結果，也就是說把那些數字變成大家能夠看懂、容易接受的結論非常重要。

　　關於選取數據，或者說統計樣本，值得進一步說明。

　　今日，人們使用了數據（包括大數據）卻沒有成功，最常見的原因是沒有找到具有代表性的樣本。我們在前面講了，同一個隨機事件，在不同條件下機率分布的差異是巨大的。我在《智能時代》一書中舉了一九三二年《文學文摘》（*Literary Digest*）預測美國總統大選失敗的例子，雖然他們收集了近百萬份調查問卷，但是由於按照電話號碼選取的樣本忽略了大量的低收入人群，樣本所表現的統計學現象背離了真實的機率分布，因此這樣的統計即使使用再多的數據也沒有用。

　　失敗原因名列第二位的，是低估了數據的稀疏性所帶來的副作用。我們在前面講了，利用統計得到結論，必須擁有足夠的統計量。今天的大數據看似數據量足夠，但是如果把它們分了很多維度後，其實還是很稀疏的。

我們就以利用上下文預測後面的單詞為例。假如使用兩個詞 Y 和 Z 來預測第三個詞 X，漢語的詞彙量按照 10 萬計算，看起來並不是一個複雜的數學模型，但是這個統計模型有 1,000 萬億個（100,000^3）條件機率值須估算，整個網路上的內容都翻譯成中文，文字的總長度也超不過 100 兆個詞，因此，數據量顯然不夠。關於如何解決稀疏性的問題，我們後面會專門介紹。

除了上述兩個原因，還要注意在樣本選取時，不能把間接相關的數據當作直接相關的數據使用。由於統計得到的相關性可能並不準確，隔了幾層關係後演繹出來的相關性很多時候只能算是主觀刻意找出來的，並不反映客觀規律。在統計中，「原因的原因不是原因」，這是我們要牢記的原則。

除了數據選取方面的問題會造成統計失敗，還有很多原因會讓統計變得毫無意義，例如把原因和結果搞反了，就是統計時常見的失誤。我們在前面介紹條件機率時講到，X 和 Y 這兩個隨機變數，既可以把 X 看成是 Y 的條件，也可以反過來看。當我們拿到原始數據，看到 X 和 Y 同時出現時，其實很難弄清楚誰是原因、誰是結果。如果閱讀人文和社會科學的論文，就會發現既有把 X 當作 Y 原因的論著，以及把 Y 當作 X 原因的論著，它們甚至發表在同一本期刊上。今天很多公司在使用大數據時，完全不分析因果關係，直接把結果當原因。例如我們上網查詢住宿飯店之後，接下來並非就是要買機票，因為有可能已經用快到期的里程兌現了飛機票，或者已經透過代理購買了機票。因此，雖然查詢飯店和查詢機票有一定的相關，但斷定它們之間有必然的連結就顯得武斷了。

總之，統計是一種非常有效的工作方式，它能讓我們從眾多數據中找到規律，特別是在今天的大數據時代。當然，要在各種條件下做到非常準確的統計，必須確保數據量足夠，如果數據量不足，我們總結的規律就不可能有很高的覆蓋率，在使用那些規律時，就經常會遇到之前沒有想到的「黑天鵝事件」。如何防止黑天鵝事件發生，也是統計學研究的一個重要課題。

本節思考題

二〇一六年和二〇二〇年美國大選期間，幾乎所有民調機構的民調結果都錯得離譜，試找出那些機構在民調工作中的系統性漏洞。

15.3 古德—圖靈估計：如何防範黑天鵝事件？

很多人覺得今天有了大數據，不再會有統計覆蓋不到的角落。其實不然，哪怕是看似很簡單的統計，今天很多統計數據量依然遠遠不夠。例如我們前面講了透過對文本進行統計，實現上下文（具體講就是前兩個單詞）預測句子某個位置單詞的例子。在那個例子中，被統計的數據量哪怕再大，相比要產生的條件機率的數量，也顯得太小，這種特點我們稱之為數據的稀疏性，或乾脆稱之為數據量不足。就以微信為例，雖然微信上的數據看似很多，但是如果真要利用兩個詞的上下文預測下一個詞，它的數據量依然顯得不足。我們假定漢語詞有 10 萬個，用兩個詞作為上下文的條件，就有 100 億種組合，每一個條件後面，都可能出現 10 萬個詞的任意一個，每一個對應一個相應的機率。也就是說，總共可以有 1 千兆種條件機率。如果我們估算一個機率需要 100 個樣本，這樣就需要 10 億億個詞語的文本。相比這麼大的數據量，微信所有的數據只是九牛一毛。

上述問題在統計中很常見，但是這類問題絕大部分都已經好好解決了，這要感謝半個多世紀以來很多數學家們的不懈努力。最先從數學上解決這個問題的是圖靈（Alan Mathison Turing）的學生古德（I. J. Good），他提出了古德—圖靈估計法（Good-Turing Estimate），比較好地解決了所謂的零機率事件問題。我們用一個具體的例子說明什麼是統計中的零機率問題。

❶ 古德—圖靈估計法

前面講到，「中藥」一詞後面跟著「田七」的可能性比較大，如果我們統計足夠多的文本，可能會看到成百上千次，於是可以準確估計它的條件機率。但是「中藥」後面跟著天氣的可能性很小，可能我們統計了 100 億詞的詞庫，一次也沒有見過「中藥天氣」，那麼是否敢說在「中藥」條件下，天氣的條件機率就是零呢？我們並不敢說。過去，人們以為大家講出來的話、寫出來的文字都符合一些規範，因此有些詞的組合就不應該存在。但是後來人們發現，語言的演變，恰恰是使用那些過去認為不可能的組合形成的。例如今天很多網路用語，像「炸群」、「雲朵計畫」、「奔現」等，完全不符合漢語的用法，過去一次都沒用過。當它第一次出現時，我們不應該將它的機率設置為零，否則它們會成為產品的「bug」（漏洞）。事實上，如果我們把一個 100 億詞的詞庫一分為二，變成 A 和 B 兩個子集，就會發現很多在 A 子集出現的詞的前後組合，在 B 中根本沒有遇到，反之亦然，因此我們不能說這種小機率事件的機率等於零。事實上，任何將小機率事件的機率強制設定為零，其結果就是早晚會遇到黑天鵝事件。

產生黑天鵝事件最主要的原因，就是我們把那些小機率事件，特別是在歷史上沒有見過的事件，都默認為是零機率事件了。一個隨機事件的機率即使再小，它也不是零，那件事也會在某個條件下發生。

那麼，我們該如何考慮這些不容易被想到的事件呢？也就是說，如果一個隨機事件，我們在統計中沒有見到，該如何設置它們的機率呢？我們先來分析一下小機率事件的特點。

大家都聽過 80：20 定律，就是說 80% 的總量常常是由 20% 高頻率的元素構成，反過來，80% 低頻率的元素，或者說長尾的元素，只構成 20% 的總量。這個規律，其實是齊普夫定律（Zipf's Law）的一個特例。齊普夫（George Kingsley Zipf）是美國二十世紀初的語言學家，他經過對各種語言

中詞頻的統計發現，一個詞的排位和詞頻的乘積，近乎一個常數。例如漢語中，「的」是最常見的詞，排位第一，它的詞頻大約是 6%，於是 $1 \times 6\% = 6\%$。第二高頻詞為「是」這個字，它的詞頻大約是 3%，恰好 $2 \times 3\% = 6\%$，詞頻排位第三的詞是「一」，它的詞頻是 2% 多一點，$3 \times 2\%$ 也是 6%。後來經濟學家和社會學家發現齊普夫定律在他們的學科也成立，例如把世界上所有人的財富排序，讓序號乘以財富的數量，就會發現類似的規律。今天，齊普夫定律被認為是自然界的普遍規律。我們每一個人都須牢記齊普夫定律，這樣就不會相信所有人都能夠透過創業成為富翁的雞湯觀點了，因為它違背了齊普夫定律。

不僅如此，齊普夫定律在低頻詞也有一個出乎意料的特點，就是詞頻乘以相應詞的數量，得到的結果也近乎一個常數。例如在一個詞彙表中，大量的詞只出現一次，但是它們的總數卻占到了詞彙表的一半左右，然後還有大量出現兩、三次的詞，總數也不少。如果我們假定只出現一次的詞有 N_1 個，出現兩次的詞有 N_2 個，出現三次的詞有 N_3 個，那麼 $1 \times N_1$、$2 \times N_2$ 和 $3 \times N_3$ 都差不太多，因為大多數詞其實只出現一次。

圖靈的學生古德就利用自然界的這個特點，設計了一個辦法，把那些黑天鵝事件也考慮了進來。古德思想的核心是從高頻的隨機事件拿出一點機率總量（probability mass）分配到低頻的隨機事件上，再從低頻的隨機事件拿出一些機率總量，分配給在統計時沒有見到的隨機事件。具體的做法如下：

假如出現 r 次的單詞有 N_r 個，那麼一個詞庫文本中所有單詞的總次數就是 $N = 1 \times N_1 + 2 \times N_2 + 3 \times N_3 + \cdots + k \times N_k$，其中 k 是最高的詞頻。當然在這個統計中，更重要的是考慮那些原本沒被考慮的詞，這些詞在之前的統計出現 0 次，其實根本沒有被統計進來，我們現在假定這些單詞有 N_0 個。這並非代表那些詞的頻率就該是 0，而是統計量不夠多——要知道統計量和統計量之外的總量還是有區別的。

　　古德根據經驗，假設 $N_0 > N_1$，也就是說那些沒被統計進來的詞，數量比在統計時出現了至少一次的詞多很多，這個假設不僅在語言學符合實際情況，而且在幾乎所有的應用中都是正確的。

　　接下來古德就調整不同詞的詞頻。他是這麼做的：

　　一個單詞如果原來出現了 0 次，就把出現的次數調整為 $\dfrac{N_1}{N_0}$ 次，注意，這是一個 0 到 1 之間的數，不再是 0 了（根據齊普夫定律，這是一個小於 1 的數）。

　　一個單詞如果原來出現了 1 次，就把出現的次數調整為 $\dfrac{2N_1}{N_0}$ 次，通常這是一個 1 到 2 之間的數。

　　對於一般情況，如果原來出現了 r 次，就調整為 $\dfrac{(r+1)\,N_{r+1}}{N_r}$ 次。

　　經過古德的調整，被統計的詞語中所有詞總數變成了多少呢？我們不妨算一算。

　　0 次的數量有 N_0 個，它們每個被分配了 $\dfrac{N_1}{N_0}$ 次，總共 N_1 次；

　　1 次的數量有 N_1 個，它們每個被分配了 $\dfrac{2N_2}{N_1}$ 次，總共 $2N_2$ 次；

　　2 次的數量有 N_2 個，它們每個被分配了 $\dfrac{3N_3}{N_2}$ 次，總共 $3N_3$ 次；

……

　　$(k-1)$ 次的數量有 N_{k-1} 個，它們每個被分配了 $\dfrac{(k-1)\,N_k}{N_{k-1}}$，總共有 kN_k 次。

到此為止，被分配的總次數加起來是 $1 \cdot N_1 + 2N_2 + 3N_3 + \cdots + kN_k = N$。

從上面我們可以看到一個規律，就是古德把出現 i 次的詞總數，分配給了出現 $i-1$ 次的那些詞，如圖 15.1 所示。

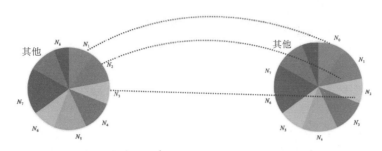

原始各組隨機事件機率的比例　　　　　　重新分配機率後各組隨機事件機率的比例

圖 15.1　古德一圖靈估計對各組隨機事件機率比例重新分配

對於出現次數為 0 到（$k-1$）的詞，這麼分配都沒有問題，對於出現 k 詞的詞，由於 $N_{k+1} = 0$，這樣分配就有問題了。對此，古德做了一個調整，當一個詞出現次數大於 t 次之後，直接認定它們就出現了 t 次，不再調整。但是這樣一來，被分配的總次數加起來就可能大於 N，因此，在計算機率時，還須做標準化（normalization），以保證所有機率加起來依然等於 1。古德的這種做法被稱為「古德一圖靈估計法」。因為它實際上是把高頻詞的頻率打了一個折，多出來的頻率分配給低頻詞和在統計中沒有看見的詞，這就讓所有詞的機率分布變得更光滑，這和我們在介紹微積分時講的希望一個函數儘可能光滑是同樣道理。因此，人們也稱之為「古德一圖靈平滑法」（Good-Turing Smoothing）。後來人們對古德的方法做了一點小改進，讓它更加平滑，直到今天，它依然是統計中處理零機率和小機率事件時，最常使用的方法。

古德一圖靈估計法在方法論上也很有意義，在生活中給我們造成最大傷害的是那些不測的災難，因為那些經常出現的災難已經被預防了。那麼，為什麼不能預防所有可能發生的災難呢？因為我們沒有那麼多的資源。資源的總量和機率總量一樣，加起來是一個常數，而它們通常都已經一個蘿蔔一個坑地分配

了，突然發生一件意想不到的事，就沒有資源應對。但是，具有防禦性思維的智者，總會從資源分配較多的計畫，存留出一點點資源，用於應付任何不測的事件。這就是古德一圖靈估計法的概念。

❷ 刪除插值法

古德一圖靈估計法雖然避免了零機率的問題，但是當統計數據不夠時，大量小機率事件的機率還是無法準確估計。例如，一個隨機事件出現了兩次，另一個出現了一次，我們很難說前者的機率就是後者兩倍。對於這種情況，資訊論專家賈里尼克發明了一種被稱為刪除插值（deleted interpolation）的方法（簡稱插值法），比較有效地解決了這個問題。

賈里尼克在對文本進行統計時發現，統計數據不夠的原因不是真的數據量少，而是我們在計算條件機率時加入了太多的條件。因此，條件和隨機事件可能的情況組合在一起數量太大，使用再多的數據，攤分到那麼多種組合上，每一種組合出現不了幾次，統計就變得不可靠了。例如，當我們統計 X 這個詞的詞頻時，它可能出現了很多次，統計的結果就比較可靠。但是，如果我們在統計時要考慮 X 前面出現 Y 和 Z 這兩個詞的情況，可能統計了大量的文本數據，也沒有見到 Y、Z 和 X 一同出現幾次，這樣的統計結果可信度就低。

基於這個特點，賈里尼克提出在估算條件機率時，用一般的機率作為補充。我們可以打個比方說明他的想法。假如你想了解中國每一座城市居民的特性，辦法之一就是在每座城市抽樣統計一下。但是，有些城市可能抽取到的樣本不多，因此從那幾座城市得到的資訊就不準確，例如在福州只找到三個樣本。為了避免個案的隨機性影響對一座城市居民普遍性行為的估計，我們適當考慮以該城市上一級更大範圍內的統計結果作為參考，例如將福建省的統計結果最顯著的特性，補充到福州市的統計結果中。這就是插值法思想的出發點，具體的做法如下：

假定我們要估算條件機率 $P(X \mid Y)$，先分別統計 X 和 Y 一同出現的次

數 #（X，Y），X 單獨出現的次數 #（X），以及條件出現的次數 #（Y）。我們通常會用相對頻率 $f(X|Y) = \#(X，Y)/\#(Y)$ 作為對條件機率 $P(X|Y)$ 的估計，用 $f(Y) = \#(Y)/\#$ 作為對 $P(Y)$ 的估計，其中 # 是樣本的總數。由於 #（Y）數量較大，因此對 $P(Y)$ 的估計通常是準確的。但是，一般 #（X，Y）的數量較小，把 $f(X，Y)$ 當作 $P(X|Y)$ 肯定不準確。那麼，怎麼辦呢？賈里尼克將 $f(X|Y)$ 和 $f(X)$ 的線性組合，作為對條件機率 $P(X|Y)$ 的估計，即：

$$P(X|Y) = \lambda_2 f(X|Y) + \lambda_1 f(X) \tag{15.1}$$

其中 λ_1 和 λ_2 是線性組合的權重，它們大於等於 0，並且滿足 $\lambda_1 + \lambda_2 = 1$ 的條件（嚴格來講，λ_1 和 λ_2 和 Y 有關，但是在應用中為了簡單起見，大家常常就設置一個簡單的常數）。這樣能夠保證估算出來的機率 $P(X|Y)$ 符合機率公理所要求的條件。我們不妨用一個例子具體說明上述方法。

我們假定福州市的某高中 7 月 6 號這一天要舉行運動會，學校想預測一下 7 月份的第 6 天福州市下雨的機率，以便事先做好準備。我們的條件是 7 月份的第 6 天，隨機事件是下雨。我們統計了過去 30 年的歷史數據，發現其中有 3 年，7 月份的第 6 天下雨了。僅僅靠發生 3 次下雨事件，就斷定 7 月 6 日下雨的機率是 3/30 = 0.1 顯然不是很可靠。於是我們用整個 7 月份福州市下雨的機率彌補統計數據的不足。假定在過去的 30 年裡，福州市 7 月份下雨的機率是 20%。我們將上述數據帶入公式（15.1），同時假設 λ_1 和 λ_2 都是 1/2，這樣估算出來 7 月 6 日這一天下雨的機率就是 $0.5 \times 0.1 + 0.5 \times 0.2 = 0.15$，而不是簡單統計得到的 0.1。

通常 $f(X|Y)$ 的權重 λ_2 比較大，例如是 0.7，這樣能保證 $f(X|Y)$ 本身能發揮主導作用。如果 $f(X|Y)$ 比較大，代表 #（X，Y）出現的次數很多，比較可靠，因此賦予它較大的權重也是應該的。如果 $f(X|Y)$ 比較小，說明它不可靠，不過由於它很小，而 λ_2 也小於 1，我們不擔心這一項會對計算 $P(X|Y)$ 有多大的影響，這時無條件的機率 $f(X)$ 會發揮主導作用。由於

$f(X)$ 本身的可信度比較高，這樣估計出來的條件機率 $P(X|Y)$ 雖然不夠精確，但是範圍大致可靠，在使用時不會造成災難性的後果。特別須指出的是，當我們在統計時沒有見到 X 和 Y 同時出現的情況，由此會得到 $f(X|Y)=0$，這時，條件機率 $P(X|Y)$ 就退化成非條件機率 $P(X)$，因為它完全由 $f(X)$ 決定。

插值法從本質上講，是相信那些見到次數比較多、信賴水準比較高的統計結果。如果遇到統計數量不足時，就設法在更大範圍找一個可靠性較高的統計結果來近似。後來凱茲（Slava M. Katz）等人又進一步改進了插值法，提出了備用法（Back-off），其核心思想和插值法類似，但是近似效果更好一點。備用法的細節就省略了，大家如果有興趣可以查看拙作《數學之美》。在數學和資訊論中都可以證明，無論是插值法或備用法，都比單純依靠統計結果直接產生機率模型更準確。

要防範黑天鵝事件，這個道理很多人都知道，但是大部分人都只是停留在嘴上，真遇到了所謂罕見、預料之外的情況，他們只好認倒楣了，而且還會覺得極小機率的事件是無法防範的。具有主動性的數學家們，則是找到一些數學方法，對黑天鵝事件進行防範。例如古德是透過將高頻事件的機率分配給低頻事件，而賈里尼克則是用可靠的統計結果，彌補對不可靠小機率事件進行統計的缺陷。那些方法，無論是在科學研究還是在生活中，都能有效地防範小機率事件帶來的災難。

本節思考題

在網路下載大約 10 萬字的文本（大約 50 個網頁），平均隨機地分成 D_1 和 D_2 兩個數據庫。統計一下在數據庫 D_1 中有多少個字沒有出現在 D_2。顯然，如果我們用 D_2 作為樣本統計漢字出現的機率，很多字的機率就會被認為是 0。試著想辦法解決零機率問題。

15.4 換個眼光看世界：機率是一種世界觀，統計是一種方法論

世界上有很多規律並不是完全確定的，而是帶有很大的隨機性，這造成了一些結果的不確定性。這是我們世界自身的特點，並非以人為努力就能夠把不確定的事情完全確定下來。承認這一點，我們就須用另一種眼光看待我們的世界，明白很多時候，沒有簡單的黑與白，只有灰度。所謂的黑不過是黑的比例足夠高的灰，讓我們難以看到白的存在；相反地，所謂的白不過是灰中黑色的比例太低而已。因此，當我們對事物的描述從絕對的「是」和「非」，變成「是」或「非」可能性是某一個機率時，我們就學會了用機率論的眼光看待世界了。從這個意義上講，機率論是一種世界觀。

接受了機率論的世界觀，我們在下結論時就不會那麼斬釘截鐵，會留有一定的餘地。同時，我們在看到別人的結論時，也不會盲信，或者把它當成絕對的真理。今天，即便是獲得諾貝爾獎的科學結論，正確性也只是在一定的信賴水準範圍內。當然，它們的信賴水準很高，而我們通常肯定的結論，未必能做到 3 個 σ 的信賴水準。

隨機性和不確定性統治著世界。

當我們用不確定的眼光看待世界時，就會發現真實世界在很多地方和我們想像得不一樣。例如我們前面分析過，1% 的成功率嘗試 100 次，並不能保證一次成功，而提高單次的成功率要遠比在很低成功率的條件下進行多次嘗試更有效。理解了機率論的人，會自覺地接受這個事實，而對機率一無所知的人，則喜歡主觀地在低水準上做多次的嘗試。很多時候一個人能否得到好的結果，不完全取決於勤奮與否，而取決於是否聰明，而聰明的頭腦是可以用數學武裝。

機率論還可以在數學上幫一些經驗背書。我們都知道應該留有一定的冗餘，這樣可以提高我們所期待的大機率事件發生的可能性，防範不希望看到的

小機率事件出現。類似地，我們為了防範諸多小機率事件的發生，最好準備一個大池子。機率論關於卜松分布的理論，為這個經驗做了背書。同樣地，我們知道對於隨機性的事件，試驗的次數越多，或者見到的樣本數量越多，規律性就越明顯，而隨機性所產生的不確定性就會減少，這也是有大數法則背書的。

作為數學的一個分支，機率論也是講究邏輯的，事實上今天的機率論是完全建立在公理之上，透過邏輯構建起來的。這和很多人從直接經驗出發，用「很可能」、「差不多」、「不常見」等自然語言描述不確定性是完全不同的，後者其實很難從隨機中找到規律。

機率從它的定義開始，到機率的估算，都是和隨機試驗連結在一起。我們可以透過隨機試驗，或透過對隨機樣本的統計，估計出一個隨機事件發生的機率，或者一個隨機變數變化的規律。採用統計的方法，還可以找到隨機變數之間的關係，這也是一種有效的工作方法。因此，我們可以將統計看成一種方法論。

統計的目的，常常是為了驗證我們假設前提的正確性，或者在看似雜亂無章的數據中尋找規律。但是，我們根據機率論理論計算出來的機率，和統計得到的結果未必一致，這既可能是隨機性造成的影響，也可能是我們自己工作方法失誤所導致。幸運的是，統計學經過兩個世紀的發展，基本上形成了一套對各種問題都行之有效的工作方法。在有了足夠的領域知識後，遵循這個方法，統計學通常能夠幫助我們解決很多問題。相反地，不遵循它的工作方法，我們就可能得出荒唐的結論。例如，當我們看到想像中的機率和真實情況之間的偏差時，是盲目推翻最初的假設？還是主觀過濾試驗樣本，刻意讓結果契合我們的假設？這兩種做法顯然都有問題，但是在現實中很多人就是這麼做的，其中除了有主觀上的刻意為之，大多是對統計的方法缺乏全面的理解。

我們介紹統計學的目的，是為了正本清源，透過一些例子講清楚隨機性到底意味著什麼，我們該如何得到正確的統計規律，而不是主觀偏見。一旦我們了解了不確定性的本質，了解了它背後的規律，並且掌握了消除不確定性、得

到規律的方法，我們的認知就從自發狀態進入了自由狀態。

本節思考題

利用統計的方法解決問題時，統計的數據量和樣本數據的代表性，哪個更重要？

===== **本章小結** =====

很多人會混淆統計學和機率論。機率論是數學的一個分支，它和幾何學、（近世的）代數學、微積分一樣，都是建立在公理體系的一個數學工具。從認識論的角度講，它是一個純粹理性的工具。統計學是透過數據的方法發現真實世界裡的規律，雖然它用到機率論這個工具，但它更多是對經驗的總結，而不是給出純粹理性的結果。因此，它們不能混為一談。另一方面，要想知道一個具體的隨機事件或隨機過程的機率，又常常必須透過統計的方法對大量樣本進行分析。因此，它們又是相互依賴。

===== **結束語** =====

今日，對於大部分人來講，機率論和統計學可能是最有用的數學分支。一方面是因為絕大部分確定性規律已經被我們認識清楚了，我們今天面對的問題大多具有一些不確定性，而機率和統計學則是解決相應問題最有力的工具；另一方面則是因為今天數據量的激增和持續上漲，讓我們有可能透過統計的方法，解決各種難題。今天各種統計的工具非常多，這讓我們無須從最基礎的統計學研究做起，就能輕易地從事統計工作。但是，了解了統計學的原理，則是用好工具的關鍵。

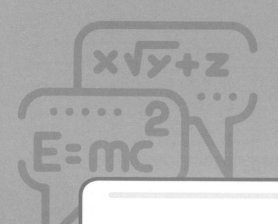

終篇

數學在人類知識體系中的位置

世界上有各式各樣的知識體系，有些是建立在信仰基礎上，如宗教；有些是建立在實證基礎之上，如自然科學。數學和它們都不同，它是建立在純粹理性（邏輯）基礎之上，因此它是不同信仰、不同語言、不同知識背景的人都能接受的一種語言。如果我們將來能和外星人對話，最有效的語言也會是數學的語言。數學的這個特點，決定了它在人類各種知識體系中都扮演著基礎性的角色。這一章我們將聚焦在數學和其他學科的關係上。

16.1 數學和哲學：一頭一尾的兩門學科

❶ 數學對哲學的影響

我們常常說科學沒有窮盡。這有兩方面的含義：一方面，我們對科學的了解越來越多，沒有窮盡；另一方面，無論在物理、化學或生物領域，隨著了解的深入，它們的基礎被越挖越深，例如最基本的元素、生命的基本單位都變得越來越小，這個向下深挖的趨勢即便不是無窮無盡，也要經過幾千年的認識才能探底。因此，今天對於這些學科的研究是不斷往下的過程。例如，人類透過布朗運動（Brownian motion）了解了分子之後，又透過拉塞福（Ernest Rutherford）的實驗了解了原子和原子核，繼而了解夸克、希格斯玻色子等。但是，數學則不同，雖然它也是沒有窮盡的，但這只代表我們對它的了解越來越多，而它的基礎並不會越挖越深。一個數學的分支，其基礎一旦建立起來，就幾乎不會改變了。今天，我們不可能在幾何公理之下，再建立更深的基礎。

數學的這個特點，我們稱之為「止於公理」。你可以把公理理解為「上帝的禁區」。也就是說，在公理之上，它完全是理性的。但是，數學家們對公理的態度，倒像是一種信仰，這一點反倒是和哲學很相似，因為哲學也是建立在對世界本原認識的基礎之上。不過，世界上曾經出現過的各式各樣的哲學，能夠延續至今並且依然有很多人接受的，鳳毛麟角，能派上用場的就更少了。在這方面，哲學又和幾千年屹立不倒的數學完全不同。那麼，數學的奇蹟又何以產生呢？這可以說首先得益於其公理體系的公正性，這一點我們在介紹幾何學的直角公理時已經介紹了。在公正性之上，才可能有其必要性和有效性。

今天世界上大部分完善、能夠自洽的哲學體系，大多誕生在科學啟蒙時代之後，而這不得不感謝數學思維的運用，其中最有代表性的人物是笛卡兒和萊布尼茲。雖然大家未必贊同他們的哲學體系，但是都不得不佩服其完備且前後自洽之處。事實上，這兩位學問大家在哲學上的名氣一點不亞於他們在數學上

的。他們的哲學思想，特別是笛卡兒，在今天對人類都依然有巨大的影響。我本人也從笛卡兒得到了很多的智慧。接下來，我們就分別說說他們的哲學思想，特別是其哲學思想是如何受益於數學的思維。

先來說說笛卡兒。笛卡兒最有名的著作是《方法論》（*Discours de la méthode*），我在「得到」平臺的課程《科技史綱 60 講》中講了他的科學方法論對人類科學進步所產生的重大影響，這裡就不再贅述了。在認識論層面，笛卡兒回答了兩個問題，首先是人如何獲得知識，其次是人能否透過自身努力獲得知識。在笛卡兒的時代，人們通常認為知識來源於上帝的啟示或生活的經驗。前者今天相信的人已經不多了，後者其實是我們今天所說的直接經驗的來源。但是，靠經驗累積知識有兩大問題，一個是來得太慢，這還不是最要命的，更糟糕的是直接經驗常常是不可靠的。例如你看到太陽東升西落，直接經驗就告訴你它是圍繞地球轉動的；你看到鳥振動翅膀可以飛翔，就本能地設計能夠振翼的飛機；你想到人透過推理下圍棋，就試圖模仿人建構人工智慧……，這些現在看來都是很荒唐，但是直接經驗常常會得出這樣的結論。那麼，如何解決這個問題呢？笛卡兒的貢獻在於，告訴人類要以理性過濾直接經驗，才能獲得知識。這句話的另一種表述就是透過理性的推理，實現去偽存真。

笛卡兒所說的理性可以分為兩個層面：第一個層面是今天所謂的實證，這是今天科學研究的基礎方法；但是，笛卡兒認為這依舊很不夠，因為實驗看到的可能只是表象，因此還須有第二個層面的理性，就是要用符合邏輯的數學方法，代替依靠測量的物理方法，獲得真知。我們前面講到，不能用測量的方法證明勾股定理，這便符合笛卡兒的思想。

當然，依靠理性獲得新知的前提是人是理性的。笛卡兒在哲學上的另一大貢獻在於他肯定了人生而具有理性，並且有能力利用邏輯進行推理。因此，笛卡兒認為，人只要把自己的工作方法由簡單依靠經驗提升至理性思考，就能創造出新知。後來，亞當‧斯密（Adam Smith）把這個假設又推廣到了經濟學

領域，它最基礎的假設就是，人能透過計算和推理，清楚自己的利益所在。

雖然笛卡兒自身沒有發現多少自然科學的新知，但是後人遵循他的哲學思想行事，使科學獲得了極大的發展。我們在後面講數學和自然科學關係時還會講到，牛頓和馬克士威等人在物理學的成就，大大仰賴數學上的推導，而不是單純的實驗。這種依靠理性，或者說數學邏輯獲得自然科學知識的做法影響深遠。當然，今天有了大數據，我們有可能從不同維度回望一個事物，發揮去偽存真的作用，而不是僅僅靠人的理性。

接下來，再講講萊布尼茲的哲學思想。如果說笛卡兒的哲學思想是介於唯物論和唯心論之間的，那麼萊布尼茲的思想則是徹底唯心。因此，我們不多介紹他的哲學思想，只介紹他的哲學思想和我們課程相關的兩個要點。

第一個是相對的因果時空觀。在萊布尼茲之前的伽利略，以及和他同時代的牛頓，都認為時間和空間是絕對的。但是，萊布尼茲卻認為只有上帝是絕對的，時間不可能有絕對的先後，但有前後的因果關係。例如不可能穿越回清朝，否則就會出現先有你還是先有你爸爸的矛盾。只要不違反因果關係，時間可以拉長或縮短。這其實是把數學上的因果關係拓展到了哲學層面，當然後來愛因斯坦提出相對論，證明相對的因果時空觀，要比伽利略和牛頓的絕對時空觀更合理一些。

第二個是對離散世界的理解。雖然萊布尼茲與牛頓一起發明了微積分，他承認世界的連續性，但是，他一生致力於用離散的方法解決問題和解釋世界，從二進制，到他的符號學，再到他的物質四特徵（即不可分割性、封閉性、統一性和道德性），都說明他對世界離散、不連續的看法。從世界的離散性假設出發，利用數學的邏輯，萊布尼茲得到了很多有趣的結論。他的思想啟發人們發明了離散數學和量子力學。

無論是笛卡兒，還是萊布尼茲（以及很多大學問家），其實都是用了數學中建立公理化體系的方法，建立自己的哲學體系，而那些數學方法，一旦上升到哲學層面，就成為在認知上通用的方法，並且對世界形成了更大的影響力。

萊布尼茲說，「精煉我們推理的唯一方式是使它們與數學一樣切實，我們因此能一眼就找出我們的錯誤，並且在爭議出現時，可以簡單地說，讓我們計算（calculemus），而無須進一步地忙亂，就能看出誰是正確的」[7]。從笛卡兒和萊布尼茲開始，人類社會就進入了理性時代，這種趨勢，一直持續到了十九世紀末叔本華和尼采等人在哲學上開始質疑純粹理性時。因此，如果我們說數學透露了一種哲學之道，也是不過分的。

② 哲學對數學的影響

講完了數學對哲學的影響，我們再說說哲學對數學的影響。在歷史上，缺乏哲學修養的人，學習數學最好的結果，也只能成為一般數學工作者，成不了數學大家。我在《文明之光》一書花了整整一章的篇幅介紹牛頓對思想的貢獻，又在上文講了作為哲學家的笛卡兒和萊布尼茲，此外，像費馬、希爾伯特等在歷史占有重要地位的數學家，都是有著深厚哲學修養的人。雖然他們並沒有專門的哲學著作，但他們的哲學理念已經深深烙入其數學成果之中。

為什麼哲學對數學（和自然科學）這麼重要呢？因為哲學講的是宇宙萬物的本質，它們之間最普遍、最一般的規律，以及整個宇宙的統一。套用《西方哲學史》（*A History of Western Philosophy*）一書的作者羅素（Bertrand Arthur William Russell）的觀點，整個德國古典哲學，就是試圖構建位於科學和其他知識之上的統一體系，形成一個沒有矛盾的知識體系。這一點深深影響了從希爾伯特到愛因斯坦等一批頂級數學家和科學家。前者試圖構建一個統一的數學體系，後者則致力於構建完美的物理學體系。雖然希爾伯特的努力被哥德爾證明是徒勞的，而愛因斯坦的設想至今也還沒有實現，但是，數學和科學各個分支之間在方法上卻具有相通性和普適性，這些通用的方法常常讓很多學

7　萊布尼茲（Gottfried Wilhelm Leibniz），《發現的藝術》（*The Art of Discovery*），一六八五年。

科同時受益。

　　當然，對於一名平庸的數學家，思考不思考哲學問題影響並不大，反正從事的都是補足數學中知識的工作，並不須要進行高層次的創作與研究。類似地，如果我們僅僅像古希臘奴隸那樣為了謀生而學習，掌握一點技能也就夠了。但是，如果我們像蘇格拉底這般將自己看成主人，以這個態度學習、做事，就必須在認知層面有所提高升，了解數學和哲學都可以幫助我們做到這一點。如果我們把自然科學、數學和哲學的層次簡單化成一張圖的話，應該是圖16.1 的結構，數學是基礎，上面有各種自然科學，最頂上則又有哲學。

　　我們通常會覺得這一頭一尾的數學和哲學沒有實際用途，中間實用的自然科學才值得我們學習。但是，無用之用是為大用，一個人只有在深刻理解了人類知識的普遍性原理之後，才能站在一個制高點往下俯視。這也是數學和哲學的共同之處。

哲學

各種自然科學

數學

圖 16.1　數學在人類知識體系中的基礎地位

　　以上所有的內容都是針對大多數不去當數學家的人。如果哪位讀者想當數學家，我倒有一個建議，就是具備一顆自由而熾熱的心，追求很高、比較純潔的精神生活，並且能夠站在哲學的高度研究數學。

　　講完了一頭一尾，接下來我們看看數學和自然科學的關係。

本節思考題

古印度的數學成就很高，這和他們的哲學思想或多或少有些關係。了解一下古印度哲學的內容，思考它們和數學發展有什麼連結。

16.2　數學和自然科學：數學如何改造自然科學？

　　很多人會說，數學是自然科學的基礎。這不僅是因為在自然科學要用到數學，而且只有採用了數學的方法，才讓自然科學從「前科學」，或者說帶有巫術性質的知識體系，變成今天意義上的科學體系。因此，馬克思如此描述數學和自然科學的關係：「一種科學只有在成功地運用數學時，才算達到了真正完善的地步。」[8]這個論斷可以被看成對笛卡兒理性主義的另一種描述方式，也可以被視為對從伽利略到十九世紀中期自然科學發展過程的總結。

　　自然科學早期被稱為自然哲學，包括牛頓的名著《自然哲學的數學原理》也是如此使用。因為那時人們普遍把所有學問統稱為哲學，而涉及自然界和宇宙的規律，就是自然哲學。到了十九世紀初，英國人才把那種採用實驗的方法、系統地構造和組織關於知識、解釋和預測自然的學問稱為科學。

　　自然科學最典型的特徵則是其自然屬性。當年，亞里斯多德把它們籠統地稱為「Physics」，今天直接翻譯過來就是物理學。但是，由於它真實的含義是包括所有自然哲學，因此被翻譯成形而下學，相對應的是在它們之上的形而上學（Meta Physics），即今天意義上的哲學。根據科學的自然屬性，它們研究的是自然現象和自然現象產生的規律。因此，從這個定義而言，數學顯然不屬於自然科學，因為它是人為製造出來的。製造數學在很大程度上是為了發展自然科學，而非數學本身，這就如同牛頓為了研究運動學而發明了微積分一樣。但是，相應的數學理論一旦出現，並反過頭來作用於原來的學科時，原來的學科便脫胎換骨了。這就如同我們今天經常講的「互聯網＋」，什麼產業一旦利用網路進行改造，效率就會倍增。自然科學各個學科的形成和發展，其實就是一個「數學＋」的過程。接下來，我們就看看這個過程。

8　保爾・拉法格（Paul Lafargue），《憶馬克思》（*Reminiscences of Marx*），一八九〇年，
　　https://www.marxists.org/archive/lafargue/1890/xx/marx.htm。

　　第一個被數學改造的學科是天文學。古代文明為了推算曆法和預測地球上發生的各種現象，發明了占星術。但是，占星術的預測極為不準確，因為它措辭含糊，而且缺乏量化度量。從占星術到天文學的轉變源於古希臘時期，特別是希帕恰斯和托勒密，他們利用數學這個工具，建立起天體運動的模型，於是就能比較準確地預測天體的運動了。其中最著名的是托勒密利用幾何學建立的地心說模型。

　　第二個被數學改造的學科是博物學。亞里斯多德使用分門別類的方法，對他那個時代所了解的世界萬物進行分類，這和今天數學的集合論與函數的概念有很高的一致性。由於篇幅的原因，這裡不多講了。

　　第三個被數學改造的學科是物理學。這個過程始於阿基米德（Archimedes），成熟於伽利略，並且不斷地發揚光大。

　　阿基米德最為人熟知的貢獻是發現了浮力定律和槓桿原理。浮力定律並非從大量試驗總結出來，而是他洗澡時獲得了靈感，運用邏輯得到。至於槓桿原理，雖然比阿基米德早兩千多年的古埃及人就知曉了，但是將它用數學公式描述出來的是阿基米德。在阿基米德之後，希臘文明圈不再有這個級別的科學家，因此建立物理學大廈的任務就落在了伽利略身上。伽利略的偉大之處在於，他把數學方法和實驗方法結合起來研究自然界的現象，使物理學擺脫了經院哲學（scholasticism）的束縛。楊振寧說，數學和物理是兩片生長在同一根管莖上的葉子，非常具體地說明了數學與物理之間的關係。

　　在伽利略之後，物理學的數學化加快了步伐。牛頓的研究之前我在「得到」平臺的課程《科技史綱 60 講》已經介紹了，這裡就不多說了。在牛頓之後，最重要的物理學家是馬克士威，他對電磁學的貢獻，堪比牛頓在經典力學的貢獻。在馬克士威之前，庫侖、安培、伏特、焦耳、法拉第等人都透過實驗發現了電學的部分規律。但是，這些理論缺乏系統性，沒有完全道出電和磁的本質。馬克士威和這些物理學家都不同，他是從數學出發，把前人的理論，特別是把法拉第有關電磁場的想法歸納成幾個簡單的方程式，使得電學和磁學統

一為電磁學。馬克士威的理論了不起的地方在於他預見到了當時大家還觀察不到的現象，例如他在數學上推導出電磁波的方程式，預測出電磁波的存在，而電磁波在真空中的速度與當時所知的光速相近，因此他預測光也是一種電磁波，只是可見頻譜波段特殊的電磁波而已。後來赫茲等人發現了無線電波，證明了馬克士威的預測。對於馬克士威的貢獻，赫茲是這樣說的：「我們不得不承認，這些數學公式不完全是人造的，它們本身有智慧，它們比我們還聰明，甚至比發現者更聰明，我們從這些公式所得到的，比當初放到這些公式中的還多。」

後來人們發現，在高速的情況下，從數學上得到的馬克士威方程和牛頓的經典力學方程出現了矛盾。我們在前面講過，如果這種事情發生，而推理又沒有問題，可能說明我們最初的某些基本假設出了錯。事實上，正是這個矛盾的結果導致了相對論的誕生，而最初的基本假設中，距離和時間絕對性的假設錯了，也就是說，在高速的狀態下，測量到的時間和距離會變化。這和我們前面講到的發現暗能量的道理很相似。二十世紀另一個物理學成就就是量子力學，也幾乎完全是建立在數學基礎之上。

在歷史上，數學程度不夠的物理學家，地位都不會太高，例如法拉第，他雖然發現了電學上的很多定律，但是在科學上的地位和另一位電學大家馬克士威無法相比。直到今天，依然如此。數學對物理學的重要性，可以透過一個人的經歷闡述。這個人就是以傅立葉轉換（Fourier transform）而出名的法國物理學家傅立葉（Jean-Baptiste Joseph Fourier）。

一八〇七年，傅立葉將自己關於熱傳導的論文提交給法蘭西科學院（Académie des sciences），但是被拒稿了，理由不是物理研究得不好，而是數學不嚴謹。一八一一年他的另一篇關於熱傳導的論文再次被科學院的學報拒絕發表，理由還是數學上的缺陷。在此之後，傅立葉惡補數學，終於在一八二二年發表了《熱的解析理論》（*Théorie analytique de la chaleur*）一文，其中的數學推導極為嚴謹，不僅被科學家接受，而且成為今天熱傳導學的經典理

論。今天，理論物理學家通常是半個數學家，物理學方面很多粒子其實都是在推導數學公式時，為了讓等式平衡而假設出來，當然很多在以後被實驗證實了。在宇觀層面，像黑洞這種無法直接觀測到的天體，以及重力波這種長期測不到的現象，也是依靠數學預測。

第四個被數學改造的學科是化學。實驗和邏輯讓化學完成了從煉金術到科學的華麗轉身。在這個過程中，化學之父拉瓦節（Antoine-Laurent de Lavoisier）為後人確立了化學研究的方法——簡單講，就是邏輯和量化。拉瓦節的一大貢獻是提出了氧化說，推翻了過去的燃素說，這個成就來自邏輯的判斷。拉瓦節是如此想的，如果燃燒是因為燃料裡的燃素被燒掉，那麼燃燒剩餘物的質量應該減少。但是，經過測定，燃燒後剩餘物的質量卻增加。代表燃素說在邏輯上有問題，而能夠讓剩餘物質量增加的唯一可能性，就是空氣中的一些元素和燃料結合了，這就是氧化說。當然，得到這個結論須精確地度量實驗結果，因此拉瓦節留下一句名言：沒有天秤就沒有真理。為了方便量化度量，拉瓦節等人還制定了今天我們使用的公制度量衡系統。

受到數學影響比較少的行業其實是生物學和醫學，但是這門科學要用到大量的邏輯，到了近代，還要用到大量的統計。沒有統計，就沒有今天的醫藥學。

從上述例子可以看出，數學對自然科學的幫助，主要體現於工具和方法兩方面。數學作為工具很容易理解，例如離散數學是電腦科學的基礎，微積分是今天很多自然科學研究（特別是物理學的研究）的基礎。但是，對大家更有借鑑意義的可能是在方法上。我們從自然科學的各種昇華過程可以看出，它們有這樣三個共同點：

（1）從簡單的觀察上升到理性的分析。今天我們觀察到現象是一件很容易的事，大部分人都能做到，但是能夠對現象進行理性分析的人很少。這是每一個人都須鍛鍊和提升的。

（2）從給出原則性結論到量化的結論。雖然我們無須像拉瓦節那樣隨身

帶著天秤，但是必須了解很多事必須量化度量才能得到準確的結論。從前面所講到的計算利息的內容，你就能體會量化的重要性了。

（3）將自然科學公式化，或者說用數學的語言描述自然科學。今天，不論是哪個國家的人，看到了 $F=ma$，都知道是牛頓第二定律；看到 $E=mc^2$，都知道是愛因斯坦的質能互換公式；看到 H_2O，都知道是水。古代很多科學手稿，是用自然語言而非數學語言描述物理學的規律，這種做法不僅不具象，而且還有些彼此矛盾的地方難以發現。在採用了數學公式描述自然科學規律之後，由於公式的嚴謹性，一旦有矛盾之處，就很容易被發現。

了解了自然科學的發展，可以說就是「數學＋」的過程。我們在自己的工作中，也不妨試試用一用這種「數學＋」的方法。養成理性和量化處理我們日常工作的習慣，建立和他人的溝通基礎，是我們通識課的目的。

本節思考題

在歷史上，數學的發展常常和力學有關，數學提供了描述力學問題的工具。例如我們在設計彎曲的道路時，常常要考慮彎道「急」或「緩」的問題。急和緩的描述顯然不準確，能否用數學的方式準確定義出彎道急和緩的概念呢？（提示：有些彎道是圓弧形，可以用圓的半徑衡量，但大多數彎道可以是任意曲線，必須用微積分的概念定義急和緩。）

16.3 數學和邏輯學：為什麼邏輯是一切的基礎？

數學結論的正確性，取決於公理的正確性，以及邏輯的嚴密性。特別是像歐基里德幾何這種數學體系，完全依賴於邏輯。也正是因為這個原因，十九世紀末至二十世紀初的數學家和邏輯學家，試圖將它們統一起來。這種努力至今

都不能算很成功，但是數學和邏輯的緊密連結是不容否認的。因此，適當了解邏輯對學好數學會有很大的幫助。

一般認為，邏輯是人類理性的體現，它的基本原理其實都是大白話，但是仔細想想很有道理，更關鍵的是，只有少數人能夠堅持那些看似大白話的基本原理。因此，我們就從邏輯學的基本原理，以及和數學的關係講起。

❶ 同一律

首先要說的是同一律（law of identity），它通常的表述是，一個事物只能是其本身。這句大白話背後的含義是，世界上任何一個個體都是獨一無二的。注意這裡說的是個體，不是群體。一個事物只能是其本身，而不能是其他什麼事物。蘋果就是蘋果，不會是橘子或香蕉。

因為有同一律，我們才可以識別出每一個個體，數學上可以用 $A=A$ 這樣的公式表示，而且當一個個體從一個地方移到另一個地方之後，它就不會在原來的地方，而會出現在新的地方。例如等式 $x+5=7$，當我們把 5 從等式的左邊移到右邊之後，就變成了 $x=7-5$，等式的左邊只有 x，不可能再有 5 這個數字了。很多孩子解方程，把數字從一邊移到另一邊的同時，忘記了把原來的數字消去，最後做錯了，自己甚至家長只是覺得粗心了而已。其實在每一次粗心的背後，都有概念不熟悉的深層原因。具體到這個問題，就是根本不理解同一律。

同一律在集合論中特別重要，集合中的所有元素必須都是獨一無二的。例如我們說整數的集合，裡面只能有一個 3，不能有兩個，如果有兩個，就出錯了，這一點很容易理解。但是，在生活中，很多人不知不覺地違反了同一律，最典型的情況之一就是偷換概念，具體講就是把不同含義的概念用在同一個名稱。

人有些時候偷換概念是不自知的，例如很多詞的含義有二義性，他搞不清楚具體含義，造成了自己頭腦的混亂，或者把一個個體和一個集合等價起來，

以偏概全。就像是有些人會講，股市都是騙局，他們的經驗是來自一部分股票，是個體，但是講這句話的時候，就把股票換成了集合，也就是股市。自己不懂的邏輯，頭腦不清，說出違反同一律的話之後，就會造成別人的誤解，甚至自己也會被繞進去，很多人缺乏好的溝通能力，可以溯源到講話經常違反同一律上。

另一方面，也有人是故意違反同一律，例如悄悄改變某個概念的內涵和延伸，把它變成了另外一個概念，或者將似是而非的概念混在一起。例如商家常常用限量版一詞對外宣傳，讓人感覺數量非常有限。其實，世界上任何商品數量都是有限的，只是多和少而已。很多商品，並沒有限量版一說，但其實數量比同類的限量版要少很多。例如史坦威鋼琴（Steinway & Sons）每年生產共兩千臺左右，大型 model D 只有上百臺，但是史坦威從來不說限量版。相反地，日本限量版的鋼琴數量常常比史坦威相應型號的總數量多很多，但是一說限量版，大家就有高大尚的感覺，這其實是偷換了限量版概念的延伸。再舉一個例子，你會發現美國的左派和右派都在喊平等，但總是在吵架，因為他們一個說的是結果平等，一個說的是機會平等，這是因為把很多混淆的概念裝進了一個名詞，違反了同一律。

在數學上，要嚴格遵守同一律。為了防止出現違反同一律的情況，就必須把概念定義得極為精確，在法律上也是如此。在生活中，我和別人溝通時，我常常會用我的語言複述一下對方的話，明確我們是在討論同一件事情，這一點很重要。很多時候，我們和別人溝通的誤解，就來自忽視了同一律，雞同鴨講。

❷ 矛盾律

矛盾律（law of contradiction）的通常表述是：在某個事物的某一個方面（在同一時刻），不可能既是 A 又不是 A。我們前面介紹數學中的反證法，就是基於矛盾律。「contradiction」一詞是由兩個詞根組合而成，前一個

「contra」是「相反」的意思,第二個詞根「dicti」是「講話」的意思,顧名思義,它就是指講話的意思相對立。

也有人把矛盾律看作是同一律的延伸,因為是 A 和不是 A 是兩個不同的個體,自然不可能相同。我之所以強調事物的某一個方面,因為事物本身可能是多方面的,不同方面可能有不同的表現。例如在前面的課程中,有人問光的波粒二元性(wave-particle duality)是否違反矛盾律,其實不違反,因為它講的是一個事物的不同方面。類似地,有人會講,我人在某處,心卻在你身邊,這也不違反矛盾律。但是,如果說,某時某刻,我人在北京,人又不在北京,這就違反的矛盾律。在辦案中,我們說的不在場證據,之所以能成立,是因為有矛盾律的保證。

在數學和自然科學中,許多重大發現都是源於使用矛盾律。例如在前面提到的畢達哥拉斯定理和無理數的內容中,這個定理和有理數性質的矛盾,就導致了無理數的發現。在物理學上,馬克士威方程組和經典力學方程的矛盾,就導致了後來相對論的提出。在生活中,有人會挑戰矛盾律,例如有人說,「我是一個矛盾的人,既慷慨大方,又斤斤計較。對於教育我總是很慷慨,對自己生活非常節省。」這種說法其實並沒有違反矛盾律,因為偷換了概念。為了防止大家在使用矛盾律時偷換概念,邏輯學家們一般強調四個「同一」,即同一時間,同一方面、同一屬性、同一對象,總之強調的是獨一無二的事件。

❸ 排中律

排中律(law of excluded middle)的表述是,任何事物在明確的條件下,都要有明確的「是」或「非」的判斷,不存在中間狀態。例如在數學上,一個數字,不是大於零,就是不大於零,沒有中間狀態。有人可能會說,等於零不就是中間狀態嗎?其實大於零的反面並非小於零,而是不大於零或說小於等於零,因此等於零的情況其實就是不大於零的一種。

排中律保證了數學的明確性,通常我們在數學使用排中律原則最多的時

候，就是在所謂的排除法或枚舉法。當我們排除了一種情況時，和它相反的情況就一定會發生。如果有多於兩種對立的情況，我們可以先把所有可能的情況二分，然後再不斷二分，直到分到每一個彼此不重複的情況為止。在電腦科學中，任何和二分相關的算法，其邏輯基礎都是排中律。在這種思路的指導下，一九七六年，美國數學家阿培爾（Kenneth Appel）和哈肯（Wolfgang Haken）借助電腦，證明了四色定理。這是圖形理論中非常著名的難題之一，說的是在任何地圖上，只要用四種顏色就能為所有國家（或地域）塗色，並保證相鄰的地域顏色不同。這個問題的難度在於情況太多、太複雜，因此數學家們努力了一百多年也沒有結果。阿培爾和哈肯的高明之處在於，它們用電腦窮舉了所有的情況，然後借助電腦一一證明了各種情況。而這種證明方法的正確性就是靠排中律保障。

講到排中律，就不得不講西方人和東方人在思維方面的一種差異。在美國的大學和研究生升學考試 SAT 和 GRE 中，都要寫作文，作文題目通常是就一個觀點發表贊同或反對的意見。中國學生的思維方式，常常是「既要……又要……」，例如請他分析是否該禁菸草，他會說，「因為吸煙對人體有害，因此我贊成禁菸，但是來自煙草的稅收在國家的總稅收裡占很大的比例，所以，也不贊成完全禁菸。」這種作文在中國的高考中或許能得到不錯的分數，但是在 SAT 和 GRE 的考試中，都會是不及格的分數，因為它首先違反了排中律。這不是文學寫作程度的問題，是邏輯上的問題。

通常，稍微有一點邏輯的人在講話時，會注意不違反排中律。但是，不少人在不注意的時候，還是會被人設下圈套。例如檢察官問嫌疑犯：「你收受的賄賂中有沒有賓士汽車（Benz）？」這其實就有一個圈套，因為問話包含了一個預設，即對方已經有了收受賄賂的行為。對此問題，如果簡單地回答沒有，其實等於變相承認了自己有受賄行為。有經驗的辯方律師此時須向法官提出抗議，抗議檢方設有圈套的問法。當然，作為被告，好的回答是否定對方的大前提，即直接回答，我根本沒有接受過賄賂。

此外，很多邏輯學家也把充分條件律（sufficient condition）和上述三個基本原則等同起來，一同稱為邏輯的四個基本原則。所謂「充分條件律」，講的是任何結論都要有充足的理由，這也就是我們常說的因果原理。任何數學的推理，都離不開充分條件律。

充分條件律成立的原因，在於宇宙中任何事物都不能自我解釋，或者說不依賴其他事物而存在。例如邏輯學家們經常會講，為什麼有我呢？不是天生就有我，而是因為有我的父母存在。再例如，為什麼張三數學成績好？是因為他聰明、老師好、學校條件好，或者學習努力而且方法好等等，不是毫無條件地天生數學就好。當然，很多時候僅僅一個或幾個條件本身還夠不成充分條件，須上述條件都滿足才行。

數學正是因為有內在的邏輯性，才避免了可能的自相矛盾之處。在數學史上，雖然有三次數學危機，但是都化解了。理解邏輯，對我們來講有非常多的好處。人通常會身陷矛盾而不自知，因為缺乏邏輯性。人們有時也會想不清楚某個重要的事物，不知道該如何做判斷，其實運用邏輯，把事實分析一遍，真相就清楚了。這應該是邏輯學和數學給我們的啟發。而學習邏輯很好的方法，就是好好學數學。

本節思考題

舉兩個違反排中律的邏輯錯誤。

16.4 數學和其他學科：為什麼數學是更底層的工具？

數學和哲學、自然科學的關係渾然天成，但是和人文學科、社會科學和管理學的關係似乎就遠了一點，也比較難找到，但是它們確實存在。我們在前面

講了林肯用《幾何原本》說服國會的例子，這其實就是好好利用了數學思想和法律的關係。接下來，我們就說說這些關係。

❶ 數學和管理學的關係

我們還是從工具和思維方式兩方面說說數學和管理學的關係。先說數學作為工具的一面。

大家可能都聽說過作業研究（operations research），它是現代數學的一個分支。我最初的作業研究啟蒙來自我的父親。我小時候是脖子上掛鑰匙的孩子，放學回家就要給家人煮飯。如果我做完功課再做飯，等做好了飯就沒有時間玩耍了，於是我常常把飯煮上就出去玩，當然經常會玩得高興回家晚了，把飯煮糊。後來父親開導我回家先煮飯，同時在旁邊做功課，飯煮好了，功課也寫完了，再出去玩，什麼都不耽誤。父親告訴我這叫作作業研究，從此我就知道了這個名詞。當然，那時我對裡面的方法其實不是很了解，直到後來在大學裡學了圖形理論之後，才有了比較清晰的了解，到了美國才算完整地學完這門課。下面我以「關鍵路徑」這個簡單的例子說明作業研究和管理的關係。

我們用圖 16.2 說明數學在生產線流程管理中的應用。假如我們要製造一輛汽車（或其他複雜的商品），必須經過很多環節，各環節之間環環相扣，完成每一個工序所需要的時間，如圖 16.2 所示。在圖中，S 點是起始

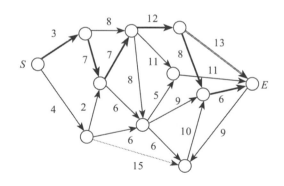

圖 16.2　生產線上的關鍵路徑（加粗黑線標識的路徑）

點，我們可以把它理解為開始造車的狀態，E 點是終點，它是汽車產出的狀態。每一條路徑是一個流程，路徑上面是完成這個流程所需要的時間。

在生產線上，前面的工序都完成後，下一個才能開始。因此如果前面有三個工序，兩個已經完成，我們不得不等待第三個完成，那麼這時前兩個工序上的工人其實就出現了所謂的「窩工」（即閒置）狀態，勞動生產率就受到影響。一輛汽車，在生產線上製造的時間，最終取決於各個工序中完成時間排在最後的那個工序，而不是完成時間最早的那個工序。如果我們從起點到終點，把持續的時間最長的各個工序連接起來，就得到一條耗時最長的路徑，就是圖16.2 加粗黑線標識的路徑，它被稱為關鍵路徑。在圖中這條關鍵路徑上的耗時是 43 個單位。如果我們提高某一個工序的效率，縮短其時間，例如我們發現虛線的那個工序占了 15 個單位的時間，似乎太長了，如果縮短它，對汽車生產時間有幫助嗎？答案是沒有，因為耗費時間的瓶頸在關鍵路徑上，而不在那條看似很花時間的工序上。

我們要想縮短整個的生產時間，就須縮短關鍵路徑上的時間，這就是作業研究的概念。具體到這個問題中，如果把關鍵路徑占用了 8 個單位時長的工序的時間從 8 縮短到 4，這時總時間是否縮短了 4 個單位呢？也不是，因為這時雙線的工序（路徑）就成了關鍵路徑，如果對比一下前後兩種情況，你會發現它其實只縮短了 1 個單位的時間。作業研究其實就是利用圖論、線性代數等數學工具，從整體改進現有系統的效率。透過這個問題，我也希望大家能夠理解我經常說的，在一個複雜的系統中，整體不等於部分加總的原因。順便說一句，雖然大工業時代的作業研究原理已經被用於了企業管理，但是它真正成為一門邊緣科學（borderline science）是二戰時候的事了，當時英、美兩國為了更高效地進行戰爭，找了一群數學家規畫、合理調度和使用各種戰爭資源。這些數學家對二戰的勝利功不可沒。

接下來是數學作為方法論在管理中的意義。不少管理學教授和企業家們對於企業形成和發展的共通性做了相似的總結，我依照歐基里德構建幾何學公理系統的方式，把它們重新梳理如下，這樣它們和數學在思想方法上的一致性就清晰可見了。

　　一個企業最重要的是它的願景使命、價值觀和文化。一個卓越的企業在這些方面都做得很好，相反地，一個平庸的企業可能到關門都沒有考慮清楚這些問題。願景使命是一家企業存在的理由。例如，Google 一直以「匯整全球資訊，供大眾使用，使人人受惠。」為自己的使命，阿里巴巴以「讓天下沒有難做的生意」為使命，微軟以「讓家家都有電腦」為使命（在那個年代電腦還沒有進入家庭）。使命體現了企業和社會的關係。價值觀其實體現了企業中的人和外界各種人的關係，例如是服務客戶優先，還是回報社會優先，還是讓投資人受益優先。企業文化則反映了企業中人和人的關係。這三條，相當於幾何學上的公理，我們不妨稱之為企業的三公理。

　　這三公理決定了企業的規章制度和市場定位。有了這三公理，哪些事情可以做、哪些不能做、該怎麼做、不該怎麼做，就可以決定了。這些規章制度相當於幾何學的定理。再接下來，企業會逐漸產生很多做事情的流程、方法和習慣，並不斷優化，它們可以被看成是定理的推論。規章制度、流程、方法和習慣一旦確立，市場定位便確定了。創始人其實管理公司是很輕鬆的。如果一個企業形不成制度，沒有明確的市場定位，做事情沒有章法可循，什麼事情都要具體問題具體分析，必須依靠創始人或執行長的權力解決，這樣的企業整天忙著救火，事情還做不好。即使高層人士經驗豐富，解決的一個個問題也不過是個案，很難透過一件事把其他的事情做好。

　　當然，三個公理一旦確定，公司的基因也就定了。基因不同，公司發展也就不同。這就如同在幾何中，平行公理不同的設定方式得到了不同的幾何學體系。當然，世界上不只有一種公理體系，因此也不只有一種好的公司。但是，就像任何公理體系不會試圖將所有的公理都納入一樣，一家企業也不應該把自己的願景使命、價值觀和企業文化變成一堆大雜燴。不僅企業如此，我們每一個人立足於社會，也應該有自己心中的公理、定理和推論。康德所說的頭頂的星空和內心的道德律，就是他的公理。

❷ 數學和歷史學的關係

在本節的最後，我們談談歷史和數學的關係。這裡重點談談西方的大歷史研究方法。

大歷史的英文原文是「macro history」，可能翻譯成「宏歷史」更直觀一些，它是將一個歷史事件放到非常大的時間範圍和非常大的空間場景思考。這種研究歷史方法的代表人物是著名史學家費正清等人，他們是今天西方主流的歷史學派。你如果去讀《劍橋中國史》和《哈佛中國史》就能清晰地看到這種痕跡。近年來中國史學家們也從考據、考古探求歷史真相，發展到用大歷史的方法分析問題了。施展老師的《樞紐》就是典型的用大歷史研究中國史的代表作。在大歷史的研究中，很多素材放在一起，怎麼組織和研究呢？

歷史的研究須使用數學的思路，也就是歸納和演繹的方法，構建出一個能夠自洽的知識體系。例如黃仁宇先生在評述中國歷史上實現統一的前提時，用了基本、類似公理的框架，即統一的前提是內在的凝聚力，包括大家對政權的認可，要大於各民族、各種勢力離心力。然後，他用這個框架結合前秦和東晉的局勢，得出了中國出現南北朝的長期分裂，淝水之戰並非主因的結論。[9]用這種方法，對一個歷史事件進行評判，就不是歷史上某個專家的觀點了，不是「司馬光認為如何如何」或「歐陽修認為如何如何」，而是史實自然演繹的必然結果。在這樣的研究方法的指導下，就不會有什麼世界史方面的歐洲中心論，或者中國史方面的中原中心論。這也是今天那些大歷史的史書受到歡迎的原因，因為它們讓人耳目一新。

當然，每一個人的視角不同，能夠接觸到的史料也不同，因此就會形成不同或甚至截然相反的結論。但是，在歷史學研究中，不強調所謂的正確性或正統觀點，而強調邏輯的自洽。任何從客觀出發，邏輯上能自洽的結論都是有意義的。例如我在《文明之光》和《全球科技通史》中，以科技和文明為線索還

9　黃仁宇，《赫遜河畔談中國歷史》，14、淝水之戰，一九八九年。

原歷史，科技和文明就是這個體系的公理。費正清先生習慣以經濟學為線索看到世界，這是他的體系中最基本的公理。於是他就得到了和錢穆先生完全不同的結論。錢穆先生認為宋朝是「積貧積弱」，而費正清先生則認為宋朝是中國歷史上最輝煌的時代。今天非常熱門的一本歷史書，哈拉瑞（Yuval Noah Harari）的《人類大歷史》（*Sapiens: A Brief History of Humankind*）其實也有一些與眾不同卻合理的假設，基於那些假設，經過邏輯推理和史實驗證，就得到了全新的結果。因此，歷史學的研究不會像數學那樣有對有錯，但是卻會有好和壞、合理和荒誕的分別。而評判的標準就是其假設前提，也就是公理的客觀性，以及論證的邏輯性。

具有數學思維，有利於形成對歷史全面完整的看法。我們不妨看看大歷史和圖論的關係，大家可能已經發現它們的相似性了——都有點，也都有連線。過去的歷史通常以一國甚至一個地區縱向發展的主線講述，《二十四史》放到一起就是如此，在國外，過去的歷史大多具有歐洲中心論的偏見。但是，近半個世紀以來，除了將全世界作為整體研究之外，還重點補足了連接各個節點的邊，或說連線。近年來比較熱門的通識歷史讀物，比如《絲綢之路》、《成吉思汗：近代世界的創造者》（*Genghis Khan and the Making of the Modern World*）、《貿易打造的世界》（*The World That Trade Created: Society, Culture, And The World Economy, 1400 To The Present, Fourth Edition*）、《一四九一：重寫哥倫布前的美洲歷史》（*1491: New Revelations of the Americas Before Columbus*）、《一四九二：那一年，我們的世界展開了》（*1492: The Year Our World Began*）和《一四九三：殖民、貿易、物種，哥倫布大交換推動的新世界》（*1493: Uncovering the New World Columbus Created*）三部曲等，都是在補足過去世界歷史各文明之間的連線。當然，在學術的歷史期刊中，研究連線的論文數量要比研究孤立的歷史事件多更多。

數學的方法在今天社會學的研究也經常被採用。在二○二○年全球公共衛生事件中，數學的方法就成為了各國制定相應大眾衛生政策的工具。

透過理解數學和其他學科的關係，我們更能體會人類知識底層的相通性，理解方法和邏輯的重要性。這是我們通識教育的目的。

本節思考題

論述一下數學邏輯和歷史學研究的關係。

16.5 未來展望：希爾伯特的講演

二〇〇〇年，克雷數學研究所（Clay Mathematics Institute）在公布千禧年七個難題的數學大會上，播放了一百年前著名數學家希爾伯特的退休演講。那一段講演既是對數學發展的總結，又是對數學未來的展望。因此，作為全書的總結，沒有比著名數學家希爾伯特在退休前的講演更合適了。在引出他的講演之前，我先簡單介紹一下希爾伯特與該演講的背景。

希爾伯特是歷史少有的全能型數學家。他於一八六二年出生於東普魯士（East Prussia）的科尼斯堡（Königsberg），這座城市在歷史上有兩件非常著名的事。一件事就是出了大哲學家康德，而且康德一生幾乎就沒有離開這座城市。另一件事是我們熟知的七橋問題。二戰後這座城市被劃歸了俄羅斯，就是今天的加里寧格勒（Kaliningrad）。希爾伯特一生致力於對數學的各個分支實現非常嚴密的公理化，特別是幾何學，進而將數學變成一個統一的體系。希爾伯特因此提出了大量的思想觀念，並且在許多數學分支上都做出了重大的貢獻。二十世紀很多量子力學和相對論專家都是他的學生或徒孫，其中很有名的一位是馮紐曼（John von Neumann）。一九二六年，海森堡（Werner Heisenberg）到哥廷根大學（Georg-August-Universität Göttingen）做了一個物理學的講座，講了他和薛丁格（Erwin Rudolf Josef Alexander Schrödinger）

在量子論的分歧。當時希爾伯特已經六十多歲了，他問了助手諾德海姆（Nordheim）海森堡的講座內容，諾德海姆拿了一篇論文，但是希爾伯特沒有看懂。馮紐曼得知此事後，用了幾天時間把論文改寫成了希爾伯特喜聞樂見的數學語言和公理化的組織形式，令希爾伯特大喜。

不過，就在希爾伯特退休的那一年，令他感到沮喪的是，二十五歲的數學家哥德爾證明了數學的完備性和一致性之間會有矛盾，讓他統一數學的想法破滅。

希爾伯特還是一位著名的教育家，其後接替的克萊因（Felix Klein，因為克萊因瓶而出名）將哥廷根大學建設為世界數學中心。在納粹上臺之後，哥廷根大學人才大量流失，失去了往日的榮光。一九四三年，憂鬱的希爾伯特在德國哥廷根逝世。

一九三〇年，德國著名數學家希爾伯特到了退休的年齡（六十八歲）。他欣然接受了故鄉科尼斯堡的「榮譽市民」稱號，回到故鄉，並在授予典禮進行了題為「自然科學（知識）和邏輯」的演講；然後應當地廣播電臺的邀請，將演講最後涉及數學的部分再次做了一個短暫的廣播演說。這段廣播演說從理論意義和實際價值兩方面，深刻闡釋了數學對於人類知識體系和工業成就的重要性，反駁了當時的「文化衰落」與「不可知論」的觀點。這篇四分多鐘的講演洋溢著樂觀主義的激情，最後那句「我們必須知道，我們必將知道！」的名言擲地有聲，至今聽起來依然讓人動容。我們就以希爾伯特的這段講演作為全書的結束語（英文譯文見附錄7）。

促成理論與實踐、思想與觀察之間的調解工具，是數學；她建起連接雙方的橋梁並將其塑造得越來越堅固。因此，我們當今的整個文化，對理性的洞察與對自然的利用，都建立在數學基礎之上。伽利略曾經說過：一個人只有學會了自然界用於和我們溝通的語言和標記時，才能理解自然；而這種語言就是數學，它的標記就是數學符號。康德有句名言：「我斷言，在任何一門自然科學中，只有數學是完全由純粹真理構成的。」事實上，我們直到能夠把一門自然

科學的數學核心剝出並完全揭示，才能夠掌握它。沒有數學，就不可能有今天的天文學與物理學；這些學科的理論部分，幾乎完全融入數學之中。這些使數學在人們心目中享有崇高的地位，就如同很多應用科學被大家讚譽一樣。

儘管如此，所有數學家都拒絕把具體應用作為數學的價值尺度。高斯在談到數論時講，它之所以成為第一流數學家最喜愛研究的科學，在於它魔幻般的吸引力，這種吸引力是無窮無盡的，超過數學其他的分支。克羅內克（Leopold Kronecker）把數論研究者比作吃過忘憂果的人——一旦吃過這種果子，就再也離不開它了。

托爾斯泰曾聲稱追求「為科學而科學」是愚蠢的，而偉大的數學家龐加萊則措辭尖銳地反駁這種觀點。如果只有實用主義的頭腦，而缺了那些不為利益所動的「傻瓜」，就永遠不會有今天工業的成就。著名的科尼斯堡數學家雅可比（Carl Gustav Jacob Jacobi）曾經說過，「人類精神的榮耀，是所有科學的唯一目的。」

今天有的人帶著一副深思熟慮的表情，以自命不凡的語調預言文化衰落，並且陶醉於不可知論。我們對此並不認同。對我們而言，沒有什麼是不可知的，並且在我看來，對於自然科學也根本不是如此。相反地，代替那愚蠢的不可知論的，是我們的口號：

我們必須知道，

我們必將知道！

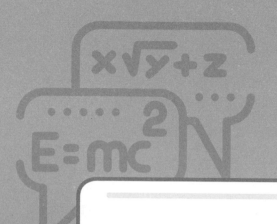

附錄

附錄 1：黃金分割等於多少？

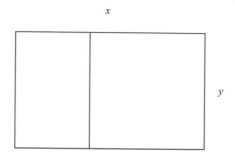

在 1.4 節中，我們介紹了黃金分割的比例 $\varphi = \dfrac{x}{y}$ 滿足

$$\frac{x}{y} = \frac{y}{x-y},$$

由此我們可以得到這樣的方程：

$$\varphi = \frac{1}{\varphi - 1},$$

即

$$\varphi^2 - \varphi - 1 = 0。$$

該方程有兩個解：$\varphi = \dfrac{1 \pm \sqrt{5}}{2}$。

由於 $\varphi > 0$，因此將上面的負數解捨棄，我們就得到 $\varphi = \dfrac{1 + \sqrt{5}}{2}$。

附錄 2：為什麼費氏數列相鄰兩項的比值收斂於黃金分割？

這個問題有很多證明方法，我比較喜歡使用組合數學中的生成函數（generating function）證明，因為它不僅能算出費氏數列每一項 F_n 和 n 的關係，而且對幾乎任何給定了某一項和前幾項遞歸關係的數列，都能找到解析關係。但是，由於組合數學大部分人都沒有學過，我們這裡使用一個初等代數的證明方法。必須說明的是，這個方法會用到一個技巧，僅僅學過初等代數的人應該想不到這個技巧，因為這個技巧更像是由生成函數方法倒推出來。不過，一旦得知這個技巧，接下來的推導還是非常容易的。

我們假設費氏數列相鄰兩項的比值為 p，於是就有 $F_{n+1}=pF_n$。當然，$F_{n+2}=pF_{n+1}$ 也成立。（必須說明的是，我們須先證明費氏數列相鄰兩項的比值收斂，然後才能得到上面的公式，這部分內容我們省略了）。

接下來，我們再構建一個關於 F_{n+1} 和 F_n 的線性組合 $F_{n+1}+qF_n$，這就是我所說的技巧所在。從這個線性組合出發，我們能得到：

$$F_{n+2}+qF_{n+1}=p\left(F_{n+1}+qF_n\right)，$$

將 qF_{n+1} 移到等式的右邊並化簡，就得到下面的方程：

$$F_{n+2}=\left(p-q\right)F_{n+1}+pqF_n，$$

再和費氏數列的遞歸公式 $F_{n+2}=F_{n+1}+F_n$ 對比，我們就知道：

$$\begin{cases} p-q=1 \\ p\times q=1 \end{cases}。$$

消掉未知數 q，我們就得到 $p^2-p-1=0$，這和計算黃金分割比例 φ 的方程相同，於是我們就得到 $p=\dfrac{1+\sqrt{5}}{2}$。

此外，我們還可以算出 $q=\dfrac{\sqrt{5}-1}{2}$，然後再從 p 和 q 出發，利用 $F_1=1$ 與 $F_2=1$，算出費氏數列中每一項 F_n 和 n 的關係，即：

$$F_n = \frac{1}{\sqrt{5}}\left[\left(\frac{1+\sqrt{5}}{2}\right)^n - \left(\frac{1-\sqrt{5}}{2}\right)^n\right].$$

有意思的是，雖然上面這個式子有根號運算，但是運算的結果永遠是正整數。

附錄 3：等比級數求和的算法

等比數列 $A = a_1$，a_2，a_3，$\cdots$，滿足 $\dfrac{a_{i+1}}{a_i} = r$，其中 $i = 1$，2，3，$\cdots$，其級數

$S = a_1 + a_2 + a_3 + \cdots$，

如果 $|r| \geq 1$，則有 $S \to \infty$；

如果 $|r| < 1$，則有：

$rS = a_1 r + a_2 r + a_3 r + \cdots = a_2 + a_3 + a_4 + \cdots = S - a_1$，

求解上述方程，得到

$$S = \frac{a_1}{1-r}.$$

類似地，如果要計算前 n 項的級數

$$S_n = a_1 + a_2 + a_3 + \cdots + a_n,$$

可以將等式的兩邊同乘以 r，得到

$$rS_n = r(a_1 + a_2 + a_3 + \cdots + a_n) = a_2 + a_3 + a_4 + \cdots + a_{n+1},$$

將以上兩式兩邊相減，得到：

$$(1-r)S_n = a_1 - a_{n+1} = a_1 - a_1 r^n,$$

因此，

$$S_n = a_1 \cdot \frac{1 - r^n}{1 - r} \text{ 。}$$

附錄 4：一元 N 次方程 xᴺ＝1 的解

求解 $x^N = 1$ 有多種方法，比較直觀的方法是將這個問題放在複數平面（complex plane）。

在複數平面上，橫軸表示複數的實部大小，縱軸表示虛部的大小。例如複數 $w = a + bi$，在複數平面上就可以用（a，b）這個點表示。當然，我們也可以將 $w = 3 + 2i$ 寫成 $r (\cos\theta + i \cdot \sin\theta)$ 的形式，其中

$$\begin{cases} r = \sqrt{a^2 + b^2} \\ \theta = \arctan (b/a) \end{cases} \text{ 。}$$

如果 $w_1 = r_1 (\cos\theta_1 + i \cdot \sin\theta_1)$，$w_2 = r_2 (\cos\theta_2 + i \cdot \sin\theta_2)$，則

$w_1 \cdot w_2 = r_1 (\cos\theta_1 + i \cdot \sin\theta_1) \cdot r_2 (\cos\theta_2 + i \cdot \sin\theta_2)$

$= r_1 \cdot r_2 [\cos (\theta_1 + \theta_2) + i \cdot \sin (\theta_1 + \theta_2)]$ 。

我們用上式計算 $w = \cos\theta + i \cdot \sin\theta$ 的 k 次方，可以得到下面的結論：

$$w^2 = \cos 2\theta + i \cdot \sin 2\theta \text{，}$$
$$w^3 = \cos 3\theta + i \cdot \sin 3\theta \text{，}$$
$$\vdots$$
$$w^k = \cos k\theta + i \cdot \sin k\theta$$

當 $\theta = 2\pi/N$ 時，

$$w^N = \cos 2\pi + i \cdot \sin 2\pi = 1 \text{，}$$

因此 $w = \cos \left(\dfrac{2\pi}{N} \right) + i \cdot \sin \left(\dfrac{2\pi}{N} \right)$ 是方程 $x^N = 1$ 的一個解。類似地，w^2，w^3，$\cdots$，w^N 都是該方程的解，一共有 N 個，其中最後一個解 w^N 就是 1 本身。

附錄 5：積分的其他兩種計算方法

方法 2：利用微分和積分互為逆運算的特點求積分。

例如我們知道 $f(x) = x^2$ 的微分是 $df(x) = 2x \cdot dx$，它的導數是 $f'(x) = 2x$，於是對 $f'(x) = 2x$ 求積分，就得到 $\int f'(x) \cdot dx = f(x)$，如果我們限定求積分的邊界 a 和 b，那麼我們就可以推導出這樣一個公式：

$$\int_a^b f'(x)\,dx = f(b) - f(a) \tag{A5.1}$$

這在微積分中被稱為牛頓—萊布尼茲公式。在很多教科書中，習慣把積分符號的函數直接寫成 $f(x)$，而它的原函數只好再換一個符號，通常寫成 $F(x)$。於是，牛頓—萊布尼茲公式通常被寫為

$$\int_a^b f(x)\,dx = F(b) - F(a) \tag{A5.1'}$$

例如對 $f(x) = 3x^2$ 從 2 到 4 求微分，我們知道它的原函數是 $F(x) = x^3$，利用牛頓—萊布尼茲公式可以得到

$$\int_2^4 3x^2\,dx = F(4) - F(2) = 4^3 - 2^3 = 56 。$$

不過，並非所有函數，都能夠找到對應的原函數，例如 $1/\ln x$ 就找不到。因此上述方法只適合一小部分函數。對於大量的找不到反導數的函數，除了使用方法 1，還可以使用以下的方法。

方法 3：利用幾個多項式函數近似任意函數求積分。

微積分有一個泰勒公式（Taylor's Formula），它可以將任意一個函數，用很多個多項式函數近似。所有多項式函數，都存在反導數，也就是說可以得到原函數。如此一來，就可以利用多項式函數作為橋梁，近似計算任意一個函數的積分。今天，大部分函數求積分，都可以透過「Mathematica」這個工具完成。如果有工程師一定要自己寫一個程式實現泰勒公式，可以直接採用「Numerical Recipes」（數值配方）提供的現有程式，不建議大家自己寫。

附錄 6：大數法則

大數法則指的是同樣的隨機試驗重複的次數越多，其結果的平均數就越接近期該隨機變數（或隨機事件）發生的數學期望值。大數法則有兩種表現形式，分別被稱為弱大數法則和強大數法則。

弱大數法則也被稱為辛欽定理。它講的是同一機率分布的樣本序列 X_1，X_2，$\cdots$，X_n 的平均數（$\overline{X_n}$）依機率趨近於它的數學期望值 μ。即，任給一個正數 ε，都有

$$\lim_{n \to \infty} P\left(\left|\overline{X_n} - \mu\right| > \varepsilon\right) = 0 \tag{A6.1}$$

辛欽定理要求樣本序列具有同一機率分布。後來，柴比雪夫放寬了限制條件，他不要求樣本序列 X_1，X_2，$\cdots$，X_n 具有同一分布，只要求它們相互獨立，存在相同的數學期望值 μ，並且它們變異數存在，且有共同有限上界 D。柴比雪夫證明了在放寬的條件下，上述公式（A6.1）依然成立。這個結論被稱為柴比雪夫定理。

強大數法則講的是，具有相同機率分布的樣本序列 X_1，X_2，$\cdots$，X_n 的平均數 $\overline{X_n}$ 趨近於它的數學期望值 μ 的機率等於 1，即

$$P\left(\lim_{n \to \infty} \overline{X_n} = \mu\right) = 1 \tag{A6.2}$$

這兩個定理有什麼差別呢？弱大數法則的條件比較寬鬆一些，它講的是當樣本的數量 n 越大時，隨機變數 X 落在平均數和變異數的區間（$\mu - \varepsilon$，$\mu + \varepsilon$）以外的機率趨近於 0。但還是有可能落在外面的，只不過可能是很小，且會隨著 n 的增大，這種可能越來越小。強大數法則講的條件嚴格一些，它講的是隨機變數 X 落在（$\mu - \varepsilon$，$\mu + \varepsilon$）外的機率等於 0。由此可見，一個隨機變數的機率分布滿足強大數法則，就一定滿足弱大數法則，但是反過來不一定。

附錄 7：希爾伯特退休講演的英文譯文

The instrument that mediates between theory and practice, between thought and observation, is mathematics; it builds the connecting bridge and makes it stronger and stronger. Thus it happens that our entire present-day culture, insofar as it rests on intellectual insight into and harnessing of nature, is founded on mathematics. Already, GALILEO said: Only he can understand nature who has learned the language and signs by which it speaks to us; but this language is mathematics and its signs are mathematical figures. KANT declared, "I maintain that in each particular natural science there is only as much true science as there is mathematics." In fact, we do not master a theory in natural science until we have extracted its mathematical kernel and laid it completely bare. Without mathematics today's astronomy and physics would be impossible; in their theoretical parts, these sciences unfold directly into mathematics. These, like numerous other applications, give mathematics whatever authority it enjoys with the general public.

Nevertheless, all mathematicians have refused to let applications serve as the standard of value for mathematics. GAUSS spoke of the magical attraction that made number theory the favorite science for the first mathematicians, not to mention its inexhaustible richness, in which it so far surpasses all other parts of mathematics. KRONECKER compared number theorists with the Lotus Eaters, who, once they had sampled that delicacy, could never do without it.

With astonishing sharpness, the great mathematician POINCARÉ once attacked TOLSTOY, who had suggested that pursuing "science for science's sake" is foolish. The achievements of industry, for example, would never have seen the light of day had the practical-minded existed alone and had not these advances been pursued by disinterested fools.

The glory of the human spirit, so said the famous Königsberg mathematician JACOBI, is the single purpose of all science.

We must not believe those, who today with philosophical bearing and a tone of superiority prophesy the downfall of culture and accept the ignorabimus. For us there is no ignorabimus, and in my opinion even none whatever in natural science. In place of the foolish ignorabimus let stand our slogan:

We must know,

We will know.

國家圖書館出版品預行編目（CIP）資料

數學通識講義：搞懂人生最強思考工具,升級判斷與解決問題的能力 / 吳軍著. --
初版. -- 臺北市：日出出版：大雁文化事業股份有限公司發行, 2022.05
　　408面；17*23公分
ISBN 978-626-7044-44-5(平裝)

1.CST：數學 2.CST：通俗作品

310　　　　　　　　　　　　　　　　　　　　　　　111005319

圖書許可發行核准字號：文化部版臺陸字第110426號
出版說明：本書由簡體版圖書《吳軍數學通識講義》以中文正體字在臺灣重製發行。

數學通識講義：
搞懂人生最強思考工具，升級判斷與解決問題的能力

作　　　者　吳軍
責任編輯　夏于翔
協力編輯　魏嘉儀
內頁構成　菩薩蠻電腦科技有限公司
封面美術　萬勝安

發　行　人　蘇拾平
總　編　輯　蘇拾平
副總編輯　王辰元
資深主編　夏于翔
主　　　編　李明瑾
業　　　務　王綬晨、邱紹溢、劉文雅
行　　　銷　廖倚萱
出　　　版　日出出版
　　　　　　地址：231030新北市新店區北新路三段207-3號5樓
　　　　　　電話：（02）8913-1005　傳真：（02）8913-1056
　　　　　　網址：www.sunrisepress.com.tw
　　　　　　E-mail信箱：sunrisepress@andbooks.com.tw
發　　　行　大雁出版基地
　　　　　　地址：231030新北市新店區北新路三段207-3號5樓
　　　　　　電話：（02）8913-1005　傳真：（02）8913-1056
　　　　　　讀者服務信箱 andbooks@andbooks.com.tw
　　　　　　劃撥帳號：19983379 戶名：大雁文化事業股份有限公司

印　　　刷　中原造像股份有限公司
初版一刷　2022年5月
初版四刷　2024年4月
定　　　價　580元
I　S　B　N　978-626-7044-44-5

原書名：吳軍數學通識講義
作者：吳軍
本作品中文繁體版通過成都天鳶文化傳播有限公司代理，經北京思維造物資訊科技股份有限公司授予日出出
版·大雁文化事業股份有限公司獨家出版發行，非經書面同意，不得以任何形式，任意重製轉載。